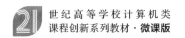
21世纪高等学校计算机类
课程创新系列教材·微课版

Python程序设计与实践

龚兰兰 赵志宏 主编

张建 尼洪涛 陈嘉逸 刘正涛 副主编

清华大学出版社

北京

内 容 简 介

本书在全面介绍 Python 语言基本概念和语法知识的基础上，着重介绍基于 Python 语言的编程方法和利用第三方库工具解决生产实践中的问题，通过多个领域的实践案例展现解决问题的实现过程和基本原理。

全书分为基础篇和应用篇两部分：基础篇(第 1～7 章)介绍 Python 语言的数据类型和语法元素、程序控制结构、复合数据类型、函数和模块、类和对象、文件处理等；应用篇(第 8～12 章)介绍 Python 语言及其第三方库的应用，包括图形界面开发、网络爬虫、数据分析与可视化、Web 框架 Diango 等相关知识和应用。全书提供了涉及生活、教育、商业、工业等多个领域的实践案例，注重在不同的章节完成案例的迭代、优化，使学习者受益。

本书适合作为高等院校计算机、人工智能、物联网、软件工程等专业的本科生教材，也可供对 Python 编程开发感兴趣的开发人员、广大科技工作者和研究人员参考。帮助学习者建立对计算机程序设计语言的直观认识，体验利用程序设计语言解决实际问题的过程和思路。

图书在版编目（CIP）数据

Python 程序设计与实践 / 龚兰兰，赵志宏主编.北京 ：清华大学出版社，2025. 2.
(21 世纪高等学校计算机类课程创新系列教材 ：微课版). -- ISBN 978-7-302-68283-7

　Ⅰ. TP312.8
中国国家版本馆 CIP 数据核字第 2025JU8208 号

责任编辑：贾　斌　薛　阳
封面设计：刘　键
责任校对：徐俊伟
责任印制：曹婉颖

出版发行：清华大学出版社
　　　网　　　址：https：//www. tup. com. cn，https：//www. wqxuetang. com
　　　地　　　址：北京清华大学学研大厦 A 座　　　邮　　编：100084
　　　社 总 机：010-83470000　　　　　　　　　邮　　购：010-62786544
　　　投稿与读者服务：010-62776969，c-service@tup. tsinghua. edu. cn
　　　质量反馈：010-62772015，zhiliang@tup. tsinghua. edu. cn
　　　课件下载：https：//www. tup. com. cn，010-83470236
印 装 者：河北鹏润印刷有限公司
经　　销：全国新华书店
开　　本：185mm×260mm　　印　张：16.75　　　　字　　数：410 千字
版　　次：2025 年 2 月第 1 版　　　　　　　　　印　　次：2025 年 2 月第 1 次印刷
印　　数：1～1500
定　　价：49.80 元

产品编号：109933-01

前　言

目前本科院校尤其应用型本科院校理工科初学 Python 程序设计者,在掌握一定的知识基础上,更需要大量的实践训练,尤其是生活中遇到的一些实际问题如何用 Python 解决,从日常生活中的问题,到商业、工业等社会性问题,都需要在平时的学习中不断地锻炼思考、分析和解决问题的能力。这要求我们既要注重对学生知识和技能的培养,更要注重思维能力和综合素质的培养。

本书深入浅出地介绍如何使用 Python 语言的编程方法和第三方库工具来解决生活与生产实践中的问题,注重知识的应用。书中结合具体应用案例,进行知识讲解和案例迭代;注重交叉融合,案例涉及教育、商业、工业等多个领域,通过应用案例,展现解决问题的实现过程和基本原理;融入思政元素,在专业学习的同时强化职业素养、工匠精神、社会责任意识、创新思维、探索精神、计算思维的培养;提供丰富的数字资源,方便教师教学参考和学生练习使用。

本书在全面介绍 Python 语言的基本数据类型、组合数据类型、程序控制结构、函数及模块化编程、文件与数据处理、文本分词与词云可视化等知识的基础上,着重介绍基于 Python 语言的编程方法和第三方库工具解决生产实践中的问题,并通过对多个实践案例进行任务描述、问题分析、编程实现、分析总结,展现解决问题的实现过程和基本原理。

本书第 1、2 章由赵志宏编写,第 3、4 章由尼洪涛编写,第 5、6 章由张建编写,第 7~10章、第 12 章由龚兰兰编写,第 11 章由陈嘉逸编写。由龚兰兰完成全书的修改及统稿,刘正涛提供了部分案例。

本书案例思政元素和交叉领域设计如表 0-1 所示。

表 0-1　本书案例思政元素和交叉领域设计

知　识　点	案　　例	思　政　元　素	交　叉　领　域
编程语法、规范	打印唐诗	职业素养、工匠精神	文化
循环结构	猜单词游戏	计算思维、工匠精神	教育
函数和模块	随机点名程序	团队协作、系统思维	教育
图形界面开发	古诗词练习	传统文化、系统思维	文化、教育
分词和词云图	党的二十大报告词云图	社会责任、创新思维、科技强国	教育
数据分析与可视化	餐饮数据分析	探索精神、产学融合、创新思维	商业
	空气质量数据分析		工业
网络爬虫	豆瓣电影数据采集	工程伦理	文化
	空气质量数据采集	社会责任、科学思维	工业
Web 框架	空气质量监测系统	系统思维、社会责任、产学融合	工业

本书案例章节迭代设计如表 0-2 所示。

表 0-2　本书案例章节迭代设计

案　　例	迭　代　1	迭　代　2	迭　代　3
猜单词游戏	Ch3 循环结构（控制台版）	Ch7：从文件读取单词库	Ch9：图形界面版
随机点名程序	Ch5：函数和模块（控制台版）	Ch7：从文件读取名单	Ch9：图形界面版
古诗词练习	Ch6：面向对象编程（控制台版）	Ch7：从文件读取诗词库	Ch9：GUI 版，增加可视化窗口
党的二十大报告词云图	Ch2：字符串处理，正则表达式	Ch7：文件读取报告内容	Ch8：中文分词和词云可视化
空气质量监测系统	Ch10：网络爬虫，采集数据	Ch11：分析和可视化	Ch12：Web 系统开发

　　本书的编写是在苏州城市学院计算科学与人工智能学院的大力支持下完成的，获得了学院全体老师的帮助，在此表示衷心的感谢！

　　由于编者水平有限，书中疏漏之处在所难免，恳请广大读者批评指正！

编　者

2024 年 9 月

目　录

第2部分　应　用　篇

第 1 部分　　基 础 篇

本部分包括Python语言的介绍、数据类型和语法元素、程序控制结构、复合数据类型、函数与模块、面向对象编程、文件处理。

第 1 章

绪论

1.1 Python 简介

视频讲解

Python 是一门面向对象、解释型的计算机程序设计语言,由荷兰人 Guido van Rossum 于 1989 年底发明,第一个公开发行版发行于 1991 年。随着大数据、人工智能的兴起,越来越多的人开始学习和研究这门语言。

Python 语法简洁而清晰,具有丰富和强大的类库。它常被昵称为胶水语言,能够把用其他语言制作的各种模块(尤其是 C/C++)很轻松地联结在一起。正因为 Python 语言的简洁、优雅、开发效率高,它常被用于网站开发、网络编程、图形处理、科学计算、大数据处理等多个领域。

1.1.1 Python 语言的特点

Python 语言的特点如下。

(1)语法优美、简单易学。Python 的设计哲学是"优雅、明确、简单",Python 语言易于阅读,结构良好,所以简单易学,入手快。

(2)可扩展性好、开发效率高。Python 拥有非常强大的第三方库,合理使用类库和开源项目,能够快速实现功能,满足不同业务的需求。

(3)开源和跨平台。Python 是开源源码软件之一,使用 Python 不需要支付任何费用,程序无须修改便可在 Windows、Linux、UNIX、macOS 等操作系统上使用。

1.1.2 Python 的应用领域

Python 是一门应用相当广泛的语言,具有丰富和强大的类库,可以说需要什么应用就能找到什么库。

1. Web 开发

Python 语言支持 Web 网站开发,许多大型网站就是用 Python 开发的,例如 YouTube、Instagram,还有国内的豆瓣。基于 Python 的 Web 开发框架,如 Django 和 Flask 也已经越来越受欢迎。

2．网络编程

Python 语言提供了 socket 模块，对 socket 接口进行了二次封装，支持 socket 接口的访问；还提供了 urllib、cookielib、httplib、scrapy 等大量模块，用于对网页内容进行读取和处理，并结合多线程编程以及其他有关模块可快速开发网页爬虫之类的应用程序。

3．科学计算

Python 中用于科学计算与数据可视化的模块有很多，例如 NumPy、SciPy、SymPy、Matplotlib、Traits、TraitsUI、Chaco、TVTK、Mayavi、VPython、OpenCV 等，涉及的应用领域包括数值计算、符号计算、二维图表、三维数据可视化、三维动画演示、图像处理以及界面设计等。此外，还配备了高质量的机器学习和数据分析库，如 Scikit-learn 和 Pandas。

4．数据库应用

Python 数据库模块有很多，例如下面几种。
（1）可以通过内置的 sqlite3 模块访问 SQLite 数据库。
（2）使用 pywin32 模块访问 Access 数据库。
（3）使用 pymysql 模块访问 MySQL 数据库。
（4）使用 pywin32 和 pymssql 模块访问 SQL Sever 数据库。

5．多媒体开发

PyMedia 模块是一个用于多媒体操作的 Python 模块，可以对包括 WAV、MP3、AVI 等多媒体格式的文件进行编码、解码和播放。

PyOpenGL 模块封装了 OpenGL 应用程序接口，通过该模块可在 Python 程序中集成二维或三维图形。

PIL（Python Imaging Library，Python 图形库）为 Python 提供了强大的图像处理功能，并提供广泛的图像文件格式支持。

6．游戏开发

Pygame 就是用来开发电子游戏软件的 Python 模块，可以支持多个操作系统。使用 Pygame 模块，可以在 Python 程序中创建功能丰富的游戏和多媒体程序。

目前使用 Python 的企业与系统如下。
- Google 在其网络搜索系统中广泛应用了 Python，并且聘用了 Python 的创作者。
- YouTube 视频分享服务大部分是由 Python 编写的。
- 流行的 P2P 文件分享系统 Bittorrent 是一个 Python 程序。
- Intel、Cisco、Hewlett-Packard、Seagate、Qualcomm 和 IBM 使用 Python 进行硬件测试。
- Industrial Light & Magic、Pixar 等公司使用 Python 制作动画电影。
- NASA（美国航空航天局）、Los Alamos（洛斯阿拉莫斯实验室，美国原子武器研究基地）、Fermilab（费米国家加速器实验室）、JPL 等使用 Python 实现科学计算任务。

- IRobot 使用 Python 开发了商业机器人真空吸尘器。
- ESRI 在其流行的 GIS 地图产品中使用 Python 作为终端用户的定制工具。

1.1.3　Python 的发展

Python 现在已经成为大型编程语言的一部分。近 20 年来，C、C++ 和 Java 一直位居前三，远远领先于其他语言。Python 在 TIOBE 2022 年 2 月编程语言排行榜位居第一（该荣誉代表的是过去一年受欢迎度增长最快的编程语言）。

Python 是当今大学中最常用的一种语言，它在统计领域排名第一，在 AI 编程中排名第一，在编写脚本中排名第一，在编写系统测试中排名第一。

总体而言，Python 的职业发展路径宽广，既可以"多变"，又可以"专一"。

➤ "先宽再专，多方发展"

学习要"先宽再专，多方发展"，先尽可能地拓宽知识面，探索更多的可能性，再选择其一精进、提升。学习一门课是这样，学习一个专业也是这样。

对于 Python 的学习，首先要打好基础，再从众多的应用领域中择其一二深入学习、研究和实践，未来可从事相应的职业，期间也可以根据需要不停地学习新的知识、技能，让自己不仅"专"，而且"宽"。对于专业学习，我们要在上好所有课的基础上，再去发展自己的爱好、专长。

1.2　环境的安装

"工欲善其事，必先利其器"。在进行 Python 开发之前，首先需要进行 Python 环境的搭建。本书以 Python 3.10.7 版本为例介绍 Python 的安装。

1.2.1　Python 的下载

在浏览器中输入 Python 官方网址 https://www.Python.org/，可以直接从官网下载 Python，Python 官网首页如图 1-1 所示。

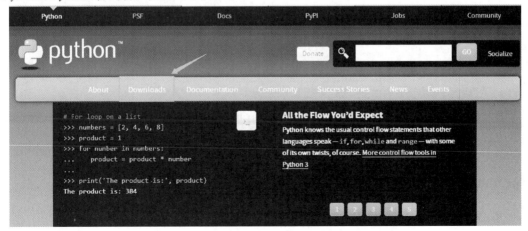

图 1-1　Python 官网首页

Python 官方网站上提供了不同版本的解释器。

（1）将先标放到 Downloads 选项卡上会出现如图 1-2 所示的页面，左侧是操作系统平台的选择，右侧是 Windows 操作系统的快捷下载页面（一般是当前最新版本）。

图 1-2　Download for Windows 界面

（2）单击 Windows 按钮，进入详细下载列表页面，如图 1-3 所示。用户可以根据操作系统选择相应的版本下载。

图 1-3　Windows 系统的 Python 下载列表

（3）下载完成后得到名为 Python-3.10.7-amd64.exe 的可执行文件。

1.2.2　Python 的安装

在 Windows 64 位操作系统下安装 Python 3.x 的步骤如下。

（1）双击安装文件 Python-3.10.7-amd64.exe，将显示安装向导，如图 1-4 所示。

其中 Install Now 为默认安装,Customize installation 为自定义安装,用户可以根据需要选择路径和设置,注意勾选 Add Python 3.10 to PATH 复选框,否则后续要进行手动设置。

图 1-4 Python 安装向导界面

　　(2) 选择自定义安装模式将出现如图 1-5 所示的界面,在此界面中用户可以自行设置安装路径。

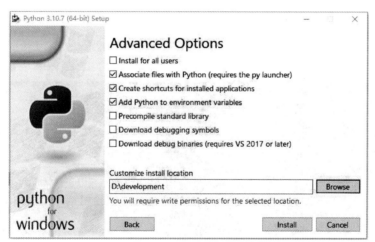

图 1-5 Python 自定义安装选项界面

　　(3) 单击 Install 按钮,开始安装 Python,安装完成后将会出现如图 1-6 所示的界面。

　　(4) 安装完成后,可以通过命令检测 Python 是否安装成功。按 Win＋R 快捷键打开"运行"对话框,如图 1-7 所示。

　　(5) 输入 cmd 后单击"确定"按钮打开命令行窗口,在当前的命令提示符后面输入 Python,按 Enter 键,如果出现如图 1-8 所示的版本信息,则说明 Python 安装成功,同时系统进入交互式 Python 解释器中。当出现命令提示符">>>"时可以输入 Python 命令与系统进行交互。

图 1-6　Python 安装完成界面

图 1-7　打开 Windows 系统"运行"对话框

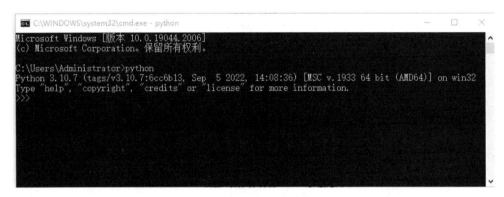

图 1-8　Windows 系统命令行窗口

1.2.3　第一个 Python 程序

IDLE 是 Python 自带的一个交互式开发环境,这是一个简洁实用的编辑器,初学者可以利用它方便地创建、运行和测试 Python 程序。

在 Windows 系统单击屏幕左下角的"开始"图标,找到 IDLE,启动交互式环境,如图 1-9 所示。

直接在提示符">>>"后面输入命令语句就可以执行,如图 1-10 所示。

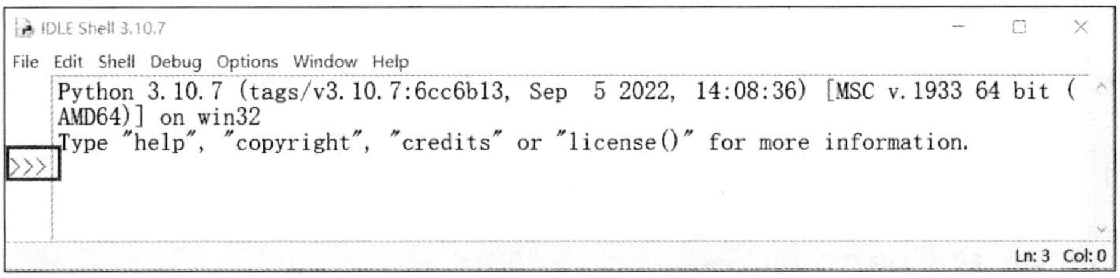

图 1-9 IDLE 窗口

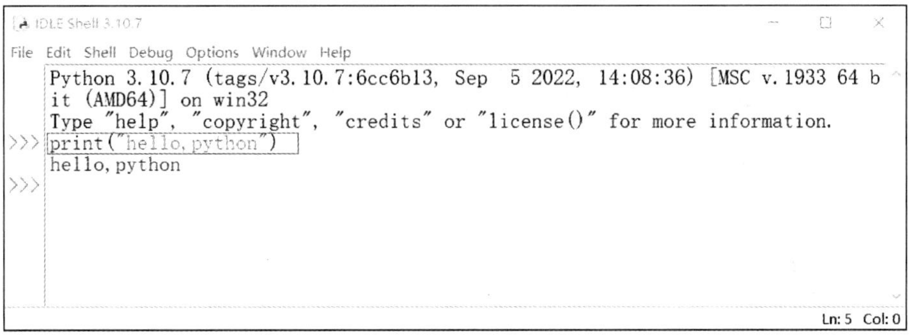

图 1-10 交互式命令运行界面

需要编写多行代码时,可通过 Python 文件方式编写 Python 程序。

在 IDLE 的 File 菜单中选择 New File 命令,新建文件,打开一个新的编辑窗口,即可开始多行代码编辑。

编辑完成后保存为 hell.py 文件,在编辑器菜单 Run 中选择 Run Module 命令或直接按 F5 键即可运行该文件。运行结果显示在 Shell 窗口中,如图 1-11 所示。

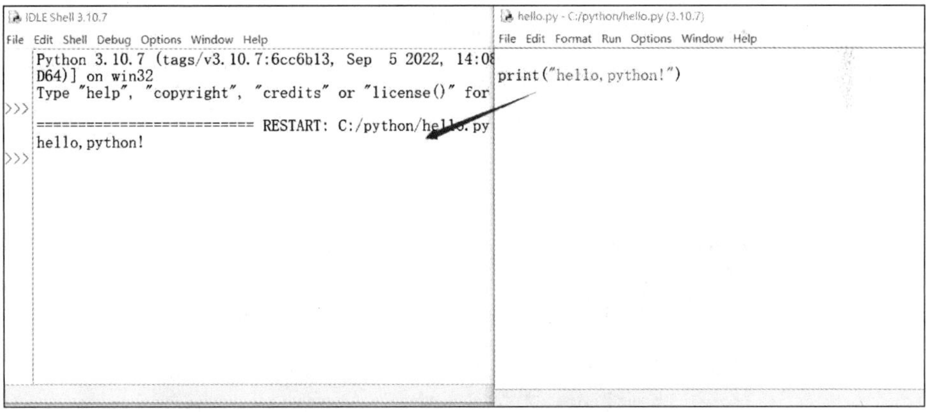

图 1-11 在 IDLE 窗口中编写程序

1.3 Python 集成开发环境——PyCharm

Python 自带的 IDLE 比较适合编写简单程序,对于大型的编程项目则需要借助专业的集成开发环境。集成开发环境专用于程序开发,包括代码编辑器、编译/解释器、调试器和图形用户界面等工具,集成了代码编写功能、分析功能、编译/解释功能、调试功能等。

支持 Python 的通用编辑器和集成开发环境很多,PyCharm 是目前为止 Python 语言最好用的集成开发工具,它带有一整套可以帮助用户在使用 Python 语言开发程序时提高效率的工具,例如调试、语法高亮、项目管理、智能提示、自动完成、单元测试、版本控制等。此外,该 IDLE 还提供了一些高级功能,用于支持 Django 框架下的专业 Web 开发。

1.3.1　PyCharm 的安装

PyCharm 的官方网站是 https://www.jetbrains.com/pycharm/,单击 Download 按钮进入下载页面,如图 1-12 所示。

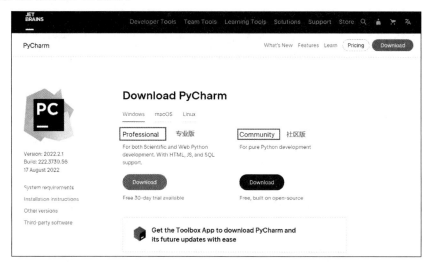

图 1-12　PyCharm 下载界面

PyCharm 有两个版本,分别为 Professional(专业版)和 Community(社区版),其适用范围正如页面上的简介所示,读者可以根据开发需要选择下载不同版本,本书使用专业版。

(1) 单击下载专业版后得到可执行文件 pycharm-professional-2022.2.2.exe,双击可执行文件后将显示安装向导,如图 1-13 所示。

图 1-13　PyCharm 安装向导 1

（2）选择安装路径以及安装项，如图 1-14～图 1-17 所示。

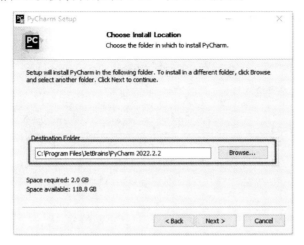

图 1-14　PyCharm 安装向导 2

图 1-15　PyCharm 安装向导 3

图 1-16　PyCharm 安装向导 4

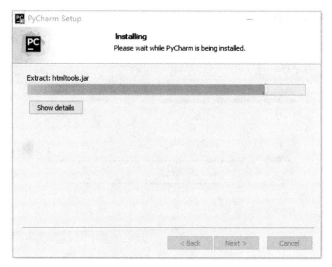

图 1-17   PyCharm 安装过程

（3）安装完成，如图 1-18 所示。

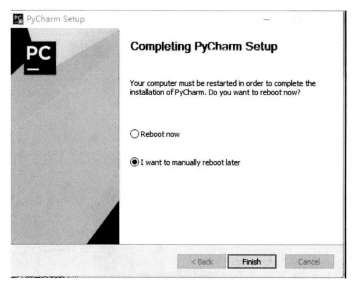

图 1-18   PyCharm 安装完成

1.3.2   PyCharm 的使用

（1）单击 PyCharm 图标，第一次使用时会出现激活窗口，如图 1-19 所示。

（2）对于学生或教师，PyCharm 可以给子免费的授权，但不是永久性的。需要使用者提供校园邮箱或是国际学生证（ISIC）。打开网页 https://www.jetbrains.com/zh-cn/community/education/♯students。按网页提示操作，可以获得激活邮件，并注册授权账户，如图 1-20～图 1-23 所示。

（3）在激活窗口用注册的授权用户登录即可获得许可，单击 Activate 按钮进行激活，如图 1-24 所示。

图 1-19 PyCharm 激活窗口

图 1-20 申请授权页面 1

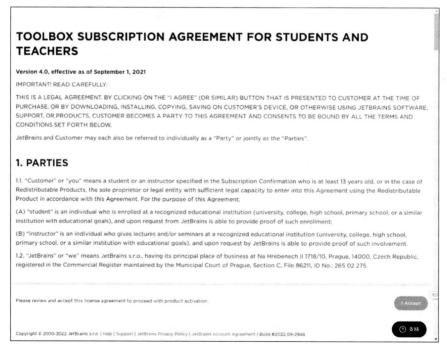

图 1-21 申请授权页面 2

TOOLBOX SUBSCRIPTION AGREEMENT FOR STUDENTS AND TEACHERS

Version 4.0, effective as of September 1, 2021

IMPORTANT! READ CAREFULLY:

THIS IS A LEGAL AGREEMENT. BY CLICKING ON THE "I AGREE" (OR SIMILAR) BUTTON THAT IS PRESENTED TO CUSTOMER AT THE TIME OF PURCHASE, OR BY DOWNLOADING, INSTALLING, COPYING, SAVING ON CUSTOMER'S DEVICE, OR OTHERWISE USING JETBRAINS SOFTWARE, SUPPORT, OR PRODUCTS, CUSTOMER BECOMES A PARTY TO THIS AGREEMENT AND CONSENTS TO BE BOUND BY ALL THE TERMS AND CONDITIONS SET FORTH BELOW.

JetBrains and Customer may each also be referred to individually as a "Party" or jointly as the "Parties".

1. PARTIES

1.1. "Customer" or "you" means a student or an instructor specified in the Subscription Confirmation who is at least 13 years old, or in the case of Redistributable Products, the sole proprietor or legal entity with sufficient legal capacity to enter into this Agreement using the Redistributable Product in accordance with this Agreement. For the purpose of this Agreement:

(A) "student" is an individual who is enrolled at a recognized educational institution (university, college, high school, primary school, or a similar institution with educational goals), and upon request from JetBrains is able to provide proof of such enrollment;

(B) "instructor" is an individual who gives lectures and/or seminars at a recognized educational institution (university, college, high school, primary school, or a similar institution with educational goals), and upon request by JetBrains is able to provide proof of such involvement.

1.2. "JetBrains" or "we" means JetBrains s.r.o., having its principal place of business at Na Hrebenech II 1718/10, Prague, 14000, Czech Republic, registered in the Commercial Register maintained by the Municipal Court of Prague, Section C, File 86211, ID No.: 265 02 275.

Please review and accept this license agreement to proceed with product activation.

I Accept

? 支持

Copyright © 2000-2022 JetBrains s.r.o. | Help | Support | JetBrains Privacy Policy | JetBrains Account Agreement | Build #2022.09-2946

图 1-22 申请授权页面 3

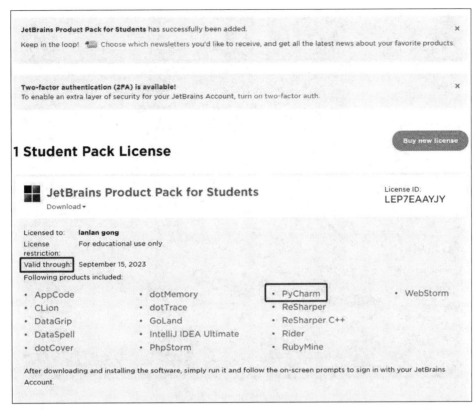

图 1-23　申请授权成功

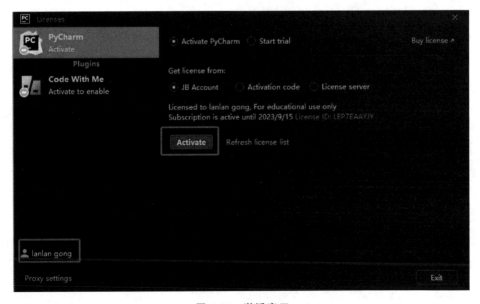

图 1-24　激活窗口

（4）进入 PyCharm 欢迎界面，如图 1-25 所示。

（5）用户可单击 Customize 按钮进行 PyCharm 风格定制，选择其他颜色样式，如图 1-26 所示。

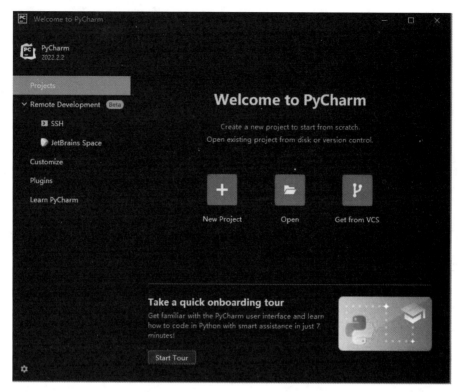

图 1-25   PyCharm 欢迎界面

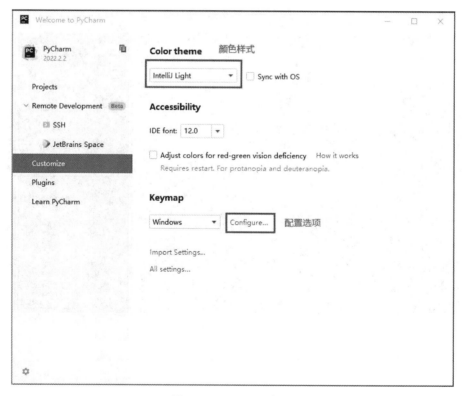

图 1-26   PyCharm 定制

（6）单击 Configure 按钮进行环境设置，选择 Python 解释器，从下拉列表中选择 Show All，如图 1-27～图 1-29 所示。

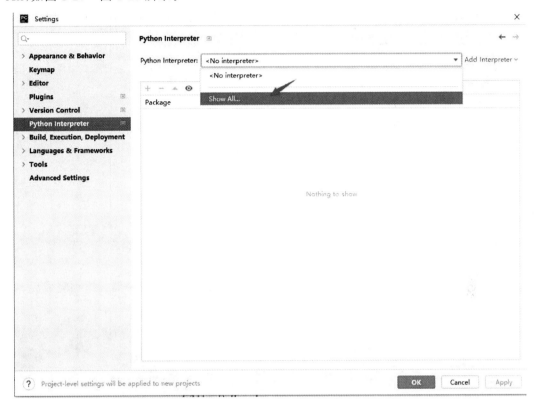

图 1-27　Python 解释器设置 1

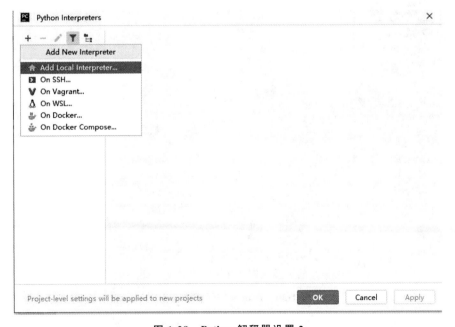

图 1-28　Python 解释器设置 2

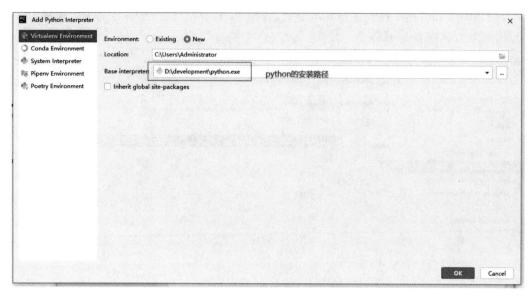

图 1-29　Python 解释器设置 3

（7）进入解释器设置向导，选择安装的 Python 对应版本，添加解释器。添加完成后，解释器列表如图 1-30 所示。

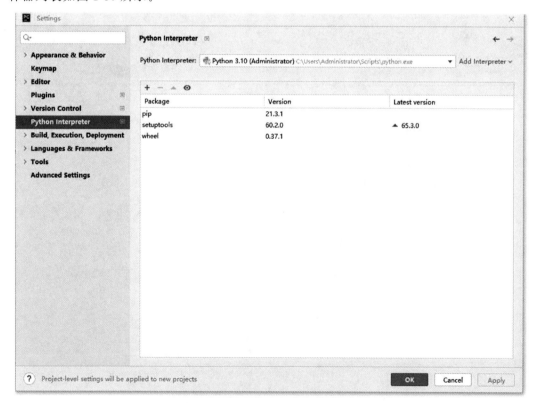

图 1-30　Python 解释器设置完成

（8）回到欢迎界面，新建一个 Pure Python 项目，如图 1-31 所示，选择项目路径并为项目选择解释器，如图 1-32 所示。

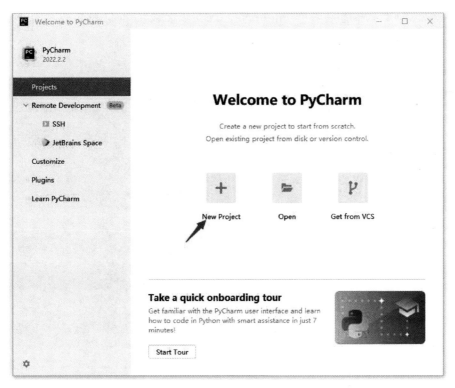

图 1-31 新建项目

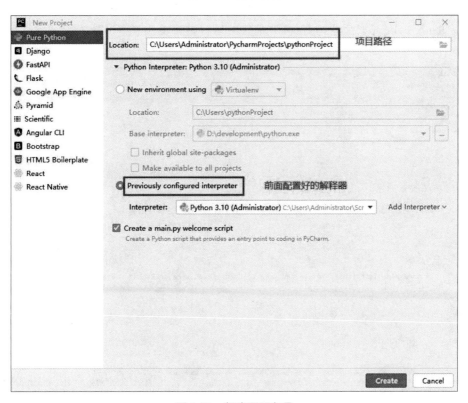

图 1-32 新建项目向导

（9）进入项目，通过主菜单 File→New 或在项目上右击选择相应命令，新建一个 Python 文件 hello.py，如图 1-33 所示。

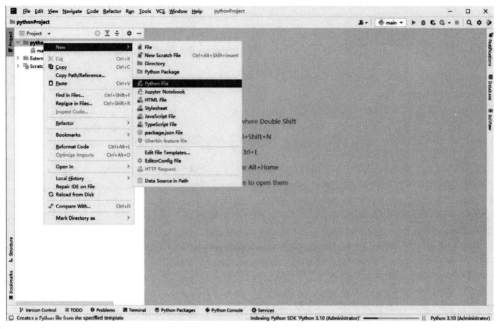

图 1-33　新建 Python 文件

（10）进入 hello.py 文件，进行代码编辑。编写完成后，在左侧项目栏右击 hello.py 文件，选择 Run 'hello.py'命令运行代码，最终的运行结果输出在下方运行结果区，如图 1-34 所示。

图 1-34　PyCharm 主窗口

1.4　简单输入输出

1. print()函数

print()函数将引号内的字符串显示在屏幕上。

```
print('hello, welcome to Python world!')
print('hello, what's your name?')
```

代码行 print('hello,welcome to Python world!')表示"打印出字符串'hello,welcome to Python world!'的文本"。Python 执行到这行时,告诉 Python 调用 print()函数,并将字符串"传递"给函数。传递给函数的值称为"参数"。请注意,引号没有打印在屏幕上。它们只是表示字符串的起止,不是字符串的一部分。

也可以用这个函数在屏幕上打印出空行,只要调用 print()就可以了,括号内没有任何内容。在写函数名时,末尾的左右括号表明它是一个函数的名字。

2. input()函数

input()函数等待用户在键盘上输入一些文本,并按 Enter 键。

```
myName = input()
```

这个函数取值为一个字符串,即用户输入的文本。前面的代码行将这个字符串赋给变量 myName。可以认为 input()调用是一个表达式,它的值为用户输入的任何字符串,如果用户输入'AI',那么该表达式就取值为 myName ='AI'。

【例 1-1】　打印用户的名字,打开 IDLE 新建文件,输入以下内容:

```
print("Hello,welcome to Python world!")
print("What's your name?")
myname = input()
print("Nice to meet you," + myname)
```

保存文件后,在文件编辑器窗口选择 Run→Run Module 命令或按下 F5 键,程序在交互式环境窗口中运行。在程序要求输入时,输入你的名字。运行结果看起来应该如下:

```
Python 3.10.7 (v3.10.7:6cc6b13, Jul 8 2017, 04:57:36) [MSC v.1933 64 bit (AMD64)] on win32
Type "copyright", "credits" or "license()" for more information.
>>>
 ===================== RESTART: G:\dev\Examples\1-1.py =====================
Hello,welcome to Python world!
What's your name?
Tom
Nice to meet you, Tom
>>>
```

巩固训练

1. 到 Python 官网(www.Python.org)下载合适的版本进行安装,并检测是否已安装成功(cmd 命令行窗口→Python)。

2. 进入 IDLE 开发环境,熟悉界面和操作,在 IDLE 环境中分别运行以下代码,并解决遇到的错误。

```
print "I love python"
print("I love python" * 8 )
print("I love python" + 8 )
```

3. 以. py 文件的形式,写一段程序,要求用户输入正确的作者名字,答对后按照如下格式显示诗词内容。(请至少用两种方式实现古诗内容的输出)

```
================== RESTART: C
山居秋冥的作者是谁?王维
bingo!
山居秋暝
    王维
空山新雨后,
天气晚来秋。
竹喧归浣女,
莲动下渔舟。
>>>
================== RESTART: C
山居秋冥的作者是谁?李白
对不起,答错啦!
>>>
```

4. 下载并安装 PyCharm 集成开发工具。

第2章

Python基础

2.1 标准输入输出

2.1.1 输出函数 print()

Python 3 中使用 print() 函数完成输出操作。

```
for i in range(10,20):
    print(i, end = ' ')
```

print() 函数基本格式如下:

```
print([obj1, …][, sep = ''][, end = '\n'][, file = sys.stdout])
```

(1) 省略所有参数。

print() 函数所有参数均可省略,无参数时输出一个空行。

(2) 输出一个或多个对象。

print() 函数可以同时输出一个或多个对象。例如:

```
>>> print(123)                    #输出一个对象
123
>>> print(123,'abc', 456)         #输出多个对象
123 abc 456
```

(3) 指定输出分隔符。

print() 函数默认分隔符为空格,可用 sep 参数指定特定的符号作为输出对象的分隔符。例如:

```
>>> print(123,'abc', 456,sep = '#')     #指定用#作为输出分隔符
123#abc#456
```

(4) 指定输出结尾符。

print() 函数默认以回车换行符作为输出结尾符,即输出最后会换行。可以用 end 参数指定输出结尾符,例如:

```
>>> print('price');print(100)          #默认输出结尾符,输出在两行
price
100
>>> print('price',end = ' = ');print(100)   #指定输出结尾符,输出在一行
price = 100
```

（5）输出到文件。

print()函数默认输出到标准输出流,在 Windows 命令行时输出到命令行窗口。可用 file 参数指定输出到特定文件。例如：

```
>>> filename = open('data.txt','w')              #打开文件
>>> print('学而时习之,不亦说乎',file = filename)      #用 file 参数指定输出到文件
>>> file1.close                                  #关闭文件
>>> print(open('data.txt').read())               #输出从文件中读取的内容
学而时习之,不亦说乎
>>>
```

【例 2-1】 输出古诗《绝句》。

方法一：

```
#输出多个字符串,使用 sep 参数设置换行分隔符
print('绝句', '杜甫','迟日江山丽,', '春风花草香。','泥融飞燕子,','沙暖睡鸳鸯。',sep = '\n')
```

方法二：

```
#输出一个字符串,使用转义字符换行
print('  绝句\n   杜甫\n  迟日江山丽,\n春风花草香。\n泥融飞燕子,\n沙暖睡鸳鸯。')
```

方法三：

```
#使用'''长字符串保留原始换行格式
print('''
    绝句
    杜甫
迟日江山丽,
春风花草香。
泥融飞燕子,
沙暖睡鸳鸯。''')
```

程序执行结果：

```
    绝句
    杜甫
迟日江山丽,
春风花草香。
泥融飞燕子,
沙暖睡鸳鸯。
```

2.1.2 输入函数 input()

Python 提供内置函数 input(),让用户从键盘输入一个字符串。其语法格式如下：

```
input( prompt = None, /)
```

- prompt 是提示字符串,可以省略。
- variable_name = input(prompt)。
- 在 Python 3 中,无论输入的是数字还是字符串,input()函数都返回字符串,即 age 的数据类型为 string 类型。如果想使用数字进行计算,则要对字符串进行强制类型转换,否则会引起异常,如图 2-1 所示。

input()函数接受用户输入多个数值。

```
>>> age=input("请输入学生年龄:")
请输入学生年龄:10
>>> age=age+1
Traceback (most recent call last):
  File "<pyshell#1>", line 1, in <module>
    age=age+1
TypeError: can only concatenate str (not "int") to str
        >>> age=int(input("请输入学生年龄:"))
        请输入学生年龄:10
        >>> age=age+1
        >>> age
        11
```

图 2-1　类型异常

方式一：

```
a,b,c = input("请输入三个数,用逗号隔开:").split(',')
print(a,b,c)
```

方式二：

```
a,b,c = eval(input("请输入三个数,用逗号隔开:"))
print(a,b,c)
```

eval()函数用来执行一个字符串表达式,并返回表达式的值。

```
eval(expression[, globals[, locals]])
```

2.2　变量

　　Python 中的变量不需要声明,每个变量在使用前都必须赋值,变量赋值以后该变量才会被创建。在 Python 中,变量就是变量,它没有类型,我们所说的"类型"是变量所指的内存中对象的类型。

　　等号(＝)用来给变量赋值。等号(＝)左边是一个变量名,等号(＝)右边是存储在变量中的值。

　　Python 允许同时为多个变量赋值。例如：

```
a = b = c = 1
```

以上示例创建一个整型对象,值为 1,从右向左赋值,三个变量被赋予相同的数值。

也可以为多个对象指定多个变量。例如：

```
a, b, c = 1, 2, "python"
```

以上示例,两个整型对象 1 和 2 分别分配给变量 a 和 b,字符串对象"Python"分配给变量 c。

2.3　基本数据类型

　　Python 3 中有两个基本数据类型和 4 个复合数据类型,共 6 个标准的数据类型。

（1）Number(数值)；

（2）String(字符串)；

（3）List(列表)；

（4）Tuple(元组)；

（5）Dictionary(字典)；

（6）Set(集合)。

Python 3 的 6 个标准数据类型中：不可变数据（3 个）为 Number、String、Tuple；可变数据（3 个）为 List、Dictionary、Set。

2.3.1　数值型

Python 3 中的数值有 4 种类型：整数、布尔型、浮点数和复数。

（1）int(整数)，如 1，Python 3 中只有一种整数类型 int，表示为长整型，没有 Python 2 中的 Long。

（2）bool(布尔)，如 True。

（3）float(浮点数)，如 1.23、3E-2。

（4）complex(复数)，如 1+2j、1.1+2.2j。

2.3.2　字符串

字符串是 Python 中最常用的数据类型。可以使用引号(' 或 ")来创建字符串。创建字符串很简单，只要为变量分配一个值即可。例如：

```
var1 = 'Hello Python!'
var2 = "Python"
```

Python 中单引号' 和双引号"使用方法完全相同。

（1）使用三引号('''或""")可以指定一个多行字符串。

（2）转义符\，反斜线可以用来转义，使用 r 可以让反斜线不发生转义。如 r"this is a line with \n"则\n 会显示，并不是换行。

（3）字符串可以用+运算符连接在一起，用 * 运算符重复。

（4）Python 中的字符串不能改变。

（5）Python 没有单独的字符类型，一个字符就是长度为 1 的字符串。

1. Python 访问字符串中的值

Python 访问子字符串，可以使用方括号[]来截取字符串，字符串截取的语法格式如下：

```
变量[头下标:尾下标:步长]
```

Python 中的字符串有两种索引方式，从左往右以 0 开始，从右往左以 -1 开始。

```
word = '字符串'
sentence = "这是一个句子."
paragraph = """这是一个段落,
#可以由多行组成"""
str = '123456789'
print(str)                 #输出字符串
print(str[0:-1])           #输出第一个到倒数第二个的所有字符
print(str[0])              #输出字符串第一个字符
```

```
print(str[2:5])          # 输出从第三个开始到第五个的字符
print(str[2:])           # 输出从第三个开始后的所有字符
print(str[1:5:2])        # 输出从第二个开始到第五个且每隔一个的字符(步长为2)
print(str * 2)           # 输出字符串两次
print(str + '你好')      # 连接字符串
print('-------------------------- ')
print('hello\npython')   # 使用反斜线(\)+n转义特殊字符
print(r'hello\ npython') # 在字符串前面添加一个 r,表示原始字符串,不会发生转义
```

这里的 r 指 raw,即 raw string,不会将反斜线转义,例如:

```
>>> print('\n')          # 输出空行

>>> print(r'\n')         # 输出 \n
\n
>>>
```

2. Python 字符串运算符

表 2-1 中的示例变量 a 值为字符串"Hello",b 变量值为"Python"。

表 2-1　字符串运算符

运算符	描　　述	实　　例
+	字符串连接	a+b 输出结果:HelloPython
*	重复输出字符串	a * 2 输出结果:HelloHello s1 * 3 和 3 * s1 等价
[]	通过索引获取字符串中的字符	a[1]输出结果 e 下标可以为负,计算方法:index+len(s)
[:]	截取字符串中的一部分,遵循左闭右开的原则,str[0:2] 是不包含第 3 个字符的	a[1:4]输出结果 ell 如果 s[i:j]中的下标(i 或 j)是负数,则用 len(s)+index 来替换; 如果 j>len(s),则 j 会设置成 len(s) 如果 i≥j,则截取的子串为空串
in	成员运算符,如果字符串中包含给定的字符则返回 True	'H' in a 输出结果 True
not in	成员运算符,如果字符串中不包含给定的字符则返回 True	'M' not in a 输出结果 True
r/R	原始字符串,所有的字符串都是直接按照字面意思来使用,没有转义之类的特殊字符或不能打印的字符。原始字符串除在字符串的第一个引号前加上字母 r(可以大小写)以外,与普通字符串有着几乎完全相同的语法	print(r'\n') print(R'\n')

2.3.3　字符串常用操作

1. 字符串的常用操作

1) 处理字符串的函数

(1) len()函数:返回字符串中的字符个数。

（2）max()函数：返回字符串中的最大字符。

（3）min()函数：返回字符串中的最小字符。

2）内置操作——搜索子串的方法

搜索子串的方法如表 2-2 所示。

表 2-2　搜索子串的方法

函　　数	功　　能
endswitch(s1:str):bool	如果字符串是以子串 s1 结尾则返回 True
startswitch(s1:str):bool	如果字符串是以子串 s1 开始则返回 True
find(s1,[start,[end]]):int	返回 s1 在这个字符串的最小下标,如果字符串中不存在 s1 则返回 －1,可以指定搜索区域[start,end]
rfind(s1,[start,[end]]):int	返回 s1 在这个字符串的最大下标,如果字符串中不存在 s1 则返回 －1,可以指定搜索区域[start,end]
count(substring):int	返回子串在字符串中出现的无覆盖次数
index(sub[,start[,end]]):int	返回字符串在另一个字符串指定返回内首次出现的位置
rindex(sub[,start[,end]]):int	返回字符串在另一个字符串指定返回内最后一次出现的位置

3）内置方法——拆分与组合方法

拆分与组合方法如表 2-3 所示。

表 2-3　拆分与组合方法

函　　数	功　　能
split([sep,[maxsplit]])	以 sep 为分隔符,拆分字符串成一个列表,默认分隔符为空格,maxsplit 为拆分次数,默认为 －1,表示无限拆分
rsplit([sep,[maxsplit]])	从右侧把字符串拆分成一个列表
splitlines([keepends])	把字符串拆分成一个列表,keepends 为 True 时,每行拆分保留行分隔符,默认是 False
partition(s1:str):tuple	将字符串以 s1 为分隔符从前往后分隔成三个字符串
rpartition(s1:str):tuple	将字符串以 s1 为分隔符从后往前分隔成三个字符串

4）内置操作——转换字符串的方法

转换字符串的方法如表 2-4 所示。

表 2-4　转换字符串的方法

函　　数	功　　能
capitalize():str	返回复制字符串并只大写第一个字符
lower():str	返回复制字符串并将所有字母转换为小写
upper():str	返回复制字符串并将所有字母转换为大写
title():str	返回复制字符串并将每个单词的首字母大写
swapcase():str	返回复制字符串,将小写字母转换为大写,将大写字母转换为小写
replace(old,new,[count]):str	返回一个新的字符串,用一个新字符串替换所有出现的旧字符串,count 指定替换次数,省略 count 表示全部替换

注意：转换字符串函数并不修改原字符串,这符合字符串是不可变对象的原则。

5）内置操作——删除空白字符的方法

删除空白字符的方法如表 2-5 所示。

表 2-5 删除空白字符的方法

函 数	功 能
lstrip([chars]):str	返回去掉前端 chars 中字符的字符串,默认去掉空白字符
rstrip([chars]):str	返回去掉末端 chars 中字符的字符串,默认去掉空白字符
strip([chars]):str	返回去掉两端 chars 中字符的字符串,默认去掉空白字符
expandtabs(tabsize]):str	返回用空格替换 tab 字符的字符串,每个 tab 替换为 tabsize 个空格,默认是 8 个

注意:

(1) 删除字符串函数同样并不修改原字符串,这符合字符串是不可变对象的原则。

(2) 只能删除字符串两端的空白字符,不能删除中间的。

(3) 在从键盘或文件输入字符串时,应该使用 strip 函数删除字符串两端的空白字符。

6) 内置操作——测试字符串的方法

表 2-6 为测试字符串的方法。

表 2-6 测试字符串的方法

函 数	功 能
isalnum():bool	如果字符串中的字符是字母或数字且至少有一个字符则返回 True
isalpha():bool	如果字符串中的字符是字母且至少有一个字符则返回 True
isdigit():bool	如果字符串中只含有数字字符则返回 True
isidentifier():bool	如果字符串是 Python 标识符则返回 True
islower():bool	如果字符串中的所有字符全是小写且至少有一个字符则返回 True
isupper():bool	如果字符串中的所有字符全是大写且至少有一个字符则返回 True
isspace():bool	如果字符串中只包含空格则返回 True
istitle():bool	如果字符串的每个单词首字母是大写则返回 True

7) 内置操作——格式化字符串的方法

表 2-7 为格式化字符串的方法。

表 2-7 格式化字符串的方法

函 数	功 能
center(width):str	返回在给定宽度域上居中的字符串
ljust(width):str	返回在给定宽度域上左对齐的字符串
rjust(width):str	返回在给定宽度域上右对齐的字符串
zfill(width):str	返回一个给定宽度的字符串,右对齐,左边不够补 0
format(items):str	格式化一个字符串

2. 字符串格式化

1) 格式化操作符%

Python 支持格式化字符串的输出。尽管这样可能会用到非常复杂的表达式,但最基本的用法是将一个值插入有字符串格式符的模板中。

在 Python 中,字符串格式化使用与 C 中 printf()函数一样的语法。

```
print ("我叫 %s 今年 %d 岁!" % ('小明', 10))
```

以上实例的输出结果如下:

我叫 小明 今年 10 岁！

格式化操作符辅助指令如表 2-8 所示。

表 2-8　格式化操作符辅助格式

符　号	功　　能
*	定义宽度或者小数点精度
—	用于左对齐
+	在正数前面显示加号(+)
<sp>	在正数前面显示空格
#	在八进制数前面显示零('0'),在十六进制前面显示'0x'或者'0X'(取决于用的是'x'还是'X')
0	显示的数字前面填充'0'而不是默认的空格
%	'%%'输出一个单一的'%'
(var)	映射变量(字典参数)
m. n.	m 是显示的最小总宽度,n 是小数点后的位数(如果可用的话)

2) format()函数

接收位置参数和关键字参数：

```
>>> "{0} love {1}.{2}".format("I","learning","python")
'I love learning.python'
```

{0}{1}{2}依次被 format()函数的三个参数替换(位置参数)：

```
>>> "{a} love {b}.{c}".format(a = "I",b = "learning",c = "python")
'I love learning.python'
```

{a}{b}{c}相当于三个标签,format()函数将参数中变量名相同的字符串替换进去(关键字参数)。

可以将位置参数和关键字一起使用：

```
>>> "{0} love {b}.{c}".format("I",b = "learning",c = "python")
'I love learning.python'
```

注意：位置参数必须在关键字参数之前,否则就会出错。

format()函数{}中常用的方法如表 2-9 所示。

表 2-9　**format()函数{}中常用的方法**

模　板	输　出　结　果
{:a<3}　<样式型>	用 a 填满长度为 3 的字符串且转义的内容靠左(<^>分别表示靠左/上/右)
{:f}　<功能型>	将数据类型转换成浮点类型的数据(默认保留小数点后 6 位)
{:.a}　<样式型>	控制浮点数据保留 a 位小数
{:+}　<样式型>	用于显示数据的正负号
{:e}　<功能型>	将数字转换成科学记数法的形式
{:%}　<功能型>	将数据转换成百分制的形式输出
{:b} {:d} {:o} {:x}<功能型>	b、d、o、x 分别是二进制、十进制、八进制、十六进制

注：功能型可以搭配样式型来使用,样式型也可以搭配样式型来使用。

3) f-string

f-string 是 Python 3.6 之后版本添加的,称之为字面量格式化字符串,是新的格式化字符串的语法。

```
>>> name = 'Python'
>>> 'Hello % s' % name
'Hello 'Python'
```

f-string 格式化字符串以 f 开头,后面跟着字符串,字符串中的表达式用花括号{}括起来,它会将变量或表达式计算后的值替换进去,例如:

```
>>> name = 'Python'
>>> f'Hello {name}'          #替换变量
'Hello 'Python'
>>> f'{1 + 2}'               #使用表达式
'3'
>>> w = {'name': 'Python', 'url': 'www. 'Python'.com'}
>>> f'{w["name"]}: {w["url"]}'
'Python': www. 'Python'.com
```

用了这种方式明显更简单了,不用再去判断使用%s 还是%d。

2.3.4 正则表达式

正则表达式提供了功能强大、灵活而又高效的方法来处理文本:快速分析大量文本以找到特定的字符模式,提取、编辑、替换或删除文本子字符串,将提取的子字符串添加到集合,以生成报告。正则表达式广泛用于各种字符串处理应用程序,例如 HTML 处理。

1. 正则表达式语言概述

在处理文本字符串时,常常需要查找符合某些复杂规则(也称之为模式)的字符串。正则表达式是字符串处理的有力工具和技术,可以快速、准确地完成复杂的查找、替换等处理要求。

正则表达式是一个特殊的字符序列,它能帮助我们方便地检查一个字符串是否与某种模式匹配。

正则表达式是由普通字符(例如字符 a 到 z)以及特殊字符(称为元字符)组成的文字模式,元字符包括.、^、$、*、+、?、{、}、[、]、\、|、(、)。例如下面的例子。

- "Go":匹配字符串"God Good"中的"Go"。
- "G.d":匹配字符串"God Good"中的"God",.为元字符,匹配除行终止符外的任何字符。
- "d$":匹配字符串"God Good"中的最后一个"d",$为元字符,匹配结尾。

正则表达式的模式可以包含普通字符(包括转义字符)、字符类和预定义字符类、边界匹配符、重复限定符、选择分支、分组和引用等。正则表达式常用的元字符如表 2-10 所示。

表 2-10　正则表达式常用的元字符

元　字　符	描　　述
.	匹配除换行符以外的任意单个字符
*	匹配位于 * 之前的 0 个或多个字符
＋	匹配位于＋之前的 1 个或多个字符

元 字 符	描 述
|	匹配位于|之前或之后的字符
^	匹配行首,匹配以^后面的字符开头的字符串
$	匹配行尾,匹配以$之前的字符结束的字符串
?	匹配位于?之前的0个或1个字符
\	表示位于\之后的为转义字符
[]	匹配位于[]中的任意一个字符
-	用在[]之内用来表示范围
()	将位于()内的内容作为一个整体来对待
{n}	匹配前一个字符n次
{n,}	匹配前一个字符出现至少n次
{n,m}	匹配前一个字符出现n～m次
\d	匹配任何数字,相当于[0～9]
\D	与\d含义相反
\s	匹配任何空白字符
\S	与\s含义相反
\w	匹配任何字母、数字以及下画线,相当于[a-zA-Z0-9_]
\W	与\w含义相反

如果以\开头的元字符与转义字符相同,则需要使用\\,或者使用原始字符串。以下是正则表达式的应用实例。

1) 匹配账号是否合法

设账号以字母开头,允许字母、数字及下画线,包括5～16个字符:

^[a-zA-Z][a-zA-Z0-9_]{4,15}$。

2) 匹配国内电话号码

\d{4}-\d{8}|\d{4}-\d{7},

例如,021-87888822 或 0746-4405222。

3) 匹配QQ号(设QQ号从10000开始)

[1-9][0-9]{4,}。

4) 匹配身份证号(设身份证号为15位或18位)

\d{15}|\d{18}。

5) 匹配特定数字

^[1-9]\d*$:匹配正整数。

^-[1-9]\d*$:匹配负整数。

^-?[1-9]\d*$:匹配整数。

6) 匹配特定字符串

^[A-Za-z]+$:匹配由26个英文字母组成的字符串。

^[A-Z]+$:匹配由26个大写英文字母组成的字符串。

^[a-z]+$:匹配由26个小写英文字母组成的字符串。

^[A-Za-z0-9]+$:匹配由数字和26个英文字母组成的字符串。

^\w+$:匹配由数字、26个英文字母或者下画线组成的字符串。

2．正则表达式模块 re

在 Python 中使用内置的 re 模块来实现正则表达式功能。

1）re 模块的主要方法

Python 内置的 re 模块提供了丰富的正则表达式操作。该模块包含多个函数，用于编译、匹配、搜索、替换等操作。下面我们逐一介绍这些函数。

（1）re. compile(pattern,flags＝0)。

re. compile() 函数用于编译正则表达式，返回一个正则表达式(pattern)对象。可以通过该对象调用相关方法进行匹配和搜索操作。

- pattern：正则表达式的字符串形式。
- flags：可选参数，修改正则表达式的匹配方式。

（2）re. match(pattern,string,flags＝0)。

re. match() 函数用于尝试从字符串的起始位置开始匹配正则表达式。如果正则表达式不匹配，则返回 None,否则返回一个匹配对象(mach 对象)。

- pattern：正则表达式的字符串形式。
- string：要匹配的字符串。
- flags：可选参数，修改正则表达式的匹配方式。

我们可以使用 group(num) 或 groups() 匹配对象函数来获取匹配表达式。group(0) 是与整个正则表达式相匹配的字符串，group(1)、group(2)、…分别表示第 1、2、…个子串。

（3）re. search(pattern,string,flags＝0)。

re. search()函数用于在一个字符串中查找正则表达式的第一次出现。如果正则表达式不匹配，则返回 None,否则返回一个匹配对象。

- pattern：正则表达式的字符串形式。
- string：要匹配的字符串。
- flags：可选参数，修改正则表达式的匹配方式。

注意：re. match()函数 re. search()函数的区别：re. match()函数只匹配字符串的开始，如果字符串开始不符合正则表达式，则匹配失败，函数返回 None；而 re. search()函数匹配整个字符串，直到找到一个匹配。

（4）re. findall(pattern,string,flags＝0)。

re. findall() 函数用于搜索字符串中所有与正则表达式匹配的子串，并返回一个列表，如果没有找到匹配的，则返回空列表。

- pattern：正则表达式的字符串形式。
- string：要匹配的字符串。
- flags：可选参数，修改正则表达式的匹配方式。

注意：re. match()函数和 re. search()函数匹配一次，re. findall()函数匹配所有。

（5）re. sub(pattern,repl,string,count＝0,flags＝0)。

re. sub() 函数用于替换字符串中与正则表达式匹配的子串。返回替换后的字符串。

- pattern：正则表达式的字符串形式。
- repl：用来替换匹配到的字符串。

- string：要查找替换的原始字符串。
- count：可选参数，最多替换次数。
- flags：可选参数，修改正则表达式的匹配方式。

（6）split(pattern,string[,maxsplit＝0,flags＝0])。

split()函数按照能够匹配的子串将字符串分隔后返回列表。

- pattern：匹配的正则表达式。
- string：待匹配的字符串。
- maxsplit：分隔次数，maxsplit＝1表示分隔一次，默认为 0，表示不限制次数。
- flags：标识位，用于控制正则表达式的匹配方式，如是否区分大小写、多行匹配等。

（7）flags 参数。

flags 参数是用来指定正则表达式操作的额外选项，例如是否忽略大小写、是否多行模式等。下面列出了常用的 flags 及其用法。

- re.I / re.IGNORECASE：忽略大小写，例如 re.match('hello','Hello,world!',re.I)。
- re.M / re.MULTILINE：多行匹配，例如 re.search('^hello','hello\nworld',re.M)。
- re.S / re.DOTALL：让.可以匹配包括\n 在内的任意字符，例如 re.match('. ＊ ', 'hello\nworld',re.S)。
- re.U / re.UNICODE：使用 Unicode 字符集而不是 ASCII 字符集，例如：re.match ('\\w＋','你好,world!',re.U)。
- re.L / re.LOCALE：根据当前环境设置本地化标识，例如：re.match('\\w＋', 'école',re.L)。

需要注意的是，flags 参数可以通过按位或(|)的方式同时使用多个 flags，例如 re. match(pattern,string,re.I | re.M)。

2）使用 re 模块的方法

（1）创建一个正则表达式对象。

```
regex = re.compile('[a－zA－Z]＋://[^\s]＊')        ＃创建匹配网址的表达式对象
```

（2）使用 re.match()函数进行文本匹配。

```
import re
＃匹配 11 位手机号
number = '0386209971'
result = re.match('[1－9]\d{10}',number)
if not result:
    print('手机号不正确!')
```

（3）使用 re.sub()函数进行字符串替换。

```
txt = "我的祖国是中国,我非常爱我的祖国.我为自己是一个中国人而感到自豪!"
result = re.sub('[,。!]','',txt)                      ＃替换掉文本中的标点符号
print(result)
```

程序输出结果如下：

```
我的祖国是中国我非常爱我的祖国我为自己是一个中国人而感到自豪
```

（4）使用 re. split()函数进行单词拆分。

```
txt = "Suzhou City University is very beatiful"
result = re.split('\W + ',txt)              #'\W'表示非单词字符
print(result)
```

程序输出结果如下：

```
['Suzhou', 'City', 'University', 'is', 'very', 'beatiful']
```

（5）使用 re. findall()函数找出所有单词。

```
txt = "Suzhou City University is very beatiful"
result = re.findall('[a - zA - Z] + ',txt)
print(result)
```

3）使用正则表达式对象的方法

在 re 模块中有一个 compile()方法，可以将正则表达式编译生成正则表达式对象，然后可以使用正则表达式对象提供的方法进行字符串的处理。正则表达式对象的方法和 re 模块的方法类似，主要有 match()、search()、findall()、sub()等，使用正则表达式对象可以提高字符串的处理速度。

match()、search()方法返回的都是 match 对象，要查看 match 对象中的详细信息，可以通过调用 match 对象的方法来实现。match 对象的常用方法见表 2-11。

表 2-11　match 对象的常用方法

方　　法	功　　能
group()	返回匹配的整个表达式的字符串
groups()	返回一个包含匹配的所有子模式内容的元组
groupdict()	返回包含匹配的所有命名子模式内容的字典
start()	返回指定子模式内容的起始位置
end()	返回指定子模式内容的结束位置
span()	返回一个包含起始位置和结束位置的元组

【例 2-2】　用户名合法性检验，匹配账号是否合法（以字母开头，允许字母、数字及下画线，包括 5～10 个字符）。

```
#创建正则表达式对象
patt = re.compile('^[a - zA - Z][a - zA - Z0 - 9_]{4,10} $ ')
account = input('请输入账号:')         #admin - 001
result = patt.match(account)
if result:
    print(result.group())
else:
    print("账号不合法!")
```

【例 2-3】　用户电子邮件地址有效性检验。

```
#匹配邮箱地址
email = 'hello.python@szcu - edu.cn'
patt = re.compile('\w + ([ - + .]\w + ) * @\w + ([ - .]\w + ) * \.\w + ([ - .]\w + ) * ')
#\w + ([ - + .]\w + ) *     配置邮箱前边部分
#\w + ([ - .]\w + ) * \.\w + ([ - .]\w + ) *     配置域名
result = patt.match(email)
if result:
```

```
        print(result.group())
    else:
        print('email 不正确!')
```

视频讲解

2.4 编写规范

2.4.1 标识符

在 Python 中,标识符(Identifier)是用来为变量、函数、类等命名的。以下是 Python 中命名标识符的规则。

(1) 第一个字符必须是字母表中的字母或下画线。

(2) 标识符的其他部分由字母、数字和下画线组成。

(3) 标识符对大小写敏感。

(4) 在 Python 3 中,可以用中文作为变量名,非 ASCII 标识符也是允许的。

2.4.2 书写规则

1. 缩进

Python 最具特色的就是使用缩进来表示代码块,不需要使用花括号{}。缩进的空格数是可变的,但是同一个代码块的语句必须包含相同的缩进空格数。例如:

```
if True:
print ("Answer")
    print ("True")
else:
    print ("Answer")
  print ("False")        #缩进不一致,会导致运行错误
```

以上程序由于缩进不一致,执行后会出现类似以下错误:

```
File "test.py", line 6
    print ("False")        #缩进不一致,会导致运行错误
                  ^
IndentationError: unindent does not match any outer indentation level
```

2. 代码组

缩进相同的一组语句构成一个代码块,我们称之为代码组。像 if、while、def 和 class 这样的复合语句,首行以关键字开始,以冒号(:)结束,该行之后的一行或多行代码构成代码组。我们将首行及后面的代码组称为一个子句(clause)。如:

```
if expression :
    suite
elif expression :
    suite
else :
    suite
```

3.多行语句

Python 通常是一行写完一条语句,但如果语句很长,我们可以使用反斜线 \ 来实现多行语句,例如:

```
total = item_one + \
        item_two + \
        item_three
```

在[]、{}或()中的多行语句,不需要使用反斜线 \,例如:

```
total = ['item_one', 'item_two', 'item_three',
         'item_four', 'item_five']
```

4.同一行显示多条语句

Python 可以在同一行中使用多条语句,语句之间使用分号;分隔,以下是一个简单的实例:

```
#!/usr/bin/python3
import sys; x = 'runoob'; sys.stdout.write(x + '\n')
```

2.4.3　注释

Python 中单行注释以♯开头,实例如下:

```
#第一个注释
print ("Hello, Python!")
#第二个注释
```

执行以上代码,输出结果为:

```
Hello,Python!
```

多行注释可以用多个♯号,还有'''和""":

```
#第一个注释
#第二个注释
''' 第三个注释 第四个注释 '''
""" 第五个注释 第六个注释 """
print ("Hello, Python!")
```

规范化编程辅助工具:Pylint。Pylint 是一个 Python 代码分析工具,它分析 Python 代码中的错误,查找不符合代码风格标准和有潜在问题的代码,开发者可以在集成开发环境中安装 Pylint,规范化自己的代码。

➢ 编程规范是软件开发人员良好的编程习惯及基本的专业素养。

计算机人才职业素养之一是需要具备工匠精神,程序设计不能仅仅满足于可以运行,用工匠的精神重视每一个细节,不停优化、打磨,提升程序的质量和效率,交付规范、高质量的程序代码。

能力的培养是靠训练得来的,要力行,重在实践,规范的编程习惯从我们平时写的每一行代码、每一次实践中日积月累地养成。

巩固训练

1. 进入 PyCharm 开发环境，熟悉其界面和操作，创建自己的第一个 Python 项目到专用路径。在项目中分别创建 3 个 Python 文件，编程实现：

（1）test.py：分别运行下面两段代码，发现其不同之处：

代码 1：

```
a,b,c = input("请输入三个数,用逗号隔开:").split(',')
print(a,b,c,a + b + c)
```

代码 2：

```
a,b,c = eval(input("请输入三个数,用逗号隔开:"))
print(a,b,c ,a + b + c)
```

（2）trapeArea.py：编程实现，请用户一次输入梯形的上底、下底和高，计算梯形的面积并输出。

（3）bmi.py：编程实现，输入身高(m)和体重(kg)，计算 BMI 指数，并将结果按如下标准提示给用户，BMI 指数＝体重(kg)÷身高^2(m)，例：$70 \div (1.75 \times 1.75) = 22.86$。

```
---- 欢迎使用 BMI 计算程序 ----
请键入您的姓名: Tom
请键入您的身高(m):1.78
请键入您的体重(kg):58
请键入您的性别(F/M)m
姓名:Tom 身体状态:偏瘦
```

成人的 BMI 数值参考如下。

过轻：低于 18.5。

正常：18.5～27.9。

过重：24～27.9。

肥胖：28～32。

非常肥胖，高于 32。

2. 以论语中的一句话作为字符串变量 s，补充程序，分别输出字符串 s 中汉字和标点符号的个数。

```
s = "学而时习之,不亦说乎 有朋自远方来,不亦乐乎 人不知而不愠,不亦君子乎 "
n = 0              # 汉字个数
m = 0              # 标点符号个数
m = (_____)   # 在这里补充代码
n = (_____)   # 在这里补充代码
print("字符数为{},标点符号数为{}.".format(n, m))
```

3. 根据输入字符串 s，输出一个宽度为 15 的字符，字符串 s 居中显示，以"＝"填充的格式。如果输入字符串超过 15 个字符，则输出字符串前 15 个字符。

例如：输入字符串 s 为"PYTHON"，则输出"＝＝＝＝＝PYTHON＝＝＝＝"。

```
s = input("请输入一个字符串:")
print(_____)
```

4. 编写程序判断一个从键盘输入的字符串包含的字母、数字字符和其他字符的个数。

分析：遍历字符串，在遍历字符串时判断该字符是什么类型的字符。

5. 从键盘输入几个数字，用逗号分隔，求这些数字之和。

分析：把输入的数字当作一个字符串来处理，首先分离出数字串，再转换成数值，这样就能求和。

6. 密码安全，让用户设置（输入）一个密码，要求：

（1）不少于6位，必须包含数字、大写字母、小写字母，否则提醒用户安全强度太低，请重新设置。

（2）密码确认：再输一次，如果两次输入不同，提醒用户重新输入！

第 3 章

程序控制结构

本章将介绍程序控制结构这个重要的主题。程序控制结构是编程中用于控制程序执行流程的基本机制,它能帮助我们按照特定的逻辑进行代码的执行和处理。在本章中,我们将学习三种主要的程序控制结构:顺序结构、选择结构和循环结构。

视频讲解

3.1 顺序结构

顺序结构是编程中最简单也是最基础的程序控制结构之一。顺序结构指的是按照代码的书写顺序,一行一行地执行代码,没有任何条件判断或循环控制。在顺序结构中,代码将按照从上到下的顺序被逐行执行。每一行代码的执行结果都会影响到下一行代码的执行。

让我们来看一个简单的例子。

【例 3-1】 顺序结构示例。

```
#顺序结构示例
print("欢迎来到顺序结构的世界!")
print("这是第一行代码。")
print("这是第二行代码。")
print("这是第三行代码。")
print("顺序结构的代码将按照顺序执行。")
print("这是最后一行代码。")
```

程序运行结果如下:

```
欢迎来到顺序结构的世界!
这是第一行代码。
这是第二行代码。
这是第三行代码。
顺序结构的代码将按照顺序执行.
这是最后一行代码。
```

在例 3-1 中,代码按照从上到下的顺序一行一行地执行。首先,会打印出"欢迎来到顺序结构的世界!",然后依次打印出每一行代码的内容,直到打印出"这是最后一行代码。"后结束。

顺序结构非常直观和易于理解,因为代码的执行顺序简单明了。在顺序结构中,每一行代码都是按照其在代码中出现的先后顺序被执行的,不会跳过也不会重复执行任何代码。顺序结构也是构建更复杂程序的基础。通过顺序结构,我们可以组合多个简单的操作,以便实现更复杂的功能和任务。在编写代码时,确保代码的顺序与预期的执行顺序一致非常重要。一旦代码的顺序出错,可能会导致程序逻辑错误和运行异常。顺序结构是编程中最基本的结构之一。

3.2 选择结构

选择结构是程序控制结构中的一种重要形式,它允许根据不同的条件选择性地执行不同的代码块。通过选择结构,我们可以根据程序中的特定条件来决定程序的执行路径,从而实现不同情况下的不同逻辑处理。

选择结构主要有三种形式:单分支结构、双分支结构和多分支结构。下面让我们来一一了解它们吧。

3.2.1 单分支结构

单分支结构是选择结构中最简单的形式,它只包含一个条件判断语句,即 if 语句。if 语句根据条件的真假来决定是否执行特定的代码块。

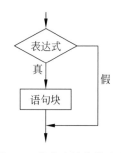

在单分支结构中,if 语句后面的条件表达式会被求值,如果条件表达式的值为真(True)则执行 if 代码块中的语句;如果条件表达式的值为假(False)则跳过 if 代码块,继续执行后续的代码。

图 3-1 单分支结构的流程

单分支结构的流程如图 3-1 所示。

让我们来看一个简单的例子。

【例 3-2】 单分支结构示例。

```
# 单分支结构示例
temperature = 25
if temperature > 30:
    print("天气炎热,请注意防晒!")
print("今天的温度:" + str(temperature) + "℃")
```

程序运行结果如下:

今天的温度:25℃

在上面的例子中,首先定义了一个变量 temperature,其值为 25。然后使用 if 语句判断 temperature 是否大于 30。由于 temperature 的值为 25,不满足条件,因此不执行 if 代码块中的语句。接着,程序继续执行后续的代码,打印出今天的温度。

在实际编程中,单分支结构经常用于根据条件执行不同的操作。我们可以根据具体情况在 if 代码块中编写适当的处理逻辑,根据用户输入的条件执行不同的操作,根据条件判断来输出不同的结果等。

例如我们可以把代码进行修改,将第一句改为 temperature = 35,则程序运行结果如下:

天气炎热,请注意防晒!

3.2.2 双分支结构

双分支结构是选择结构中扩展了一种情况处理的形式,它除了包含一个条件判断语

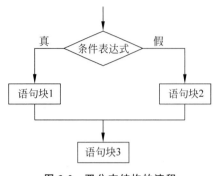

图 3-2　双分支结构的流程

句(if 语句)，还包含一个 else 语句。通过双分支结构，程序可以根据条件的真假执行不同的代码块。

在双分支结构中，if 语句后面的条件表达式会被求值，如果条件表达式的值为真(True)则执行 if 代码块中的语句；如果条件表达式的值为假(False)，则执行 else 代码块中的语句。

双分支结构的流程如图 3-2 所示。

让我们来看一个简单的例子。

【例 3-3】 双分支结构示例。

```
#双分支结构示例
score = 80
if score >= 60:
    print("成绩合格,恭喜你通过了考试!")
else:
    print("成绩不合格,请多加努力!")
print("你的分数是:" + str(score))
```

程序运行结果如下：

```
成绩合格,恭喜你通过了考试!
你的分数是: 80
```

在上面的例子中，首先定义了一个变量 score，其值为 80。然后使用 if 语句判断 score 是否大于或等于 60。由于 score 的值为 80，符合 if 条件，因此执行 if 代码块中的语句，打印出成绩合格的消息。接着程序跳过 else 代码块，继续执行后续的代码，打印出你的分数是 80。

双分支结构提供了一种根据条件真假执行不同代码块的方式。通过合理使用 if 和 else 语句，我们可以根据不同的条件结果进行相应的处理，使程序具备更灵活的逻辑。

如果将语句 score = 80 修改为 score = 50，由于 score 的值为 50，不符合 if 条件，因此不执行 if 代码块中的语句，接着程序执行 else 代码块，打印出成绩不合格的消息，然后继续执行后续的代码。

3.2.3　多分支结构

多分支结构是选择结构中最灵活的形式，它是通过使用多个条件判断语句(if-elif-else)来执行不同的代码块的。在多分支结构中，程序会逐个检查条件，并执行与第一个满足条件相关联的代码块。

在多分支结构中，if 语句后面的条件表达式会被求值，如果条件表达式的值为真(True)，则执行 if 代码块中的语句；如果条件表达式的值为假(False)，则继续检查下一个 elif 语句的条件，如果条件为真，则执行对应的代码块；如果所有的条件都为假，则执行 else 代码块中的语句。

多分支结构的流程如图 3-3 所示。

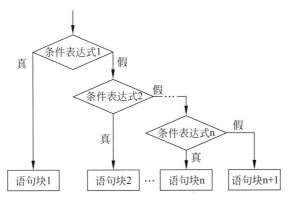

图 3-3 多分支结构的流程

【例 3-4】 多分支结构示例。

```
# 多分支结构示例
grade = 85
if grade >= 90:
    print("优秀")
elif grade >= 80:
    print("良好")
elif grade >= 70:
    print("一般")
elif grade >= 60:
    print("及格")
else:
    print("不及格")
print("你的成绩是:" + str(grade))
```

程序运行结果如下:

```
良好
你的成绩是 85
```

在上面的例子中,首先定义了一个变量 grade,其值为 85。使用多个 elif 语句进行条件判断,根据不同的分数范围打印出对应的成绩等级。由于 grade 的值为 85,满足 grade >= 80 的条件,因此执行对应的代码块,打印出良好。接着,程序跳过其他的 elif 代码块,继续执行后续的代码,打印出你的成绩是 85。

相对于单分支和双分支结构,多分支结构允许我们根据多个条件的不同结果执行相应的代码块,从而实现更加细致的逻辑处理。

3.2.4 选择结构的嵌套

选择结构的嵌套是指在一个选择结构中包含另一个选择结构,通过嵌套的方式实现更为复杂的条件判断和代码执行。

在选择结构的嵌套中,内层的选择结构会根据外层选择结构的判断结果来执行相应的代码块。嵌套结构可以嵌套多层,每一层都可以根据需求进行条件判断和代码执行。

选择结构的嵌套的流程如图 3-4 所示。

【例 3-5】 判断一个数字是否为偶数,并输出相应的结果。

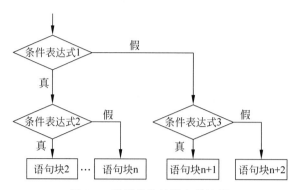

图 3-4   选择结构的嵌套的流程

```
♯选择结构的嵌套示例1
num = 6
if num % 2 == 0:
  if num == 0:
    print("数字为 0")
  else:
    print("数字为偶数")
else:
  print("数字为奇数")
```

程序运行结果如下：

数字为偶数

在上面的例子中，首先定义了一个变量 num，其值为 6。外层的 if 语句判断 num 是否为偶数，如果是偶数，则进入内层的 if 语句判断 num 是否为 0，如果是 0，则打印出数字为 0；如果不是 0，则打印出数字为偶数。如果外层的 if 语句判断 num 不是偶数，则执行 else 代码块，打印出数字为奇数。

【例 3-6】   根据用户输入的年龄判断是否能参加一个活动。

```
♯选择结构的嵌套示例2
age = int(input("请输入您的年龄:"))
if age >= 18:
  if age <= 60:
    print("您可以参加活动")
  else:
    print("对不起,活动仅限于 18 - 60 岁年龄段")
else:
  print("对不起,您未达到参加活动的年龄要求")
```

在上面的例子中，使用内置函数 input() 获取用户输入的年龄，并将其转换为整型。外层的 if 语句判断年龄是否大于或等于 18，如果是，则进入内层的 if 语句判断年龄是否小于或等于 60，如果是，则打印出可以参加活动的消息；如果不是，则打印出活动仅限于 18～60 岁年龄段的消息。如果外层的 if 语句判断年龄小于 18，则执行 else 代码块，打印出未达到参加活动的年龄要求的消息。

选择结构的嵌套提供了更大的灵活性，可以根据需要嵌套多层选择结构来处理复杂的条件判断和代码执行。

视频讲解

3.3 循环结构

循环结构是编程中一种重要的控制结构,它允许我们多次执行相同或相似的代码块,以便重复执行相同的任务或处理逐个元素的集合。循环结构可以根据指定的条件来确定是否继续执行循环体内的代码,从而实现重复执行的功能。

在大多数编程语言中,常见的循环结构主要有两种:while 循环和 for 循环,接下来我们将分别介绍这两种循环结构。

3.3.1 while 循环

while 循环结构是根据条件来判断是否需要继续重复执行语句块,故可以称为条件循环。无论循环的次数是否预知,都可以使用 while 语句来循环执行语句块。while 语句包括以下两种形式。

1. 基本 while 语句

while 循环由一个循环条件表达式和一个循环体组成,格式如下:

```
while 条件表达式:
    语句块
```

while 语句的执行过程如下:在每一次循环开始之前先测试循环条件,如果条件为真,则执行循环体内的代码,然后再次执行循环条件的测试,直到条件为假时停止循环。

循环条件表达式通常使用布尔表达式来判断是否满足循环继续执行的条件。当循环条件为真时,循环体内的代码会被执行,然后再次执行循环条件的测试,直到循环条件为假时退出循环。

while 循环的流程如图 3-5 所示。

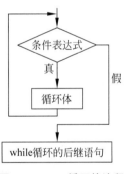

图 3-5 while 循环的流程

【例 3-7】 使用 while 循环计算 1 到 10 的累加和。

```
# while 循环示例 1
sum = 0
i = 1
while i <= 10:
    sum += i
    i += 1
print("1 到 10 的累加和为:", sum)
```

程序运行结果如下:

```
1 到 10 的累加和为:55
```

在上面的例子中,首先定义了两个变量 sum 和 i,分别用来保存累加和及循环变量的值。while 循环的条件是 i 小于或等于 10,当循环条件为真时,循环体内的代码会被执行。

循环体内的代码是将 i 的值加到 sum 上,sum += i 是一个复合赋值运算符,它的作用是将变量 i 的值累加到变量 sum 上,并将结果重新赋值给 sum,它等价于 sum=sum + i。当 i 的值等于 11 时,循环条件为假,退出循环。最后,打印出 1 到 10 的累加和。

【例 3-8】 从 1 开始打印到用户输入的数。

```
#while 循环示例 2:从 1 开始打印到用户输入的数
n = int(input("请输入一个整数:"))
i = 1
while i <= n:
    print(i)
    i += 1
```

上述示例程序中,我们使用了 while 循环来从 1 开始打印到用户输入的数。首先使用 input()函数获取用户输入的数,并使用 int()函数将其转换为整数类型并赋值给变量 n。然后定义了一个循环变量 i 的初始值为 1。循环条件是 i<= n,当循环条件为真时,执行循环体内的代码。循环体内的代码是打印 i 的值,并将 i 的值加 1。循环条件为假时,退出循环。

从上面两个例子我们可以看出,通过 while 循环,我们可以重复执行特定的代码块,直到达到指定的终止条件为止,这样可以在各种情况下灵活地处理重复执行的逻辑。

2. 扩展 while 语句

在 Python 中,while 循环后面也可以跟随一个 else 子句。这个 else 子句将在 while 循环中由于循环条件不再满足而正常结束时执行。但是如果 while 循环是通过 break 语句提前退出的,那么 else 子句将不会被执行。关于 break 语句我们将在 3.3.3 节进行介绍。

格式:

```
while 条件表达式:
    语句块 1
else:
    语句块 2
```

这个特性在需要知道循环是正常结束还是被中断的情况下特别有用。例如,你可能想要执行一些清理操作或记录循环正常完成的情况。下面是一个简单的例子,它使用 while 循环和 else 子句来打印一系列数字,并在循环正常结束时打印一条消息。

【例 3-9】 打印数字。

```
count = 0
while count < 5:
    print(count)
    count += 1
else:
    print("循环正常结束,没有使用 break 语句。")
```

程序运行结果如下:

```
0
1
2
3
4
循环正常结束,没有使用 break 语句。
```

在这个例子中,count 从 0 开始,并在每次迭代中增加 1。当 count 达到 5 时,while 循环的条件 count < 5 将不再为真,循环将正常结束。因此,else 子句中的消息会被打印出来。

3.3.2 for 循环

for 循环是一种计数循环,通过指定循环的次数来执行循环体内的代码。通常在以下情况使用 for 循环。

(1) 循环次数已知;

(2) 需要遍历处理 Python 的序列结构或可迭代对象中的每个元素。

for 语句的格式如下:

```
for 循环变量 in 遍历结构:
        语句块 1
[else:
        语句块 2]
```

for 循环的执行过程如下:从遍历结构中逐一提取元素,放入循环变量,循环次数就是元素的个数,每次循环中的循环变量值就是遍历结构中提取的当前元素值。

可选的 else 部分执行方式和 while 语句类似。如果全部元素被遍历后,结束执行循环体,则执行 else 后的语句块 2;若因在语句块 1 中执行了 break 语句而结束循环时,不会执行 else 后的语句块 2。

注意:

(1) for 循环的循环次数等于序列结构或可迭代对象的元素个数。

(2) 若需要按指定次数循环,可以使用 range()函数产生的 range 对象来配合控制循环。

【例 3-10】 计算 1 到 10 的累加和。

```
#for 循环示例 1:计算 1 到 10 的累加和
sum = 0
for i in range(1, 11):
    sum += i
print("1 到 10 的累加和为:", sum)
```

程序运行结果如下:

```
1 到 10 的累加和为:55
```

在前面的例子中,我们采用了 while 循环来计算 1 到 10 的累加和。在本例中,我们使用了 for 循环来计算 1 到 10 的累加和。range(1,11)表示一个整数序列,从 1 到 10(注意,终止值虽然是 11,但不包含)。每次循环迭代时,控制变量 i 会依次取到序列中的值,然后将 i 的值加到 sum 上。循环结束后,打印出 1 到 10 的累加和。

【例 3-11】 遍历列表元素并打印。

```
#for 循环示例 2:遍历列表元素并打印
fruits = ["apple", "banana", "orange", "grape"]
for fruit in fruits:
    print(fruit)
```

程序运行结果如下：

```
apple
banana
orange
grape
```

上述示例程序中，我们使用了 for 循环来遍历列表中的元素并逐个打印出来。定义了一个名为 fruits 的列表，其中包含了多个水果名称。使用 fruit 作为循环变量，for fruit in fruits 表示对列表 fruits 进行迭代。每次循环迭代时，循环变量 fruit 会依次取到列表中的值，然后将其打印出来。循环结束后，完成对列表的遍历。

通过 for 循环，我们可以指定循环的次数或遍历集合中的元素，实现对特定代码块的重复执行或对元素的逐个处理。它是一种常用的循环结构，使得处理重复性任务变得更加简洁和高效。

在 Python 中，for 循环后面同样可以跟随一个 else 子句。这个 else 子句在 for 循环正常遍历完其迭代对象的所有元素后执行。如果循环因为任何原因（例如 break 语句）被提前终止，else 子句将不会被执行。

这个特性在某些情况下非常有用，比如需要在循环正常结束后执行一些操作，但又不想在循环体内部重复这些代码时。下面是一个简单的例子，展示如何在 for 循环后面使用 else 子句。

【例 3-12】　遍历列表元素并打印，如果遇到特定的元素（数字 5），则提前退出循环，否则在循环结束后打印一条消息"数字 5 不在列表中"。

```
#假设我们有一个列表,想要遍历它并打印出每个元素
#如果遍历过程中没有遇到特定的元素(比如数字 5),则在循环结束后打印一条消息
numbers = [1, 2, 3, 4, 6, 7, 8, 9]
for num in numbers:
    print(num)
    if num == 5:
      break  #如果找到数字 5,则提前退出循环
else:
    #如果循环正常结束(即没有遇到 break 语句),则执行 else 子句
    print("数字 5 不在列表中")

print("循环结束,继续执行后续代码…")
```

在这个例子中，我们有一个包含数字的列表 numbers。我们遍历这个列表，并检查是否包含数字 5。如果找到数字 5，我们将使用 break 语句退出循环。由于 break 语句导致循环提前结束，因此 else 子句不会被执行。如果列表中没有数字 5，循环将正常结束，此时 else 子句会被执行，并打印出"数字 5 不在列表中"的消息。最后，无论是否执行了 else 子句，都会打印"循环结束，继续执行后续代码…"，表示程序继续执行 for 循环后面的代码。

3.3.3　循环控制语句

当我们编写循环时，有时候需要在特定条件下改变循环的行为，例如提前终止循环或跳过当前迭代。这就是循环控制语句的作用所在。

循环控制语句可以让我们在循环过程中根据条件的满足与否来动态地改变循环的流

程。它们是 break 语句和 continue 语句,可以在循环体内部使用。

　　break 语句是用于提前终止循环的控制语句。当某个条件满足时,我们可以使用 break 语句立即结束整个循环,不再执行循环体内剩余的代码,直接跳出循环。这在我们需要在特定条件下停止循环执行的情况下非常有用。

【例 3-13】　判断一个数是否为质数。

```
# 判断一个数是否为质数
n = int(input('请输入一个整数:'))
for i in range(2, n):
    if n % i == 0:
        print('{}不是质数'.format(n))
        break
else:
    print('{}是质数'.format(n))
    print("循环结束")
```

程序运行结果如下:

```
请输入一个整数:11
11 是质数
```

　　在上述示例程序中,我们使用了 break 语句来提前结束循环。循环通过 range(2,n)控制。当 n 能够被循环变量 i 整除,表明 n 不是一个质数,执行 break 语句,此时循环立即终止,不再执行剩余的循环体内代码。当循环遍历结束,即 n 不能被所有变量 i 整除,表明 n 是质数,执行 else 语句,输出 n 是质数。

　　continue 语句是用于跳过当前迭代并继续下一次迭代的控制语句。当某个条件满足时,我们可以使用 continue 语句跳过当前迭代的剩余代码,直接进入下一次迭代(与 break 语句不同的是 continue 语句不会直接跳出循环)。这在我们需要在特定条件下跳过一些迭代的情况下非常有用。

【例 3-14】　使用 continue 跳过当前迭代。

```
# 使用 continue 跳过当前迭代
for i in range(1, 6):
    if i % 2 == 0:
        continue
    print(i)
print("循环结束")
```

程序运行结果如下:

```
1
3
5
循环结束
```

　　在上述示例程序中,我们使用了 continue 语句来跳过当前迭代。循环通过 range(1,6)控制,从 1 到 5 遍历。当循环变量 i 为偶数时,执行 continue 语句,此时将跳过该次迭代剩下的代码,并进行下一次迭代。因此,在循环中,只有奇数会被打印出来。最后打印出"循环结束"。

　　通过使用 break 和 continue 语句,我们可以根据循环内部的条件来灵活控制循环的行为。这种灵活性使得我们能够根据具体的需求改变循环的流程，增加条件判断和逻辑处理，从而实现更加精确和高效的循环控制。无论是提前终止循环还是跳过当前迭代，循环控制语句为我们提供了强大的工具来控制循环的执行。

3.3.4　循环的嵌套

循环的嵌套也是一种循环结构，它允许在一个循环内部包含另一个循环。通过嵌套循环，我们可以在外层循环的每次迭代中执行内层循环，从而实现更加复杂的循环逻辑和嵌套迭代操作。

嵌套循环的工作原理是：外层循环的每次迭代都会触发内层循环的完整执行。在内层循环执行完毕后，外层循环再继续进行下一次迭代，直到外层循环结束。这种层层嵌套的循环结构可以实现多维度的数据遍历、复杂的条件判断和逻辑处理。

【例 3-15】　使用嵌套循环输出九九乘法表。

```
#使用嵌套循环输出九九乘法表
for i in range(1, 10):
  for j in range(1, i + 1):
    product = i * j
    print(f"{i} * {j} = {product}", end = "\t")
  print()
```

程序运行结果如下：

```
1 * 1 = 1
2 * 1 = 2  2 * 2 = 4
3 * 1 = 3  3 * 2 = 6  3 * 3 = 9
4 * 1 = 4  4 * 2 = 8  4 * 3 = 12  4 * 4 = 16
5 * 1 = 5  5 * 2 = 10  5 * 3 = 15  5 * 4 = 20  5 * 5 = 25
6 * 1 = 6  6 * 2 = 12  6 * 3 = 18  6 * 4 = 24  6 * 5 = 30  6 * 6 = 36
7 * 1 = 7  7 * 2 = 14  7 * 3 = 21  7 * 4 = 28  7 * 5 = 35  7 * 6 = 42  7 * 7 = 49
8 * 1 = 8  8 * 2 = 16  8 * 3 = 24  8 * 4 = 32  8 * 5 = 40  8 * 6 = 48  8 * 7 = 56  8 * 8 = 64
9 * 1 = 9  9 * 2 = 18  9 * 3 = 27  9 * 4 = 36  9 * 5 = 45  9 * 6 = 54  9 * 7 = 63  9 * 8 = 72  9 * 9 = 81
```

在上述示例程序中，我们使用了嵌套 for 循环来输出九九乘法表。外层循环控制被乘数 i，从 1 到 9 循环。内层循环控制乘数 j，从 1 到 i 循环。每次内层循环迭代时，计算出乘积 product，然后用 print 语句输出乘法表的一项。外层循环继续迭代，直到 i 达到最大值 9，九九乘法表输出完成。

【例 3-16】　使用 while 循环寻找 1～100 的所有质数（3_16_findPrime.py）。

```
#使用 while 循环寻找 1～100 的所有质数
print("1～100 的所有质数为:")
#循环遍历 1～100 的所有数
i = 2                    #从 2 开始,因为 1 不是质数
while i <= 100:
  j = 2
  is_prime = True          #用来判断 i 是否为质数,初始值为 True
  while j <= i // 2:       #从 2 开始一直除到 i/2,判断是否有因子
    if i % j == 0:
```

```
            is_prime = False            #如果 i 除以 j 没有余数,说明有因子,不是质数
            break
    j += 1

    if is_prime:                        #如果 i 是质数,将其进行输出
        print(i, end = " ")
```

程序运行结果如下:

```
1~100 的所有质数为:
2 3 5 7 11 13 17 19 23 29 31 37 41 43 47 53 59 61 67 71 73 79 83 89 97
```

在上述例子中,我们使用了两个嵌套的 while 循环,外层循环遍历 1~100 的所有数,内层循环判断当前数是否为质数。在具体实现过程中,内层循环从 2 开始一直除到当前数的一半,如果在这个范围内发现了当前数的因子,即可以整除当前数,那么这个数就不是质数,将 is_prime 设为 False,并且直接跳出循环。最后,如果 is_prime 为 True,则将其进行打印输出,最终就得到了 1~100 的所有质数。

下面是一个使用外层 for 循环和内层 while 循环打印数字三角形的示例。

【例 3-17】　使用外层 for 循环和内层 while 循环打印数字三角形(3_17_printTriangle.py)。

```
#使用外层 for 循环和内层 while 循环打印数字三角形
height = 5
for i in range(1, height + 1):          #外层 for 循环控制行数
    num = 1
    j = 1
    while j <= i:                       #内层 while 循环控制每行数字的个数
        print(num, end = " ")
        num += 1
        j += 1
    print()
```

程序运行结果如下:

```
1
1 2
1 2 3
1 2 3 4
1 2 3 4 5
```

在上述例子中,我们使用了外层 for 循环和内层 while 循环来打印数字三角形。外层 for 循环控制打印的行数,从 1 到指定的 height 值。内层 while 循环则控制每行打印的数字个数,初始值为 1,通过不断递增 num 来打印不同的数字。每次内层 while 循环迭代时,使用 print 语句输出一个数字,并在末尾添加一个空格,形成数字三角形的一行。外层 for 循环迭代一次后,会进行换行继续打印下一行。经过嵌套循环的迭代,我们可以得到一个数字三角形。

以上我们仅是列举了三个非常简单的循环嵌套的例子,在实际中,嵌套循环的应用非常广泛。例如,在图形绘制中,可以使用嵌套循环逐行逐列地绘制矩形、三角形等复杂形状;在数据分析和处理中,可以使用嵌套循环遍历二维列表或多维数组,进行元素查找、计算等操作;在算法设计中,可以使用嵌套循环实现复杂的搜索、排序等算法。

需要注意的是,在使用嵌套循环时,需要合理设计循环变量和循环条件,确保循环能够

正确执行并避免死循环。此外,嵌套循环的性能也需要考虑,尽量避免多层级的深度嵌套循环,以提高代码的效率和可读性。

　　总之,循环的嵌套是一种强大的编程技巧,它允许我们利用层层嵌套的循环结构来处理更加复杂和多样化的问题。通过合理设计和运用嵌套循环,我们可以实现更灵活、高效的循环控制和迭代操作,从而提升程序的功能和性能。

　　➤ 生活中的循环

　　大道至简,人生除了努力没有捷径。凡事要做好、做成、取得成功,其实没有什么轻松的捷径,都是需要坚持不懈地重复(循环)实践、长时间深耕。

　　《弟子规》中也告诉我们,“不力行,但学文,长浮华,成何人”,也是说凡事要力行,反复实践、练习。

　　“一万小时定律”(要成为某个领域的专家,需要大约 10000 小时的练习)也是强调了持续不断练习和努力的重要性,也就是专注于一件事上的努力循环。

视频讲解

3.4　循环实践

3.4.1　随机验证码的生成

1. 任务描述

　　在登录某些系统的时候,经常会需要我们输入一个随机生成的 4 位验证码,验证码一般较多是数字验证码,也有数字和字母混合的验证码。

　　下面我们就用循环结构来实现一个 4 位混合验证码的生成。

2. 任务分析

　　验证码最大的特点是随机性,所以 4 位验证码的生成最基本的问题是产生一位随机数或字母,然后把这个随机的过程重复 4 次,即可产生 4 位随机验证码。对于每次产生的是随机数字还是随机字母,我们也可以随机决定。

　　我们先来解决产生一位随机码的问题。

　　(1) 首先我们先随机产生 1 个数 0 或者 1。

　　(2) 如果是 0,随机生成 1 位 0~9 的数字。

　　(3) 如果是 1,随机生成 1 位 A~Z 的字母。

　　接下来,我们将产生 1 位随机码的过程,重复循环 4 次,即可得到 4 位随机验证码。

3. 任务实施

　　具体步骤如下。

　　(1) 导入所需库,使用 random 库来生成随机数。

　　(2) 初始化一个空字符串来存储生成的 4 位验证码。

　　(3) 生成 0-1 随机数。

　　(4) 如果随机数为 0,生成随机数字,使用 random.randint(0,9)生成一个 0 到 9 的随机数字,并添加到字符串末尾。

(5)如果随机数为1,生成随机字母,并添加到字符串末尾。

(6)通过使用for循环结构,将以上过程循环4次。

(7)使用print()函数打印这个字符串作为验证码。

生成4位随机验证码的代码(3_18_randomCode.py)如下:

```python
♯使用循环结构生成一个4位随机验证码
♯引入random库来生成随机数
import random

♯初始化一个空字符串来存储数字
code = ''

♯循环4次,每次生成一个0~9的数字 或A~Z的字母
for i in range(0,4):
    x = random.randint(0,1)
    if x == 0:              ♯产生随机数字
        code += str(random.randint(0,9))
    else:                   ♯产生随机字母
        code += chr(random.randint(65,90))
♯打印生成的验证码
print("生成的验证码是:" + code)
```

某次运行结果如下:

```
生成的验证码是: A8P6
```

利用Python编程中的顺序结构和循环结构,结合random库中的random.randint()函数,我们设计并实现了一个生成4位随机验证码的方法。该方法确保了验证码的随机性,同时满足了4位的要求。通过巧妙地运用库函数,我们简化了随机数生成的过程,使得整个验证码生成过程既高效又可靠。这种方法不仅展示了Python编程的灵活性,也体现了编程中结构化思维的重要性。

3.4.2 百鸡百钱

1.任务描述

百鸡百钱是我国古代数学家张丘建在《算经》一书中提出的数学问题:"鸡翁一值钱五,鸡母一值钱三,鸡雏三值钱一。百钱买百鸡,问鸡翁、鸡母、鸡雏各几何?"

即公鸡5文钱一只,母鸡3文钱一只,小鸡3只一文钱,用100文钱买100只鸡,问公鸡、母鸡、小鸡要买多少只刚好凑足100文钱。

2.任务分析

这个问题是一个经典的数学问题,我们的任务是找出公鸡、母鸡和小鸡各需要买多少只才能刚好凑足100文钱。要解决这个问题,我们需要设置三个变量:x表示公鸡的数量,y表示母鸡的数量,z表示小鸡的数量。然后,我们可以根据题目条件建立以下方程组:

(1)x+y+z=100(总数量);

（2）$5x+3y+z/3=100$（总价格）。

由于小鸡是 3 只一文钱，所以在第（2）个方程中，小鸡的价格是 z/3。

3．任务实施

接下来，我们将通过编程来找出满足这两个方程的 x、y 和 z 的值。

（1）初始化变量：我们需要遍历所有可能的公鸡和母鸡的数量组合，然后计算小鸡的数量。

（2）遍历所有可能的组合：由于公鸡和母鸡的数量都不能为负数，我们可以使用两个嵌套的循环来遍历所有可能的公鸡和母鸡的数量组合。

（3）检查是否满足条件：对于每一对公鸡和母鸡的数量，我们可以计算出小鸡的数量，并检查是否满足两个条件：总数量为 100 只和总价格为 100 文钱。

（4）输出结果：如果找到了满足条件的组合，就输出这些值。

具体代码（3_19_chickenMoney.py）如下：

```python
# 遍历所有可能的公鸡和母鸡的数量组合
for x in range(0, 21):                                   # 公鸡最多可以买 20 只(5 * 20 = 100)
    for y in range(0, 34):                               # 母鸡最多可以买 33 只(3 * 33 = 99)
        z = 100 - x - y                                  # 根据总数量计算小鸡的数量
        if z % 3 == 0 and 5 * x + 3 * y + z/3 == 100:    # 检查是否满足条件
            # 直接打印满足条件的鸡的数量组合
            print(f"满足条件的鸡的数量为:公鸡{x}只,母鸡{y}只,小鸡{z}只。")
            break                                        # 如果找到了满足条件的组合,就跳出循环
```

运行结果如下：

```
满足条件的鸡的数量为:公鸡 0 只,母鸡 25 只,小鸡 75 只。
满足条件的鸡的数量为:公鸡 4 只,母鸡 18 只,小鸡 78 只。
满足条件的鸡的数量为:公鸡 8 只,母鸡 11 只,小鸡 81 只。
满足条件的鸡的数量为:公鸡 12 只,母鸡 4 只,小鸡 84 只。
```

我们通过两个嵌套的 for 循环遍历了所有可能的公鸡和母鸡的数量组合，并计算了对应的小鸡数量。一旦找到满足总数量和总价格条件的组合，就立即打印输出，从而成功解决了百鸡百钱的问题。这种方法体现了编程在解决数学问题时的灵活性和高效性。通过这个问题，我们可以看到编程如何帮助我们快速找到满足多个条件的解决方案，从而拓宽了解决此类问题的思路和方法。

巩固训练

1．输入一个百分制的成绩，要求根据不同分数输出成绩等级 A、B、C、D、E。90 分以上为 A，80～89 分为 B，70～79 分为 C，60～69 分为 D，60 分以下为 E。

2．接收用户输入的整数，判断该数是否为素数（素数就是质数，即除了 1 和它本身以外不能被其他的数整除的数）。

3．输出所有三位水仙花数。

4．有一分数数列：2/1,3/2,5/3,8/5,13/8,21/13,…求出这个数列的前 20 项之和。提

示：抓住分子与分母的变化规律。

5. 产生 5 个[0-1]的随机数,计算 5 个实数的平均值,并且按要求完成如下操作:

(1) 以实数形式将平均值输出到屏幕,要求保留 5 位小数。

(2) 以百分比形式将平均值输出到屏幕,要求保留 3 位小数。

提示：需用到 random 模块的 uniform()函数。

6. 产生 100 个[0,500]的随机整数,输出这 100 个数中所有的素数,要求每行输出 8 个整数,每个整数占 5 列,右对齐(for 循环)。

提示：需用到 random 模块的 randint()函数,产生的数放在 list 列表中。

7. 某大型超市为了促销,采用购物打折优惠方法,每位顾客一次购物:

① 在 500 元以上者,按九五折优惠;

② 在 1000 元以上者,按九折优惠;

③ 在 1500 元以上者,按八五折优惠;

④ 在 2000 元以上者,按八折优惠。

编写程序,计算所购商品优惠后的价格。

8. 猜数字游戏,随机产生一个范围内的数字,请用户猜测答案。要求:

(1) 数字的上下限由用户输入。

(2) 每次运行程序,答案可以是随机的。我们需要引入外援：random 模块,randint()函数,返回一个随机的整数。

(3) 每运行一次程序应该提供给用户多次猜测机会,程序需要重复运行某些代码(循环结构)。

(4) 猜错的时候程序应该给点提示,告诉用户输入的值是大了还是小了(比较操作符,分支结构)。

(5) 统计用户猜测的次数。

运行效果参考如下:

```
请输入猜测的数字最小值和最大值,用逗号隔开:
10,50
请输入你的猜测:
30
偏大了,请继续猜:20
偏小了,请继续猜:26
偏大了,请继续猜:25
偏大了,请继续猜:23
偏大了,请继续猜:21
恭喜你猜对了!你一共猜了 6 次
```

第4章

复合数据类型

在 Python 中，复合数据类型是一种或多种基本数据类型的组合，它们可以存储更复杂的数据结构。这一章，我们详细讨论 Python 中的几种复合数据类型：列表、元组、字典和集合。

首先，我们从列表开始。列表是一种有序的集合，可以包含任意数量和类型的元素。我们将详细介绍如何创建、访问、增加和删除列表中的元素，以及一些常用的操作符和内置函数。此外，我们还将介绍切片的概念，这是一种强大的工具，可以让我们轻松地访问和操作列表的子集。

其次，我们将介绍元组。元组与列表非常相似，但有一个重要的区别：元组的元素不能被修改。我们将介绍如何创建、引用和删除元组，以及元组和列表之间的异同点。此外，我们还将通过一个案例来展示如何使用元组实现猜单词游戏。

然后是字典。字典是一种存储键值对的数据结构，其中每个键都是唯一的。我们将详细介绍如何创建、访问、修改和删除字典中的元素，以及字典的一些特性。此外，我们还将介绍一些常用的内置函数，并演示如何遍历字典。

最后，我们将介绍集合。集合是一种无序的元素序列，其元素是唯一的。我们将介绍如何创建和删除集合，以及一些常用的方法。

通过这一章的学习，读者将能够更深入地理解 Python 的数据处理能力，并能够更有效地使用复合数据类型来存储和处理复杂的数据结构。

视频讲解

4.1 列表

列表(list)是 Python 中最重要的内置对象之一，是包含若干个元素的有序的连续内存空间。当列表增加或删除的时候，列表对象会自动地继续内存的扩展或收缩，从而保证相邻元素之间没有缝隙。在形式上，列表的所有元素放在一对方括号(［ ］)中，相邻元素之间使用逗号分隔。同一个列表中的元素的数据类型可以各不相同，可以同时包含整数、实数、字符串等基本类型的元素，也可以包含列表、元组、字典、集合、函数以及其他任意对象。

下面几个都是合法的列表对象：

```
[1, 2, 3, 4, 5]
[3.14, 2.71, 1.41]
["apple", "banana", "cherry"]
[1, "hello", 3.14, [1, 2, 3], {"names": "John"}]
```

本节我们将详细介绍如何创建、访问、增加和删除列表中的元素,以及一些常用的操作符。此外,我们还将介绍切片的概念,这是一种强大的工具,可以让我们轻松地访问和操作列表的子集。最后我们还将介绍列表的内部函数,使我们更方便地使用列表。

4.1.1　基本操作

1. 创建

创建一个列表非常简单,可以使用方括号[]将元素括起来,各元素之间用逗号分隔,然后使用"="直接将一个列表赋值给变量即可创建列表对象。一个空列表可以通过一对空方括号来创建。

```
#创建一个空列表
my_list = []

#创建一个包含元素的列表
my_list = [1, 2, 3, 'a', 'b', 'c']
```

也可以使用 list()函数把元组、range 对象、字符串、字典、集合或其他有限长度的可迭代对象转化为列表。需要注意的是,把字典转化为列表时默认是将字典的"键"转化为列表,而不是把字典的元素转化为列表。

```
list1 = list((1, 2, 3))              #将元组转化为列表
print(list1)                          #输出:[1, 2, 3]

list2 = list(range(1, 6))            #将 range 对象转化为列表
print(list2)                          #输出:[1, 2, 3, 4, 5]

list3 = list("Hello, World!")        #将字符串转化为列表
print(list3)          #输出:['H', 'e', 'l', 'l', 'o', ',', ' ', 'W', 'o', 'r', 'l', 'd', '!']

list4 = list({"name": "John", "age": 30})   #将字典转化为列表
print(list4)                          #只将键转化为列表:['name', 'age']

list5 = list({1, 2, 3})              #将集合转化为列表
print(list5)                          #输出:[1, 2, 3]

list6 = list()                        #调用 list()函数,创建一个空列表
print(list6)                          #输出:[]
```

2. 访问

当列表创建好之后,我们就可以访问列表中的元素了。在 Python 中,我们可以使用索引来访问列表中的元素。索引从 0 开始,因此第一个元素的索引是 0,第二个元素的索引是 1,以此类推。我们也可以使用负索引来逆向访问列表中的元素,最后一个元素的索引是 -1,倒数第二个元素的索引是 -2,以此类推。

```
my_list = [1, 2, 3, "apple", "banana"]

#使用正索引访问列表中的元素
print(my_list[0])                        #输出:1
print(my_list[3])                        #输出:"apple"

#使用负索引访问列表中的元素
print(my_list[-1])                       #输出:"banana"
print(my_list[-2])                       #输出:"apple"
```

需要注意的是,不管是正向索引还是反向索引,下标都不能越界,当尝试访问列表中不存在的索引时,将会出现"IndexError"错误。以下是一个例子:

```
my_list = [1, 2, 3, 4]
print(my_list[5])   #尝试访问不存在的索引 5,会出现 IndexError 错误
IndexError: list index out of range
```

3. 添加

在 Python 中,有时需要向列表增加一些元素,可以通过以下几种方法实现。
(1) 使用 append()方法在列表末尾添加一个元素。

```
my_list = [1, 2, 3]
my_list.append(4)                        #在列表末尾添加元素 4
print(my_list)                           #输出:[1, 2, 3, 4]
```

(2) 使用 insert()方法在指定位置插入一个元素。

```
my_list = [1, 2, 3]
my_list.insert(1, 'a')                   #在索引位置 1 插入元素'a'
print(my_list)                           #输出:[1, 'a', 2, 3]
```

(3) 使用 extend()方法添加另一个列表中的元素。

```
my_list = [1, 2, 3]
new_elements = [4, 5, 6]
my_list.extend(new_elements)             #将 new_elements 列表中的元素添加到 my_list 中
print(my_list)                           #输出:[1, 2, 3, 4, 5, 6]
```

(4) 使用+运算符将两个列表合并。

```
my_list = [1, 2, 3]
new_list = [4, 5, 6]
merged_list = my_list + new_list         #将两个列表合并为一个新列表
print(merged_list)                       #输出:[1, 2, 3, 4, 5, 6]
```

4. 删除

在 Python 中,如果我们不再需要列表中的某个元素,可以通过以下几种方法将其删除。
(1) 使用 remove()方法删除列表中的一个指定元素。

```
my_list = [1, 2, 3, 4, 5]
my_list.remove(3)                        #删除元素 3
print(my_list)                           #输出:[1, 2, 4, 5]
```

（2）使用 pop()方法删除列表中一个指定位置的元素。

```
my_list = [1, 2, 3, 4, 5]
my_list.pop(1)              #删除索引位置1的元素
print(my_list)             #输出:[1, 3, 4, 5]
```

（3）使用 del 语句删除列表中一个指定位置的元素。

```
my_list = [1, 2, 3, 4, 5]
del my_list[1]             #删除索引位置1的元素
print(my_list)            #输出:[1, 3, 4, 5]
```

需要注意的是,如果要删除列表中的最后一个元素,可以使用 pop()方法或 del 语句,但不能使用 remove()方法。此外,如果要删除列表中的一个元素,需要提供该元素的索引或值作为参数。

如果整个列表不再使用,也可以使用 del 语句将其整个删除。

```
my_list = [1, 2, 3, 4, 5]
del my_list                #删除列表 my_list
```

4.1.2　常用操作符

在 Python 中,列表有几个常用的操作符,下面对其进行介绍。

1. 比较操作符：>、<、==

列表比较大小的时候是从第一个元素开始比较,而不看列表长度,返回 True 或者 False。

```
list1 = [1, 2, 3]
list2 = [1, 2, 2,3]
list1 > list2
#输出:True
```

2. 逻辑运算符：and、or、not

逻辑运算符可以加括号,也可以不加,但是建议加上,可读性增强。

```
list1 < list2 and list1 == list2
#输出:False
(list1 < list2) and (list1 == list2)
#输出:False
```

3. 连接操作符：+

连接操作符通过'+'可以将两个列表连接起来。

```
list1 = [123,456]
list2 = ['wanglu','love']
list3 = list1 + list2
list3
#输出:[123, 456, 'wanglu', 'love']
```

4．重复操作符：*

重复操作符也就是乘法操作符，可以使列表元素重复。

```
list1 = ['wang','zhang']
list1 = list1 * 3
list1
#输出:['wang', 'zhang', 'wang', 'zhang', 'wang', 'zhang']
```

5．成员关系操作符：in 和 not in

成员关系操作符可以判断某个元素在不在该列表里面，返回 True 或 False。

```
list1 = ['wang','zhang']
'wang' in list1
#输出:True
'you' not in list1
#输出:True
'you' in list1
#输出:False
```

4.1.3 切片

列表的切片操作，就是截取列表的一部分。切片是 Python 中非常强大且有用的功能，可以操作序列类型的数据，如列表、元组和字符串等。切片可以实现添加、修改、删除列表的元素以及获取列表中任意部分元素构成新的列表。

在 Python 中，切片使用两个冒号［:］分隔的三个数字来表示，格式为［start：stop：step］。

- start：表示切片的开始索引，从 0 开始计数。如果省略，默认为 0。
- stop：表示切片的结束索引（不包括该索引的元素）。如果省略，默认为序列的长度。
- step：步长，表示每次跳过的元素数。如果省略，默认为 1。

下面举例说明切片的常见用法。

1．提取列表的一部分

```
numbers = [0, 1, 2, 3, 4, 5, 6, 7, 8, 9]
#从索引 2 开始提取到索引 5(不包括索引 6)的元素
sliced_list = numbers[2:6]          #结果:[2, 3, 4, 5]
print(sliced_list)
```

2．使用负数索引提取序列的一部分

```
numbers = [0, 1, 2, 3, 4, 5, 6, 7, 8, 9]
#从序列的最后边开始,提取前 3 个元素(即最后 3 个元素)
sliced_list = numbers[-3:]          #结果:[7, 8, 9]
print(sliced_list)
```

3. 每隔两个元素提取序列中的元素

```
numbers = [0, 1, 2, 3, 4, 5, 6, 7, 8, 9]
# 从索引 2 开始,每 2 个元素取一个,直到索引 6(不包括索引 7)
sliced_list = numbers[2:7:2]        # 结果:[2, 4, 6]
print(sliced_list)
```

4. 使用切片来改变序列中元素的顺序

```
numbers = [0, 1, 2, 3, 4, 5, 6, 7, 8, 9]
# 将序列中的元素反转
reversed = numbers[::-1]            # 结果:[9, 8, 7, 6, 5, 4, 3, 2, 1, 0]
print(reversed)
```

4.1.4　内置函数

Python 提供了许多内置函数,这些函数可以直接在列表上使用,无须编写自定义函数。下面介绍一些常用于列表的内置函数。

（1）len()：获取列表的长度。

```
numbers = [0, 1, 2, 3, 4, 5]
length = len(numbers)               # 结果:6
print(length)
```

（2）sum()：计算列表中所有元素的和。

```
numbers = [1, 2, 3, 4, 5]
total = sum(numbers)                # 结果:15
print(total)
```

（3）max()和 min()：返回列表中的最大值和最小值。

```
numbers = [1, 5, 3, 7, 2]
max_value = max(numbers)            # 结果:7
min_value = min(numbers)            # 结果:1
print(max_value, min_value)
```

（4）sorted()：对列表进行排序,并返回排序后的新列表。

```
numbers = [5, 1, 3, 2, 4]
sorted_list = sorted(numbers)       # 结果:[1, 2, 3, 4, 5]
print(sorted_list)
```

（5）reversed()：返回一个逆序的新列表。

```
numbers = [5, 1, 3, 2, 4]
reversed_list = reversed(numbers)   # 结果:[4, 2, 3, 1, 5]
print(reversed_list)
```

（6）all()和 any()：all()函数用于检查列表中的所有元素是否都满足某个条件,而 any()函数用于检查列表中是否存在至少一个元素满足某个条件。

```
numbers = [0, 1, 3, 2, 4]
all_result = all(numbers)                # 元素 0 等价于 False,所以返回值为 False
```

```
print(all_result)
any_result = any(numbers)    #存在不为0的元素,所以返回值为 True
print(any_result)
```

视频讲解

 # 4.2　元组

元组(tuple)是 Python 中的一种重要数据结构,它是不可变序列类型。与列表相比,元组有一些独特的特点和优势。首先,元组是不可变的,这意味着一旦元组被创建,其内容就不能被修改,包括添加、删除或更改元素。这种不可变性使得元组在处理一些需要保持数据不变性的场景中非常有用,例如在程序中需要引用一组固定值时,可以使用元组来存储这些值,而不用担心它们会被意外修改。

在本节中,我们将详细介绍元组的基本操作、常用操作,以及与列表的异同点,并通过一个案例来展示元组的应用。

4.2.1　基本操作

1. 创建元组

在 Python 中,创建元组非常简单。只需要将一系列的值用圆括号()括起来即可。例如:

```
my_tuple = (1, "hello", True, 3.14)
```

在这个例子中,我们创建了一个包含 4 个元素的元组,包括一个整数、一个字符串、一个布尔值和一个浮点数。

这里需要注意的是,如果元组中只包含一个元素时,需要在元素后面添加逗号,否则括号会被当作运算符使用。

```
#错误的例子,没有在元素后面添加逗号
my_tuple = (1)
print(my_tuple)        #输出:1

#正确的例子,在元素后面添加了逗号
my_tuple = (1,)
print(my_tuple)        #输出:(1,)
```

2. 引用元组中的元素

要引用元组中的元素,可以使用索引。索引从 0 开始,所以第一个元素的索引是 0,第二个元素的索引是 1,以此类推。例如:

```
my_tuple = (1, "hello", True, 3.14)
print(my_tuple[0])    #输出:1
print(my_tuple[2])    #输出:True
```

这里,我们分别引用了元组的第一个和第三个元素。请注意,元组中的元素可以是不同类型的值,因此可以在元组中混合使用不同类型的元素。

元组也支持反向索引,例如:

```
my_tuple = (1, "hello", True, 3.14)
print(my_tuple[-1])      #输出:3.14
print(my_tuple[-3])      #输出:"hello"
```

3. 删除元组中的元素

由于元组是不可变的,我们不能像列表那样使用 remove()或 del 语句来删除元素。但可以创建一个新的元组,不包含要删除的元素。例如:

```
my_tuple = (1, "hello", True, 3.14)
new_tuple = my_tuple[:2] + my_tuple[3:]
print(new_tuple)         #输出:(1, "hello", 3.14)
```

这里,我们创建了一个新的元组,新元组 new_tuple 包含老元组 my_tuple 中的前两个元素和第四个元素,但它不包含第三个要删除的元素。请注意,这只是创建了一个新的元组,并没有改变原始的元组。

如果不再使用某个元组想删除它的话,可以使用 del 命令将其删除。

```
my_tuple = (1, "hello", True, 3.14)
del my_tuple             #删除元组 my_tuple
print(my_tuple)          #因元组 my_tuple 已被删除,访问时会抛出异常
```

4.2.2 常用操作

除了基本的创建和引用操作外,元组还支持一些常用的操作,如索引、切片、长度获取、排序和查找等。

(1)索引:通过索引访问元组中的元素。

```
my_tuple = (1, 2, 3, 4, 5)
print(my_tuple[0])       #输出:1
print(my_tuple[3])       #输出:4
```

(2)切片:通过切片操作获取元组的一部分。

```
my_tuple = (1, 2, 3, 4, 5)
print(my_tuple[:3])      #输出:(1, 2, 3)
print(my_tuple[3:])      #输出:(4, 5)
```

(3)长度获取:使用 len()函数获取元组的长度。

```
my_tuple = (1, 2, 3, 4, 5)
print(len(my_tuple))     #输出:5
```

(4)排序:使用 sorted()函数对元组进行排序。

```
my_tuple = (5, 3, 1, 4, 2)
sorted_tuple = sorted(my_tuple)
print(sorted_tuple)      #输出:[1, 2, 3, 4, 5],此处为列表
```

(5)查找:使用 in 关键字在元组中查找元素。

```
my_tuple = (1, 2, 3, 4, 5)
print(3 in my_tuple)     #元组中包含元素 3,因此输出 True
```

4.2.3　元组与列表的异同点

元组（tuple）和列表（list）作为 Python 中两种常用的序列类型，它们有许多相似之处，但也存在一些关键的差异。下面将详细讨论元组和列表的异同点。

1．相同点

（1）序列类型：元组和列表都是 Python 中的序列类型，它们都可以存储多个元素。

（2）访问：元组和列表都可以通过索引来访问其中的元素，并且都支持切片操作。

（3）排序和比较：元组和列表都支持排序和比较操作，可以使用 sorted（）函数对它们进行排序，使用＝＝和！＝运算符进行比较。

2．不同点

（1）不可变性：元组是不可变的，一旦定义就不能修改其中的元素。而列表是可变的，可以添加、删除或修改元素。

（2）语法规则：元组使用圆括号将其中的元素括起来，而列表则使用方括号将其中的元素括起来。

（3）性能：由于元组是不可变的，因此在某些情况下，使用元组可能会比使用列表更高效。例如，在字典的键或集合的元素中，使用元组可以提高性能。

（4）用途：由于元组的不可变性，它们通常用于表示常量或不变的数据结构。而列表由于其可变性，可以用于存储动态数据或需要频繁修改的数据结构。

元组和列表在 Python 中都是非常有用的数据结构，它们各自有独特的特性和用途。了解它们的异同点可以帮助我们更好地选择合适的数据结构来处理不同的任务。

4.2.4　实践——猜单词游戏（控制台版）

1．任务描述

猜单词游戏是一种经典的计算机游戏，玩家需要在给定的范围内猜出计算机随机选择并乱序输出的单词。本案例将介绍如何使用 Python 元组编写一个简单的猜单词游戏，并通过控制台进行交互。

2．任务分析

首先我们需要预先定义一个单词库，指定单词的范围。然后从单词库中随机地抽取一个单词作为目标单词。玩家在控制台输入其猜测的单词后，将玩家输入的单词与目标单词进行比较，如果玩家猜错，则给出提示信息并让玩家继续进行猜测。如果玩家猜对，则游戏结束并提示玩家是否进行下一局游戏。

3．任务实施

接下来，我们将通过编程来实现这个猜单词游戏。
具体步骤如下。

（1）定义单词库。

（2）随机抽取一个单词作为目标单词。

（3）将目标单词字母顺序打乱并输出,请玩家猜测。

（4）玩家输入猜测的单词。

（5）将玩家输入的单词与目标单词进行比较。

（6）根据猜测的结果,给玩家相应的反馈。

（7）玩家猜对单词游戏结束后,可以选择是否进行下一局游戏。

具体代码(4_1_guessWord.py)如下：

```python
import random as r
#输入数据
WORDS = ('easy', 'during', 'apple', 'orange', 'pink', 'python', 'dog')    #定义一个单词库
#处理数据
is_continue = 'Y'
while is_continue in ['y', 'Y', 'yes', 'YES']:
    word = r.choice(WORDS)   #从单词库中随机选取一个并放在 word 里
    correct = word
    scrambled_word = ''.join(r.sample(word, len(word)))   #打乱单词的顺序后进行输出
    print(f"打乱顺序后的单词字母是: {scrambled_word}\n")
    count = 0
    guess = input('请输入你猜测的单词:')                        #提示玩家输入猜测后的单词
    while guess != correct:
        print('不要灰心,再来一次吧.')
        count += 1
        guess = input('请输入你猜测的单词:')
    if guess == correct:
        print('恭喜你,猜对了!')
        count = count + 1
        print('一共猜了%d次' % count)
    is_continue = input('\n\n 还想再玩一次吗?(Y/N)')
```

4.3　序列

在这一章中,我们已经学习了列表(list)和元组(tuple)两种序列类型,再加上在 2.3.2
节所学的字符串,它们共同构成 Python 中的三种序列类型。

列表以其灵活性和可变性著称,允许用户轻松地进行添加、删除和修改操作,使其成为
动态数据处理的首选。相比之下,元组提供了不可变性的保证,确保数据在创建后不会被意
外更改,适用于需要固定数据集的场景。字符串则是处理文本数据的基石,提供了一系列用
于文本分析和格式化的方法。下面我们来总结一下这三种序列的共同点和不同点。

1. 共同点

（1）有序性：列表、元组和字符串都是有序的数据结构,意味着它们的元素按照一定的
顺序排列。

（2）索引和切片：列表、元组和字符串都支持通过索引来访问特定位置的元素。它们
都支持切片操作,可以通过指定起始索引、结束索引和步长来获取序列的一部分。

（3）支持基本的数学运算：列表、元组和字符串都支持基本的数学运算，如加法、减法、乘法和除法。这些运算在序列中通常用于连接、重复和排序等操作。

（4）支持比较操作：列表、元组和字符串都支持比较操作，如等于（＝＝）、不等于（！＝）、大于（＞）、小于（＜）、大于或等于（>=）和小于或等于（<=）。

（5）支持循环和迭代：列表、元组和字符串都可以通过循环和迭代来访问其元素。例如，可以使用 for 循环遍历序列中的所有元素。

（6）支持连接操作：列表、元组和字符串都支持连接操作，可以使用"＋"运算符将两个序列连接成一个新的序列。

（7）修改和删除操作：列表和字符串都支持修改和删除操作，而元组是不可变的，不能进行修改和删除操作。

（8）可扩展性：列表和元组都可以通过添加或删除元素来扩展或缩减序列的长度。

2. 不同点

（1）可变性。

列表：是可变的，可以修改其元素。

元组：是不可变的，一旦创建就不能再修改。

字符串：是不可变的，不能修改其内容。

（2）语法和创建方式。

列表：使用方括号[]来创建。例如：[1,2,3]。

元组：使用圆括号()来创建。例如：(1,2,3)。

字符串：使用单引号或双引号来创建。例如："hello"。

（3）用途。

列表：用于存储一系列有序的元素，可以包含不同类型的元素。常用于存储、排序、查找等操作。

元组：用于存储一组有序的元素，与列表类似但不可变。常用于表示结构化数据。

字符串：用于存储文本数据，是最常见的文本表示方式。常用于文本处理、格式化输出等。

（4）方法和功能。

列表：具有很多内置方法，如 append()、extend()、insert()等，用于添加、删除、查找等操作。

元组：也有一些内置方法，但相对较少，主要用于访问和比较操作。

字符串：也有一些内置方法，主要用于字符串操作，如切片、查找子串等。

通过深入了解这些序列类型的共同点和差异，我们可以更加熟练地在 Python 编程中选择和使用它们，从而提高代码的效率和可读性。无论是处理复杂的数据结构还是简单的文本操作，理解这些基础知识都是迈向成为高效 Python 程序员的重要一步。

4.4 字典

视频讲解

字典（dictionary）在 Python 中是一种无序、可变、可迭代的数据结构，它用于存储键值对（key-value pairs）。字典中的每个元素都由一个键和一个值组成，键用于唯一标识元素，而值是与键关联的实际数据。每个键值对用冒号":"分隔,每个键值对之间用逗号",",分隔,整个字典包括在花括号"{}"中。

在字典中,键必须是唯一的,不可重复的。这是因为字典根据键来存储和检索数据,如果键重复,就无法准确找到对应的数据。键可以是数字、字符串或元组,但不能是可变类型,如列表、字典或集合。与键不同,字典中的值可以是任何类型的数据,包括数字、字符串、列表,甚至可以是另一个字典。

字典是一种非常强大且灵活的数据结构,适用于各种场景,特别是需要快速查找和动态修改数据的场景。通过掌握字典的基本操作和特性,我们可以更加高效地使用 Python 来处理复杂的数据问题。

4.4.1 基本操作

1. 字典的创建

在 Python 中,字典是一种无序的数据结构,用于存储键值对。每个键值对由键和值组成,其中键是唯一的,而值可以是任意类型的数据。

要创建字典,我们可以使用花括号{}或者内置的 dict()函数。通过在花括号中包含键值对,我们可以创建一个静态的字典。每个键值对由键和值组成,用冒号":"分隔。键和值之间的对应关系构成了字典的基本结构。

另外,我们也可以使用 dict() 函数来动态创建字典。该函数接收关键字参数,其中关键字作为键,对应的值作为字典中的值。这种方法在需要根据某些条件创建字典时非常有用。

以下是使用这两种方法创建字典的示例代码:

```
#使用花括号创建字典
my_dict1 = {'key1': 'value1', 'key2': 'value2', 'key3': 'value3'}
print(my_dict1)              #输出:{'key1': 'value1', 'key2': 'value2', 'key3': 'value3'}
#使用 dict() 函数创建字典
my_dict2 = dict(key1 = 'value1', key2 = 'value2', key3 = 'value3')
print(my_dict2)              #输出:{'key1': 'value1', 'key2': 'value2', 'key3': 'value3'}
```

2. 字典的访问

当字典创建好之后,就可以使用字典中的元素了。由于字典是无序序列,所以不能像列表和元组一样使用序号下标来表示该元素在字典中的位置。字典中的每个元素可以使用"键"作为下标来访问对应的"值",如果该"键"不在字典中,则访问会抛出异常。

```
my_dict = {'key1': 'value1', 'key2': 'value2', 'key3': 'value3'}
value = my_dict['key1']
print(value)              #输出:value1
value = my_dict['key4']   #因不存在值为"key4"的键,所以抛出异常
```

为了避免这种情况,可以使用 get()方法来安全地获取值,并提供一个默认值以防键不存在:

```
value = my_dict.get('key4', 'default_value')
print(value)              #输出:default_value
```

3. 字典的修改

要修改字典中的值,可以直接使用键作为索引,并为其分配新的值,这种操作会覆盖原有的键值对。

```python
my_dict = {'key1': 'value1', 'key2': 'value2', 'key3': 'value3'}
my_dict['key1'] = 'new_value1'
print(my_dict)  #输出:{'key1': 'new_value1', 'key2': 'value2', 'key3': 'value3'}
```

如果键不存在于字典中,Python 将创建一个新的键值对。

```python
my_dict['key4'] = 'new_value4'
print(my_dict)  #输出:{'key1': 'new_value1', 'key2': 'value2', 'key3': 'value3', 'key4': 'new_value4'}
```

我们还可以使用 update() 方法来一次性更新多个键值对。该方法接收一个字典作为参数,并将其中的键值对合并到当前字典中。如果当前字典中已经存在相同的键,则对应的值会被更新为新字典中的值;否则,将添加新的键值对到当前字典中。

```python
my_dict.update({'key2': 'new_value2', 'key5': 'new_value5'})
print(my_dict)  #输出:{'key1': 'new_value1', 'key2': 'new_value2', 'key3': 'value3', 'key4':
                #  'new_value4', 'key5': 'new_value5'}
```

4. 字典的删除

要从字典中删除键值对,可以使用 del 语句或 pop() 方法。del 语句用于删除指定键的键值对,如果键不存在于字典中,则会引发 KeyError 异常。通过删除键值对,我们可以从字典中移除不再需要的数据。

```python
del my_dict['key1']  #删除键为'key1'的键值对
print(my_dict)  #输出:{'key2': 'new_value2', 'key3': 'value3', 'key4': 'new_value4', 'key5':
                #  'new_value5'}
del my_dict['key1']  #因键为'key1'的键值对已删除,所以抛出异常
```

另外,pop() 方法也可以用于删除指定键的键值对,并返回对应的值。如果键不存在于字典中,pop() 方法可以接收一个可选的默认值作为参数,以避免引发 KeyError 异常。通过使用 pop() 方法,我们可以在删除键值对的同时获取其值,这对于需要在删除之前进行处理的场景非常有用。

```python
removed_value1 = my_dict.pop('key1','default_value')  #因键为'key1'的键值对已删除,所以返
                                                      #  回默认值'default_value'
removed_value2 = my_dict.pop('key2')  #删除键为'key2'的键值对,并返回其值
print(my_dict)  #输出:{'key3': 'value3', 'key4': 'new_value4', 'key5': 'new_value5'}
print(removed_value1)  #输出:default_value
print(removed_value2)  #输出:new_value2
```

4.4.2 字典的特性

字典作为 Python 中的一种重要数据结构,它具有以下特性。

(1)无序性:字典中的键值对是无序的,即它们没有固定的顺序。这意味着遍历字典时,键值对的顺序可能会不同。

(2)键唯一性:在字典中,每个键必须是唯一的。这意味着不能有两个相同的键。

（3）值多样性：字典中的值可以是任何类型的数据，包括数字、字符串、列表、字典等。这使得字典非常灵活，可以存储各种类型的数据。

（4）可变性：字典是可变的，这意味着可以修改它的内容。可以添加新的键值对、修改现有键的值，或者删除键值对。

（5）动态性：字典是动态的，这意味着可以在运行时添加、删除或修改键值对。这使得字典非常适合用于处理动态数据。

（6）高效性：由于字典使用了哈希表作为底层数据结构，因此它的查找、插入和删除操作都非常快速和高效。

（7）可扩展性：字典可以轻松地扩展，只需添加新的键值对即可。这使得字典非常适合用于存储大量数据。

以上是字典的一些主要特性，这些特性使得字典在 Python 中成为一种非常有用的数据结构。

4.4.3 内置函数

字典提供了许多内置函数，用于执行各种操作和操作字典中的数据。下面将详细介绍一些常用的字典内置函数。

1. len()函数

len()函数用于返回字典中键值对的数量。例如：

```
my_dict = {'key1': 'value1', 'key2': 'value2', 'key3': 'value3'}
print(len(my_dict))        #输出:3
```

2. keys()函数

keys()函数返回字典中所有键的列表。例如：

```
my_dict = {'key1': 'value1', 'key2': 'value2', 'key3': 'value3'}
print(my_dict.keys())      #输出:['key1', 'key2', 'key3']
```

3. values()函数

values()函数返回字典中所有值的列表。例如：

```
my_dict = {'key1': 'value1', 'key2': 'value2', 'key3': 'value3'}
print(my_dict.values())    #输出:['value1', 'value2', 'value3']
```

4. items()函数

items()函数返回字典中所有键值对的列表。每个键值对是一个元组，第一个元素是键，第二个元素是值。例如：

```
my_dict = {'key1': 'value1', 'key2': 'value2', 'key3': 'value3'}
print(my_dict.items())     #输出:[('key1', 'value1'), ('key2', 'value2'), ('key3', 'value3')]
```

5. get()函数

get()函数用于获取指定键的值，如果键不存在于字典中，则返回一个默认值。例如：

```
my_dict = {'key1': 'value1', 'key2': 'value2'}
print(my_dict.get('key1'))                    #输出:'value1'
print(my_dict.get('key3', 'default_value'))   #输出:'default_value'
```

6. setdefault()函数

setdefault()函数用于获取字典中指定键的值,如果键不存在,则将键值对添加到字典中,并返回该键的值。例如:

```
dict = {'a': 1, 'b': 2}
print(dict.setdefault('a', 3))      #输出:1
print(dict.setdefault('c', 3))      #输出:3
print(dict)                         #输出:{'a': 1, 'b': 2, 'c': 3}
```

7. update()函数

update()函数用于将一个字典中的键值对合并到另一个字典中。如果键已经存在于字典中,则更新对应的值;如果键不存在于字典中,则添加新的键值对。例如:

```
my_dict = {'key1': 'value1'}
my_dict.update({'key2': 'value2'})
print(my_dict)                      #输出:{'key1': 'value1', 'key2': 'value2'}
```

8. pop()函数

pop()函数用于删除指定键的键值对,并返回其值。如果键不存在于字典中,则引发KeyError异常。例如:

```
my_dict = {'key1': 'value1', 'key2': 'value2'}
print(my_dict.pop('key1'))          #输出:'value1'
print(my_dict.pop('key3'))          #因为不存在'key3',所以抛出异常
```

4.4.4 字典的遍历

在 Python 中,我们可以使用多种方法来遍历字典。下面将详细介绍两种常用的字典遍历方法。

1. 使用 for 循环遍历字典

```
dict = {'a': 1, 'b': 2, 'c': 3}
for key in dict:
    print(key, dict[key])
```

程序输出结果如下:

```
a 1
b 2
c 3
```

这种方法通过遍历字典的键来访问每个键值对。在每次迭代中,变量 key 存储当前键的名称,而 dict[key]则存储与该键关联的值。需要注意的是,字典的遍历顺序可能与插入

顺序不同,因为 Python 的字典是无序的。

2. 使用 items()方法遍历字典

```
dict = {'a': 1, 'b': 2, 'c': 3}
for key, value in dict.items():
    print(key, value)
```

程序输出结果如下:

```
a 1
b 2
c 3
```

items()方法返回一个包含字典所有键值对的视图对象。在每次迭代中,变量 key 和 value 分别存储当前键和与该键关联的值。这种方法可以同时访问键和值,非常方便。

4.4.5 字典实践——学校统计

1. 任务描述

列表 ls 中存储了我国 39 所 985 高校所对应的学校类型,请以这个列表为数据变量,统计输出各类型学校的数量。

ls = ["综合","理工","综合","综合","综合","综合","综合","综合","综合","综合","师范","理工","综合","理工","综合","综合","综合","综合","综合","理工","理工","理工","理工","师范","综合","农林","理工","综合","理工","理工","理工","综合","理工","综合","综合","理工","农林","民族","军事"]

2. 任务分析

为了完成这个任务,我们可以使用 Python 中的字典(dictionary)来存储和计数每种学校类型的数量。字典的键(key)将代表学校类型,而值(value)将代表该类型的数量。

3. 任务实施

接下来我们将通过编程来实现这个任务,具体步骤如下。

(1)初始化一个空字典来存储学校类型和数量。

(2)遍历列表 ls 中的每个元素。

(3)对于每个元素,检查它是否已经是字典的一个键。如果是,增加该键对应的值(数量);如果不是,将该元素添加到字典中,并将其值设置为1。

(4)遍历完成后,字典将包含每种学校类型及其对应的数量。

(5)遍历字典,输出每种学校类型及其数量。

具体代码(4_2_countSchoolType.py)如下:

```
ls = ["综合","理工","综合","综合","综合","综合","综合","综合","综合","综合","师范","理工","综合","理工","综合","综合","综合","综合","综合","理工","理工","理工","理工","师范","综合","农林","理工","综合","理工","理工","理工","综合","理工","综合","综合","理工","农林","民族","军事"]
```

```
#初始化一个空字典来存储学校类型和数量
school_types_count = {}

#遍历列表 ls 中的每个元素
for school_type in ls:
#在字典中对应学校类型数量加 1,如果该类型的键不存在默认值为 0
school_types_count[school_type] = school_types_count.get(school_type, 0) + 1

#遍历字典,输出每种学校类型及其数量
for school_type in school_types_count:
print("{}:{}".format(school_type, school_types_count[school_type]))
```

程序输出结果如下：

```
综合:20
理工:13
师范:2
农林:2
民族:1
军事:1
```

4.4.6　字典实践——传感器数据解析

1. 任务描述

在许多应用中,传感器数据被用来收集环境信息,如温度、湿度、CO浓度等。这些数据通常以特定的格式存储,如JSON。在本节中,我们将通过一个示例来展示如何使用Python的字典来解析JSON格式的传感器数据,将这些数据提取出来,并按照设备ID的升序排序,然后以一种特定格式在屏幕上输出。

假设有一个从终端传感器传回的温度、湿度、CO浓度等数据 sensorData 如下：

```
sensorData = [{'id':'EN003','temp':'23.5','humidity':'51.6','co':'2.2','status':'1'},
        {'id': 'EN002', 'temp': '24.7', 'humidity': '50.8', 'co': '1.6', 'status': '1'},
        {'id': 'EN004', 'temp': '23.5', 'humidity': '47.5', 'co': '0.9', 'status': '1'},
        {'id': 'EN001', 'temp': '27.8', 'humidity': '49.3', 'co': '2.4', 'status': '1'}]
```

我们要将列表 sensorData 的数据内容提取出来,放到一个字典 data 中,在屏幕上按设备号从小到大的顺序显示输出 data 的内容。内容示例如下：

```
EN001: [27.8, 49.3,2.4]
EN002: [24.7, 50.8, 1.6]
EN003: [23.5, 51.6, 2.2]
EN004: [23.5, 47.5, 0.9]
```

2. 任务分析

首先,我们需要从 sensorData 列表中提取每个字典的 id、temp、humidity 和 co 字段。由于温度、湿度和CO浓度是字符串格式,我们需要将它们转换为浮点数以便进行后续排序。接下来,我们需要根据设备ID(即字典中的 id 字段)对提取的数据进行排序。最后,我们需要按照要求的格式在屏幕上输出排序后的数据。

3．任务实施

接下来我们将通过编程来实现这个任务,具体步骤如下。

（1）数据提取：我们可以遍历 sensorData 列表,从中提取需要的信息,并存储到新的字典中。

（2）数据转换：在提取数据的同时,我们将温度、湿度和 CO 浓度从字符串转换为浮点数。

（3）数据排序：使用 Python 的内置函数 sorted() 对提取的数据进行排序,排序的关键是设备 ID。

（4）数据输出：按照要求的格式输出排序后的数据。

具体代码（4_3_analysisSensorData.py）如下：

```python
# 原始传感器数据
sensorData = [
    {'id': 'EN003', 'temp': '23.5', 'humidity': '51.6', 'co': '2.2', 'status': '1'},
    {'id': 'EN002', 'temp': '24.7', 'humidity': '50.8', 'co': '1.6', 'status': '1'},
    {'id': 'EN004', 'temp': '23.5', 'humidity': '47.5', 'co': '0.9', 'status': '1'},
    {'id': 'EN001', 'temp': '27.8', 'humidity': '49.3', 'co': '2.4', 'status': '1'}
]

# 提取并转换数据
data = {}
for sensor in sensorData:
    data[sensor['id']] = [float(sensor['temp']), float(sensor['humidity']), float(sensor['co'])]

# 按设备 ID 排序
sorted_data = dict(sorted(data.items()))

# 输出数据
for id, values in sorted_data.items():
    print(f"{id}: {values}")
```

程序输出结果如下：

```
EN001: [27.8, 49.3, 2.4]
EN002: [24.7, 50.8, 1.6]
EN003: [23.5, 51.6, 2.2]
EN004: [23.5, 47.5, 0.9]
```

4.5　集合

视频讲解

集合是 Python 中一种非常有用的数据结构,它允许我们存储不重复的元素,并且可以对这些元素进行各种操作。和字典一样,集合使用一对花括号{}作为定界符,元素之间使用逗号进行分隔。集合中的元素只能是不可变类型的数据,不能包含像列表、字典等可变类型的数据。

4.5.1　基本操作

在 Python 中,可以使用花括号{}或者 set() 函数来创建集合。

1. 集合的创建

（1）使用花括号{}创建集合。

花括号{}是创建集合的常见方式之一，可以使用它来定义一个包含多个元素的集合。

```
s = {1, 2, 3}
print(s)        ♯输出:{1, 2, 3}
```

（2）使用set()函数创建集合。

set()函数也是创建集合的常用方式之一，它可以接收一个可迭代对象（如列表、元组等）作为参数，并返回一个包含该可迭代对象中所有不重复元素的集合。

```
s = set([1, 2, 3])
print(s)        ♯输出:{1, 2, 3}
```

这里需要注意的是，集合中的所有元素都是唯一的，重复的元素会自动被去除。

```
s = {1, 2, 3, 1}
print(s)        ♯输出:{1, 2, 3},重复的元素 1 只保留一个
```

2. 集合的删除

在 Python 中，可以使用 remove()方法和 discard()方法来删除集合中的元素。

（1）remove()方法。

remove()方法用于删除指定元素，如果元素不存在则会引发 KeyError。

```
s = {1, 2, 3}
s.remove(2)     ♯ 删除元素 2
print(s)        ♯ 输出:{1, 3}
```

如果尝试删除不存在的元素，则会引发 KeyError。例如：

```
s = {1, 2, 3}
s.remove(4)     ♯尝试删除不存在的元素 4,引发 KeyError
```

（2）discard()方法。

discard()方法用于删除指定元素，与 remove()方法不同的是，如果元素不存在不会引发错误。

```
s = {1, 2, 3}
s.discard(4)    ♯删除元素 4,虽然 4 不在集合中,但是不会引发错误
print(s)        ♯输出:{1, 2, 3}
```

4.5.2　集合的常用方法

下面介绍集合的一些常用方法。

1. 增加元素

（1）add()方法。

add()方法用于向集合中添加一个元素。如果元素已存在，则不会添加。

```
s = {1, 2, 3}
s.add(4)                    # 添加元素 4
print(s)                    # 输出:{1, 2, 3, 4}
```

（2）update()方法。

update()方法用于将另一个集合或可迭代对象中的元素添加到当前集合中。

```
s1 = {1, 2, 3}
s2 = {3, 4, 5}
s1.update(s2)               # 将 s2 中的元素添加到 s1 中
print(s1)                   # 输出:{1, 2, 3, 4, 5}
```

2. 删除元素

除了前面提到的 remove()方法和 discard()方法外,还可以使用 clear()方法来清空整个集合。

```
s = {1, 2, 3}
s.clear()                   # 清空集合
print(s)                    # 输出:set()
```

3. 集合的交集、并集和差集

（1）intersection()方法。

intersection()方法用于返回两个集合的交集,即同时属于两个集合的元素。

```
s1 = {1, 2, 3}
s2 = {3, 4, 5}
print(s1.intersection(s2))    # 输出:{3}
```

（2）union()方法。

union()方法用于返回两个集合的并集,即属于任一集合的元素。

```
s1 = {1, 2, 3}
s2 = {3, 4, 5}
print(s1.union(s2))         # 输出:{1, 2, 3, 4, 5}
```

（3）difference()方法。

difference()方法用于返回第一个集合相对于第二个集合的差集,即属于第一个集合但不属于第二个集合的元素。

```
s1 = {1, 2, 3}
s2 = {3, 4, 5}
print(s1.difference(s2))    # 输出:{1, 2}
```

4. 判断元素是否在集合中

可以使用 in 或 not in 操作符来判断一个元素是否在集合中。例如:

```
s = {1, 2, 3}
print(2 in s)               # 输出:True
print(4 not in s)           # 输出:True
```

5．获取集合的长度和元素个数

可以使用 len()函数来获取集合中元素的个数。注意,由于集合中的元素不重复,因此 len()返回的是元素的个数,而不是元素的重复次数。例如:

```
s = {1, 2, 3}                ＃定义一个包含三个元素的集合
print(len(s))                ＃输出:3,表示集合中有三个元素
```

4.5.3　实践——查找重复元素

1．任务描述

在某些情况下,我们需要从一组数据中查找出重复的元素。假设我们有一个列表,其中包含了一组整数数据。我们需要找出所有重复的整数,并将其存储在一个集合中,以便于查询和进一步处理。我们可以利用集合的唯一性特性,快速找出列表中的重复元素,并将其存储在一个集合中,以便进行进一步的处理。使用集合解决重复元素问题可以提高程序的效率,并简化编程过程。

2．任务分析

首先,我们需要定义一个列表,其中包含了一组整数数据。接着可以使用集合来处理这个问题。我们可以通过将列表转换为集合,利用集合的唯一性特性,快速找出重复元素。对于每个元素,我们可以使用成员运算符 in 来检查它是否已经在集合中。如果在,说明是重复元素;如果不在,将其添加到集合中。最后,我们可以得到一个包含所有重复元素的集合,以便进一步进行其他操作或分析。

3．任务实施

接下来我们将通过编程来实现这个任务,具体步骤如下。

(1)定义一个包含重复整数数据的列表。

(2)定义两个集合,duplicate_set 用来存储重复数据,unique_set 用来存储非重复数据。

(3)使用 for 循环来对列表进行遍历,将每次取到的元素与 unique_set 进行比对,如果重复则将该元素加入 duplicate_set 中,如果不重复则将该元素加入 unique_set 中。

(4)遍历完成后,输出 duplicate_set 和 unique_set。

具体代码(4_4_identifyDuplicateNumber. py)如下:

```
＃定义一个包含整数数据的列表
my_list = [1, 2, 3, 4, 1, 2, 5, 6, 3, 4, 7, 8, 9, 7, 8]
＃使用集合来查找重复元素
duplicate_set = set()
unique_set = set()
for num in my_list:
    if num in unique_set:
        duplicate_set.add(num)        ＃如果重复则加入 duplicate_set 中
    unique_set.add(num)               ＃如果不重复则加入 unique_set 中
＃输出结果
```

```
print("重复元素的集合:", duplicate_set)
print("去除重复元素后的集合:", unique_set)
```

输出结果如下:

```
重复元素的集合: {1, 2, 3, 4, 7, 8}
去除重复元素的集合: {1, 2, 3, 4, 5, 6, 7, 8, 9}
```

巩固训练

1. 列表位移:请编写程序实现列表元素循环左移指定位置(列表切片)。

(1) 列表没有提供移位操作,所以必须一个元素一个元素地移位。

(2) 循环左移的原理如下:

2. 苏州城市学院运动会 100 米决赛 8 名队员的编号和成绩分别如下:

运动员编号:nums=[1001,1002,1003,1004,1005,1006,1007,1008]

成绩:marks=[10.01,10.89,11.02,11.02,10.02,10.38,10.95,11.45]

请按照成绩从小到大排序并输出运动员的编号以及对应的成绩:

(1001,10.01),(1005,10.02),(1006,10.38),(1002,10.89),

(1007,10.95),(1003,11.02),(1004,11.02),(1008,11.45)

3. 合并两个列表并去重。

(1) 输入两个列表 alist 和 blist,要求列表中的每个元素都为正整数且不超过 10。可以使用以下语句实现列表 alist 的输入:

```
alist = list(map(int,input().split()))
```

(2) 合并 alist 和 blist,并将重复的元素去掉后输出一个新的列表 clist。

(3) 为保证输出结果一致,请将集合内元素排序之后再输出。

输入:共两行,每一行都用来输入列表中的元素值,以空格隔开。

输出:共一行,以列表形式打印输出。

输入样例:

```
1 2 3
4 3 2
```

输出样例:

```
[1,2,3,4]
```

4. 对列表元素进行分类后加标签存入字典。

(1) 输入一个列表,要求列表中的每个元素都为正整数且列表包含的元素个数为偶数。

(2) 将列表中前一半元素保存至字典的第一个键值 1 中,后一半元素保存至第二个键值 2 中。可以使用以下方法实现列表 alist 的输入:

输入:共一行,列表中的元素值,以空格隔开。

输出：共一行，以字典的形式打印结果。

输入样例：

```
1 2 3 4
```

输出样例：

```
{'1': [1,2], '2': [3,4]}
```

5．列表反转输入一个列表，将其反转后输出新的列表。

6．列表元素绝对值排序。

（1）输入一个列表，要求列表中的每个元素都为整数。

（2）将列表中的所有元素按照它们的绝对值大小进行排序，绝对值相同的还保持原来的相对位置，打印排序后的列表（绝对值大小仅作为排序依据，打印出的列表中元素仍为原列表中的元素）。

7．创建由'Monday'～'Sunday'七个值组成的字典，输出键列表、值列表以及键值列表。运行效果如下所示：

```
1 2 3 4 5 6 7
Mon Tues Wed Thur Fri Sat Sun
(1, 'Mon') (2,'Tues') (3,'Wed') (4,'Tues') (5,'Fri') (6,'Sat') (7,'Sun')
```

8．假设有一个列表 studs 如下：

```
studs = [{'sid':'103','Chinese': 90, 'Math':95,'English':92},
         {'sid':'101','Chinese': 80, 'Math':85,'English':82},
         {'sid':'102','Chinese': 70, 'Math':75,'English':72}]
```

将列表 studs 的数据内容提取出来，放到一个字典 scores 中，在屏幕上按学号从小到大的顺序显示输出 scores 的内容。内容示例如下：

```
101:[80, 85, 82]
102:[70, 75, 72]
103:[90, 95, 92]
```

第5章

函数和模块

函数是组织好的,可重复使用的,用来实现单一或相关联功能的代码段。函数能提高应用的模块性和代码的复用性,有效降低代码之间的耦合性,同时降低开发成本、提高开发效率。函数可接收输入参数,并返回函数运算后的结果,从而实现模块化和封装性编程的目的。Python 提供一些内置函数,如 print()、input()、eval()、max()等;其他第三方库通过函数形式向用户提供调用的相关接口,如 jieba 库的 cut()、lcut()、cut_for_search()、lcut_for_search()等函数。通过对内置函数或第三方库的函数的调用,极大地减少了代码编写的同时提高了代码的可读性。

5.1 函数的定义

视频讲解

函数定义的语法格式:

```
def   function_name([parameters]) [ - > datatype]:        # 函数头
        function_body                                      # 函数体
        [return expression]                                # 函数返回
```

5.1.1 函数头

函数头包括:定义函数的关键字 def、函数名称 function_name、函数参数 parameters 和预期返回值数据类型 datatype 四个部分。

1. 声明函数的关键字 def

函数用 def 关键字进行定义,用以说明这部分代码为函数的定义。

2. 函数名称 function_name

函数名称用于和其他标识符进行区分,其命名要符合 Python 标识符命名规则。

3. 函数参数 parameters

函数参数为可选部分,即参数可没有,也可以有,参数定义格式为:

```
parameter1_name [: datatype] [ = default_value1], parameter2_name [: datatype] [ = default_
value2], …
```

函数的参数可认为是函数窗口变量,用于接收调用该函数传进来的值,并把接收到的值传递到函数内部进行加工处理。这有点类似于银行柜面上的工作人员，其职能是建立客户与银行内部的沟通。parameter_name 为参数名称，其命名要符合 Python 标识符命名规则；datatype 为可选部分，表示预期接收到数据的类型，实际接收到的数据类型可与此不同；default_value 为默认值，即调用该函数时，未对其传值时，就用 default_value 作为这个参数的值。函数体内对数据类型有特别需求的话，可在函数体内部通过调用 isinstance(object, classinfo)函数来进行判断。

4. 预期返回值类型 datatype

预期返回值类型表示执行完函数体代码后，预期返回的数据类型，实际调用时的返回值类型和预期返回值类型可不同，其存在和参数的数据类型一样，只起到建议用户更好地使用该函数。

下面是几种不同函数头部的定义，都是合法的。

```
def  print_info():               #无参数函数
def  max2(a, b):                 #包括两个参数:a 和 b
def  max2(a:int, b:int = 100) -> int:  #包括两个参数:a 和 b,其预期类型为 int,参数 b 的默
                                 #认值为 100;max 函数返回值预期的类型为 int
```

5.1.2　函数体

函数体主要是实现函数功能的代码，这部分需要和函数头有一个层次的缩进，以表示该部分为函数体。

5.1.3　函数返回值

函数返回值指的是函数体代码的执行结束后返回的值。函数返回值通过 return 关键字将后面的表达式 expression 计算结果返回；没有 return 语句的函数，将返回 None。例如内置的 max()函数返回的是所有参数中的最大值，列表对象的 sort()函数返回值为 None。

【例 5-1】　函数的返回值。

下面的代码定义了一个名为 max2()的函数，实现对两个数据进行比较，将较大值返回。其两个参数中都做了数据类型的预期，函数返回值预期的数据类型也为 int 类型。

```
def max2(a:int, b:int) -> int:  #定义函数 max2(),参数 a 和 b、返回值,预期的类型为 int
    if a > b:                   #比较 a 和 b,将最大值存储到 ret 中
        ret = a
    else:
        ret = b
    return ret                  #通过 return,将 ret 值返回

x, y = 12, 21                   #定义两个变量 x 和 y,同时对其进行赋值
m = max2(x, y)                  #通过调用 max2()函数,将 x 的值 12 传给 max2()的 a,将 y 的值
                                #21 传给 max2()的 b;经过 max2()函数体的执行,max2()将 ret 的
                                #值 21 返回,通过赋值 = 运算符,将 21 存储到 m 中
```

5.2 函数的参数

函数的参数主要分为形参和实参两种。形参是定义函数时的参数变量,实参是调用函数时使用的值(通常取自变量)。调用函数时可使用的参数类型有:位置参数、关键字参数、默认值参数、可变长参数等。

5.2.1 位置参数

位置参数是函数调用时最常见的方式,在调用函数时,通过位置对应关系,实现实参值到形参之间的传递。如例 5-1 中代码就是通过位置参数实现值的传递。

【例 5-2】 位置参数。试着分析下面代码,输出的结果是什么?

```
def swap(a, b):                                #定义函数 swap()
    a, b = b, a                                #交换 swap()函数内部的 a、b 变量值
    print("in function swap: a = ", a, "b = ", b)   #打印 swap()函数内部的 a、b 变量值

a = 12                                         #变量a,注意:此变量和swap()函数中的a无关
b = 21                                         #变量b
print("before invoke swap a = ", a, "b = ", b)  #打印输出外部变量a、b的值
swap(a, b)      #通过位置参数将a、b中的值依次传递给swap()中的a、b变量

print("after invoke swap a = ", a, "b = ", b)   #打印输出外部变量a、b的值
```

注意:外部变量 a、b 和内部变量 a、b 之间无关,值类型为普通数据,传递的仅仅是值的拷贝。

代码执行后输出的结果为:

```
before invoke swap a =   12 b =   21
in function swap: a =   21 b =   12
after invoke swap a =   12 b =   21
```

如果传递的不是值的拷贝,而是引用呢?试着分析下面代码,输出的结果是什么?

```
def swap(tmplist):                             #定义函数 swap(),只有一个参数 tmplist
    tmplist[0], tmplist[1] =                    #交换 tmplist 中前两个元素的值
            tmplist[1], tmplist[0]              #打印 swap()函数内部 tmplist 的值
    print("in function swap: ", tmplist)

agelist = [12, 21]                             #变量agelist,并初始化两个元素的值
print("before invoke swap ", agelist)          #打印输出外部变量 agelist 的值
swap(agelist)           #通过位置参数将agelist的值传递给swap()中的tmplist变量

print("after invoke swap ", agelist)           #打印输出外部变量 agelist 的值
```

注意:外部变量 agelist 为引用类型,其和 swap()内部 tmplist 变量无关,但调用传递的是 agelist 引用内存的地址,外部变量 agelist 和内部变量 tmplist 共同操作相同位置的数据,传递的是变量的地址。

代码执行后输出的结果为:

```
before invoke swap  [12, 21]
in function swap:  [21, 12]
after invoke swap  [21, 12]
```

【例 5-3】 开发一个实现随机点名的函数 rollcall(),根据学生数量,随机抽取一名同学。

(1) 学生数量可通过用户输入,作为 rollcall()函数的参数。

(2) rollcall()函数内部通过随机模块 random 中的 randint 来返回一个 1~n 的整数。

(3) 将返回值打印输出。

```
import random                       # 导入随机库
'''                                # 函数注释
点名函数
参数: n int 学生数量
返回: 1~n 的任一个整数
'''
def rollcall(n:int) -> int:
    return random.randint(1, n)

stuCount = int(input())            # 输入班级学生总数
studentNo = rollcall(stuCount)     # 调用点名函数实现随机点名
print("点名:", studentNo)           # 打印输出点到的学生
```

5.2.2　关键字参数

关键字参数是指调用函数时,按照参数名称进行值传递的形式。通过关键字进行值的传递,可不按照位置,来明确指定哪个值传递给哪个形参。对 5.1.3 节中 max2()函数进行调用,若实现 21 传递给形参 x,12 传递给形参 y,则可通过关键字参数进行指定。

```
m = max2(b = x, a = y)            # 通过关键字参数将 x 的值 12 指定传递给形参 b
                                 # 将 y 的值 21 指定传递给形参 a
```

以上程序,运行结果 m 的值虽然和位置传递一样,但在 max2()函数内部是不一样的,通过关键字传递值,max2 内部变量 a 得到的是 21,b 得到的是 12;而通过位置传递值,max2()内部形参 a 得到的是 12,b 得到的是 21。

5.2.3　默认值参数

定义函数时,可以为某些形式参数赋予一个默认值,在函数调用时,可以不用为设置默认值的形式参数传递值,该参数在函数内部执行过程中,使用默认值作为其值。

【例 5-4】 默认值参数。

```
def max2(a:int, b:int = 100) -> int:   # 定义函数 max2(),形式参数 b 默认值为 100
    if a > b:                          # 比较 a 和 b,将最大值存储到 ret 中
        ret = a
    else:
        ret = b
    return ret                         # 通过 return,将 ret 值返回

x, y = 12, 21                          # 定义两个变量 x 和 y,同时对其进行赋值
```

```
  m = max2(x)                    #通过调用 max2()函数,将 x 的值 12 传给 max2()的 a,max2()函数的形式参数
                                 #b 没有传递值,将使用 100 作为其值
```

执行完毕后,m 的值为 100。

注意:在形参中使用默认值时,需将默认值参数靠后定义在函数的形参中。想想看,这是为什么呢?

5.2.4 可变长参数

当函数需要处理的参数个数不确定时,可使用可变长参数,即一个形式参数可接收多个实参的值,将其收拢为元组或字典类型。Python 提供两种可变长参数的函数形式,第一种在形式参数前面加一个 *,一般该形式参数的名称为 *args,将接收到的多个实参值放入元组中;第二种在形式参数前面加两个 **,一般该形式参数的名称为 **kargs,将接收到的多个关键字参数放入字典中。

【例 5-5】 可变长参数。

```
def maxn(a, b, * args):                      #定义函数 maxn(),形参 a、b 和可变长的 args
    print("a = ",a,"b = ",b, "agrs = ", args)  #打印输出形参的值
    if a > b:                                #获取 a、b 中的较大值
        ret = a
    else:
        ret = b
    for v in args:                           #通过遍历元组 args 来找其中的较大值
        if ret < v:
            ret = v
    return ret                               #通过 return,将 ret 值返回

m = maxn(12,32,45,24,72,33,57,65)            #通过调用 maxn()函数,将 12、32 分别传给 maxn()的 a
                                             #和 b,45,24,72,33,57,65 将被形参 args 接收,并以元组
                                             #类型进行使用
print(m)
```

代码执行后输出的结果为:

```
a = 12 b = 32 agrs = (45, 24, 72, 33, 57, 65, 32, 19)
72
```

注意:上面 maxn()函数的定义,调用函数 maxn()时,至少要传递 2 个值。

下面代码将多个参数以字典形式存放。

【例 5-6】 参数打包。

```
def printInfo( ** kargs):                     #定义函数 printInfo(),可变形参 kargs
    print( type(kargs) )                      #打印输出形参的类型
    for key, value in kargs. items():         #循环遍历字段中的每个元素
        print("key = ", key, "   value = ", value, sep = "")    #输出 key 和 value 的值

printInfo(name = "张三", \
          age = 18, \                         #通过调用 printInfo()函数,将 4 个参数传递给 kargs
          gender = "男", \
          birthday = "2005 年 1 月 1 日"       #将 4 个参数打包成一个字典类型,用 kargs 参数接收
          )
```

代码执行后输出的结果为：

```
< class 'dict'>                    #输出 kargs 形式参数的数据类型
key = name   value = 张三          #依次打印输出 kargs 中每个元素的 key 和对应的 value 值
key = age    value = 18
key = gender   value = 男
key = birthday   value = 2005 年 1 月 1 日
```

5.2.5　序列解包

创建列表、元组、集合、字典等可迭代对象可理解为将多个元素进行"打包"。有时需将一个"打包"的序列中多个值"解包"成一个个元素进行单独使用。序列"解包"有 * 和 ** 两种方式，* 将序列直接解包成一个个元素，** 针对字典，将元素解包成 key = value,.. 的形式。

【例 5-7】　参数解包。

```
ls = [1, 2, 3, 4]                              #列表变量 ls
d1 = {"name":"Tom", "age":23}                  #字典变量 d1
print( * ls)                                   #将解包后的列表 ls 中的元素打印输出
print( * d1.items())                           #将 d1 中的元素解包成二元组
print("AGE = {age}, NAME = {name}".format( ** d1))   # ** d1 解包结果为:
                                               # name = "Tom", age = 23
```

代码执行后输出的结果为：

```
1 2 3 4
('name', 'Tom') ('age', 23)
AGE = 23, NAME = Tom
```

调用函数时，通过对实参进行解包，可实现函数调用的位置参数及关键字参数的传递。下面代码定义了一个元组 t，将 t 解包后传递给 maxn()函数。

```
t = (12, 32, 45, 24, 72, 33, 57, 65)           #元组变量 t
m = maxn( * t)                                  #将 t 解包后,调用 maxn()函数
print(m)                                       #打印输出 m 的值
```

下面代码定义一个字典 d1，将 d1 解包后传递给 printInfo()函数。

```
d1 = {"name":"Tom", "age":23}                  #字典变量 d1
printInfo( ** d1)                              #将 d1 解包后,调用 printInfo()函数
```

5.3　变量的作用域

程序中的变量并非在任意位置都能访问，其访问权限取决于该变量定义的位置，即变量的有效范围，也叫变量作用域。Python 中变量作用域分为局部变量和全局变量。

5.3.1　局部变量

定义在函数内部，其作用域仅限于函数内部，在函数外不能使用，这类变量称为局部变量。局部变量只能在声明的函数内部访问，当函数执行时，Python 会为其分配一块临时存

储空间,函数执行完毕,临时存储空间会被释放掉,该空间中存储的变量也无法再被使用。

【例 5-8】 局部变量。

```
def fun(a):              #列表变量 ls
    b = 2                #字典变量 d1
    print("a = ", a, "b = ", b)   #将解包后的列表 ls 中的元素打印输出
                         #将 d1 中的元素解包成二元组
fun(1)                   # ** d1 解包结果为:
print("a = ", a, "b = ", b)   # name = "Tom", age = 23
```

代码执行后输出的结果为:

```
a= 1 b= 2                #fun()函数内部,打印输出变量 a、b 的值
Traceback (most recent call last):   # 函数外部访问变量 a、b 出错
  File "f:\study\python\vscode\Test.py", line 6, in
<module>
    print("a = ", a, "b = ", b)
                 ^
NameError: name 'a' is not defined
```

5.3.2 全局变量

全局变量的作用范围从其定义开始,到本文件结束。可以定义在函数体外部,也可以在函数体内部通过 global 关键字来声明该变量为全局变量。

【例 5-9】 全局变量。

```
c = 123                  #全局变量 c
def fun(a):              #窗口变量 a,属于 fun()函数内部的局部变量
    global  b            #变量 b 为全局变量
    b = 2                #设置全局变量 b 的值为 2
    c = 10               #c 为局部变量
    print("a = ", a, "b = ", b, "c = ", c)  # name = "Tom", age = 23
fun(1)
print("b = ", b, "c = ", c)
```

代码执行后输出的结果为:

```
a= 1 b= 2 c= 10         #fun()函数内部,打印输出变量 a、b、c 的值
b= 2 c= 123             #函数外部访问变量 b、c,通过 fun 函数的执行
                        #fun()函数内变量 b 被定义为全局变量,后续
                        #print("b = ", b, "c = ", c)语句才能访问到变量 b
```

试试将 print("b=",b,"c=",c)语句调到 fun 函数前面,会出现什么情况?

5.4 lambda 函数

视频讲解

语句少而简单的函数,可通过创建匿名函数来实现,Python 使用 lambda 表达式来创建匿名函数。格式为:

```
lambda  [arg1, [args, …]]:expression
```

arg1,arg2..:为匿名函数的参数。

expression:为匿名函数的函数体,表达式计算的结果作为匿名函数的返回值。

【例 5-10】 匿名函数。

```
max2 = lambda x, y : x if x > y else y          #max2 为匿名函数,用于计算两个数的较大值
sum2 = lambda x, y : x + y                      #sum2 为匿名函数,用于计算两个数之和
a, b = 12, 23                                   #定义变量 a、b
print("max({0}, {1}) = {2}, {0} + {1} = {3}"\   #调用匿名函数 max2、sun2,并输出结果
        .format(a, b, max2(a, b), sum2(a, b)))
```

代码执行后输出的结果为:

```
max(12, 23) = 23, 12 + 23 = 35
```

lambda 表达式可与内置函数搭配使用,如:

```
srcls = [[7, 0], [4, 4], [7, 1], [5, 0], [6, 1], [5, 2]]   #待排序列表
descls = sorted(srcls,key = (lambda x:x[1]))              #按 srcls 列表中每个元素下标 1 的
print(descls)                                             #子元素升序排列,然后按照每个元
                                                          #素下标 0 的元素降序排列
```

代码执行后输出的结果为:

```
[[7, 0], [5, 0], [7, 1], [6, 1], [5, 2], [4, 4]]
```

5.5 递归函数

一个函数在内部直接或间接调用自己本身,这个函数就是递归函数。递归函数采用递归算法实现,递归算法就是将一个比较复杂的问题层层转化为一个个与原来本质相同但规模更小的问题,仅需少量代码即可实现问题的求解。递归有如下特点。

(1) 递归必须有一个明确的结束条件,类似于循环。

(2) 每进入更深一层递归时,问题规模相对于上一次递归都应减少。

(3) 每次递归应保持问题性质不变。

(4) 递归函数的调用需消耗栈空间,容易引起栈空间溢出,从而引起内存崩溃。

【例 5-11】 计算 $1+2+\cdots+n$ 的值,用循环结构和递归函数实现。

```
def fun(n):                         def fun(n):
    ret = 0                             if n == 0 or n == 1:
    for i in range(1, n + 1):               return n
        ret += i                        else:
return ret                                  return n + fun(n - 1)
```

当 n 为 5 时,对上面右侧递归调用的函数的执行过程分析如下:

往下传递的过程:

第 1 次调用:fun(5)   =>   5+fun(5-1)

第 2 次调用:fun(4)   =>   4+fun(4-1)

第 3 次调用:fun(3)   =>   3+fun(3-1)

第 4 次调用:fun(2)   =>   2+fun(2-1)

第 5 次调用:fun(1)   =>   1   即 fun(1)的结果为 1

依次回归的过程:

第 1 次回归的值为:fun(1)   => 1

第 2 次回归的值为：fun(2)　=> 2＋fun(1)　=> 3
第 3 次回归的值为：fun(3)　=> 3＋fun(2)　=> 6
第 4 次回归的值为：fun(4)　=> 4＋fun(3)　=> 10
第 5 次回归的值为：fun(5)　=> 5＋fun(4)　=> 15

5.6　常用内置函数

　　Python 提供了一些函数供开发人员使用，优先使用内置函数可避免书写太多代码，提高开发的效率。内置函数分为：入门函数、数学函数、数据类型函数、序列迭代器函数、对象函数等。

5.6.1　入门函数

　　入门函数包括 input()、print()、help()等函数。

1．input()

　　接收标准输入，并返回字符串。语法格式为：

```
input([提示信息])
```

2．print()

　　输出信息。语法格式为：

```
print( * objects, sep = ' ', end = '\n', file = sys.stdout, flush = False)
```

　　参数说明如下。
　　sep：在值之间插入字符串，默认为空格。
　　end：在最后一个值之后附加的字符串，默认为换行符。
　　flush：是否强制刷新，这个参数一般和 file 一起使用。
　　file：输出到指定的设备，默认值为 sys.stdout，即屏幕。

3．help()

　　帮助函数，用来查看函数或模块的详细信息。语法格式为：

```
help(对象)
```

　　参数说明如下。
　　对象可以是函数名、数据类型、模块名称等。

5.6.2　数学函数

　　数学函数包括 sum()、max()、min()、divmod()、abs()、pow()、round()等函数。

1．sum()

　　对数值型对象进行求和。语法格式为：

```
sum(seq, [number])
```

参数说明如下。

seq：序列。

number：数字。

2. max()/min()

对可比较大小的对象比较大小后返回最大值/最小值。语法格式为：

```
max(a, b, c, …)
min(a, b, c, …)
```

3. divmod()

计算两个数的商和余数，返回商和余数组成的二元组。语法格式为：

```
divmod(a, b)
```

实例：

```
divmod(9, 2)      返回二元组：(4, 1)
```

4. abs()

返回数字的绝对值。语法格式为：

```
abs(a)
```

5. pow()

计算 x 的 y 次方。语法格式为：

```
pow(x, y)
```

实例：

```
pow(9, 2)     结果为  81.0
```

6. round()

四舍五入。语法格式为：

```
round(x, [n])
```

参数说明如下。

x：浮点数。

n：小数的位数，缺省值为 0，即保留到整数。

5.6.3 数据类型函数

数据类型函数包括：int()、float()、str()、bool()、tupple()、list()、dict()、set()等函数。

1．int()/float()

将一个数字或字符串对象转为整数/浮点数。语法格式为：

```
int(x)
float(x)
```

实例：

```
int(9.5)          返回:9
int("123")        返回:123
float(9)          返回:9.0
float("123")      返回:123.0
```

2．str()

将一个非字符串对象转为字符串。语法格式为：

```
str(x)
```

实例：

```
str(9.5)          返回:"9.5"
str("123")        返回:"123"
str([1, 2, 3])    返回:"[1, 2, 3]"
```

3．bool()

将一个对象转为布尔类型。语法格式为：

```
bool(x)
```

实例：

```
bool(9.5)         返回:True
bool(0)           返回:False
bool([])          返回:False
```

4．tupple()/list()/set()

将一个序列对象转为元组/列表/集合。语法格式为：

```
tupple([x])
```

参数说明如下。

x：序列，为空表示创建一个空元组/列表/集合。

实例：

```
tupple([1, 2, 3])   返回:(1, 2, 3)
tupple()            返回:()
list("123")         返回:['1', '2', '3']
list()              返回:[]
set("12332")        返回:{'2', '3', '1'}
set()               返回:set()
```

5. dict()

用于创建字典,主要有以下三种形式。语法格式为:

```
dict()                  返回:空字典
dict(mapping)           返回:以 mapping 对象中的二元组来创建字典
dict(iterable)          返回:以 iterable 对象中的二元组来创建字典
```

实例:

```
dict()                  返回:{}
dict([(1,2),(3,4)])     返回:{1: 2, 3: 4}
dict(zip([1,2,3],"abc"))返回:{1: 'a', 2: 'b', 3: 'c'}
```

5.6.4 序列迭代器函数

序列迭代器函数包括 len()、slice()、sorted()、reversed()、filter()、all()、any()、iter()、next()、range()、enumerate()、zip()、map()等函数。

1. len()

返回序列的长度,即序列中元素的数量。语法格式为:

```
len(iterable)
```

实例:

```
len("123")             返回:3
len([1, 2, 3])         返回:3
```

2. slice()

返回一个切片(slice)对象。slice 对象用于指定如何对序列进行切片。语法格式为:

```
slice(start, end, step)
```

参数说明如下。
start:整数,指定切片开始的位置,默认为 0。
end:整数,指定切片结束的位置。
step:步长,默认为 1。
实例:

```
ls = [1,2,3,4,5,6,7,8,9,10]    #一个包含 10 个元素的列表对象 ls
sp = slice(3, 8, 1)            #创建一个从 3 开始到 8 结束、步长为 1 的切片对象
ls[sp]                         #在列表 ls 上运用切片 sp
[4, 5, 6, 7, 8]                #切片后返回的值为一个列表
```

3. sorted()

对可迭代的对象进行排序。语法格式为:

```
sorted(iterable, /, *, key = None, reverse = False)
```

参数说明如下。

iterable：可迭代对象。

/：分隔符，前面参数为位置参数。

*：分隔符，后面参数为命名关键词参数。

key：排序依据，默认值为 None。

reverse：是否降序，False 表示升序，True 表示降序，默认值为 False。

实例：

```
ls1 = ["123", "12", "65", "3456"]              #待排序列表 ls1,每个元素为字符串
ls2 = [123, 12, 65, 3456]                      #待排序列表 ls2,每个元素为整型
newLS1 = sorted(ls1, key = int, reverse = True)  #对 ls1 进行排序,按 int 类型降序排序
newLS2 = sorted(ls2, key = str, reverse = False) #对 ls2 进行排序,按 str 类型升序排序
print(newLS1)
print(newLS2)
```

以上代码的输出结果为：

```
['3456', '123', '65', '12']
[12, 123, 3456, 65]
```

4. reversed()

将序列逆序，返回逆序迭代器对象，可通过 list()、tuple()等函数将其转为具体的列表、元组等数据类型对象，以便 print()函数输出。语法格式为：

```
reversed(sequence, /)
```

参数说明如下。

sequence：序列。

/：分隔符，前面参数为位置参数。

实例：

```
s1 = "abcd"                    #字符串 s1
t1 = (1,2,3,4)                 #元组 t1
r1 = list(reversed(s1))        #将 s1 进行逆序后,转为列表
r2 = list(reversed(t1))        #将 t1 进行逆序后,转为列表
print(r1)
print(r2)
```

以上代码的输出结果为：

```
['d', 'c', 'b', 'a']
[4, 3, 2, 1]
```

5. filter()

将序列中不符合条件的元素过滤掉，返回符合条件的元素组成的迭代对象，可通过 list()、tupple()等函数将其转为具体的列表、元组等数据类型对象，以便 print()函数输出。语法格式为：

```
filter(function or None, iterable)
```

参数说明如下。

function or None：过滤的函数，None 表示不过滤。

iterable：可迭代的对象。

实例：

```
def fun(num):              #偶数返回,奇数不返回的函数 fun()
if num % 2 == 0:
    return num

t1 = (1,2,3,4)             #包含 4 个元素的元组 t1
r1 = filter(None, t1)      #对 t1 不过滤
r2 = filter(fun, t1)       #对 t1 采用 fun()函数进行过滤
print(list(r1))
print(list(r2))
```

以上代码的输出结果为：

```
[1, 2, 3, 4]
[2, 4]
```

6. all()/any()

判断迭代对象中所有元素是否全为 True/False，如果是，返回 True/False，否则返回 False/True。语法格式为：

```
all(iterable)
```

参数说明如下。

iterable：可迭代的对象。

实例：

```
all([123, "0", [0] ])     #迭代对象为列表,所有元素均可被看作 True,结果为 True
any([0, 0.0, '', [], ()]) #迭代对象为列表,所有元素均可被看作 False,结果为 False
```

7. iter()

创建一个迭代器对象。语法格式为：

```
iter(obj[,sentinel])
```

参数说明如下。

obj：支持迭代的集合对象。

sentinel：该参数不省略，则参数 obj 必须是一个可调用的对象（如函数），此时，iter()创建了一个迭代器对象，每次调用这个迭代器对象的 __next__()方法时，都会调用 obj。

实例：

```
ls = [1, 2, 3]            #可迭代的对象 ls
for v in iter(ls):        #将 ls 转换为迭代器对象,并通过 for…in 结构来调用 next()方法,
                          #完成对该迭代器对象的遍历
    print(v)
```

8. next()

迭代器的下一个元素。语法格式为：

```
next(iterable [,default])
```

参数说明如下。

iterable：迭代器对象。

default：迭代器对象结束，返回的默认值。

实例：

```
lst = iter([1, 2])      ♯迭代器对象 lst
next(lst)               ♯获取 lst 迭代器对象下一个元素,1
next(lst)               ♯获取 lst 迭代器对象下一个元素,2
next(lst, 0)            ♯lst 迭代器对象已结束,0
```

9. range()

返回一个步长为 step 的整数序列,序列范围为[start end),该序列为迭代器对象,通常和 for…in 循环结构一起使用。语法格式为：

```
range([start], end, [step])
```

参数说明如下。

start：序列开始,默认值为 0。

end：序列结束,不可缺少。

step：步长,默认值为 1。

10. enumerate()

返回一个迭代器对象,其中每个元素是一个二元组,二元组由序列中的元素和其下标组成。语法格式为：

```
enumerate(iterable, start = 0)
```

参数说明如下。

iterable：可迭代的对象。

start：构成二元组的下标开始值。

实例：

```
ls = [3, 4, 5])
list(enumerate(ls))     ♯[(0, 3), (1, 4), (2, 5)]
list(enumerate(ls, 1))  ♯[(1, 3), (2, 4), (3, 5)]
```

11. zip()

返回一个迭代器对象,其中每个元素是一个 N 元组,N 元组由多个迭代器对象中的元素组成。语法格式为：

```
zip( * iterables)
```

参数说明如下。

* iterables：可迭代对象列表。

实例：

```
obj1, obj2, obj3 = [1,2,3], "abcd", (4,5,6,7,8)
list( zip(obj1, obj2,obj3) )  #[(1, 'a', 4), (2, 'b', 5), (3, 'c', 6)]
```

12. map( )

返回一个迭代器对象,其中每个元素是迭代器对象指定执行某个函数后的结果。语法格式为:

```
map(func, * iterables)
```

参数说明如下。

func:函数名称。

* iterables:可迭代对象列表。

实例:

```
ls = [1,2,3]
list(map(str, ls))       #['1', '2', '3']
list(map(float, ls))     #[1.0, 2.0, 3.0]
```

5.6.5　对象函数

对象函数包括 id( )、type( )、isinstance( )等函数。

1. id( )

返回对象在内存中的身份,即内存地址,可以认为地址相同的为同一个对象。语法格式为:

```
id(obj)
```

实例:

```
a = 123
id(a)                #返回变量 a 在内存中的地址:140705817227880
id(123)              #返回常量 123 在内存中的地址:140705817227880
hex(id(a))           #返回变量 a 在内存中的地址,十六进制:'0x7ff8a040f268'
```

2. type( )

返回对象的类型。语法格式为:

```
type(obj)
```

实例:

```
type([1, 2])         #<class 'list'>
type((1, 2))         #<class 'tupple'>
type(123.0)          #<class 'float'>
type({1,2})          #<class 'set'>
```

3. isinstance( )

判断对象是否为某个类或子类的实例,如果是返回 True,不是返回 False。语法格式为：

```
isinstance (obj, class_or_tuple)
```

实例：

```
isinstance([1, 2], list)      #True
isinstance([1, 2], tupple)    #False
```

5.7　模块

模块指独立的、可识别的、作为一个整体来处理的程序代码。模块中可包括变量、常量、函数、类等。模块可提高代码的可重用性，避免变量名和函数名冲突。Python 中模块是按照文件来划分的，即一个 Python 源代码文件为一个模块，模块名称为该文件名。

【例 5-12】　模块的使用。一个程序有三个源代码文件，分别为 a.py、b.py、c.py，其中 a.py 为主程序，程序必须从 a.py 开始执行，当需要用到 b.py、c.py 中的函数时，必须通过导入 b、c 模块，才可以使用其中的函数。

b.py 中的代码如下：

```
import math
def area(r):
    print(math.pi * r * r)
def printb():
    print("In B Module")
#测试 b 模块中函数的语句
if __name__ == "__main__":
    area(1.0)
    printb()
```

c.py 中的代码如下：

```
def area(a, b):
    print(a * b)

def printc():
    print("In C Module")
#测试 c 模块中函数的语句
if __name__ == "__main__":
    area(1.0, 3)
printc()
```

a.py 中的代码如下：

```
import  b, c                #引入模块
def printa():
    print("In A Module")

if __name__ == "__main__":
    b.area(1.0)             #调用模块函数
    b.printb()
    c.printc()
    printa()               #调用本模块函数
```

代码执行后输出的结果为:

```
3.141592653589793
In A Module
In C Module
In A Module
```

通过__name__ == "__main__"语句来判断当前运行的模块是否为自身,从而决定是否执行模块中可执行的语句。

5.8　函数实践——随机点名程序

本节通过开发一个随机点名的函数 rollcall(),获取学生信息,实现随机抽取一名同学的功能,达到对 5.2 节中的 rollcall()函数进行改进。

1．任务描述

随机点名或随机抽奖,都主要是从给定的数据中随机选择。我们可以通过自定义函数和内置函数的结合来实现随机点名的功能。

(1)获取数据函数:返回学生名单(包括学号、姓名)。

(2)点名函数:从名单中随机抽取一个学生,返回。

(3)主程序:获取名单,调用点名函数,打印点名结果。

2．任务分析

(1)自定义获取数据函数 getData(),在程序中初始化学生信息,学习文件操作后,可从文件中读取数据到程序中。

(2)学生信息主要包括学号和姓名,可采用字典来存储,用学号作为字典元素的 key,用姓名作为字典元素的 value。

(3)自定义点名函数 rollcall(),接收学生名单,再调用 random 模块的 choice()函数,从学生信息(字典)的序列中随机选择一个元素,来完成点名的功能。

(4)打印输出点到的学生信息。

3．任务实施

(1)定义一个字典,用于存储学生信息。

```python
def getData():
    stuDict = {'230101':'张三', '230102':'韦小宝', #学生信息字典, key 为学号,value 为姓名
        '230103':'王二', '230104':'黄药师',
        '230105':'李四', '230106':'丁春秋',
        '230107':'段誉', '230108':'苗人凤',
        '230109':'虚竹', '230110':'程灵素',
        '230111':'阿朱', '230112':'王重阳',
        '230113':'郭靖', '230114':'段王爷',
        '230115':'萧峰', '230116':'欧阳锋',
        '230117':'黄蓉', '230118':'洪七公'}
    return stuDict
```

（2）定义一个随机点名的函数 rollcall()，其参数为学生信息 students，该参数为字典类型，函数返回被点到的学生信息。

```
import random                    # 导入随机库
'''                             # 函数注释
点名函数
参数: students dict 学生信息 字典
返回: 二元组 (学号,姓名)
'''
def rollcall(students:dict) -> tuple:
    tmpls = list(students.items())    # 将字典元素转换为有序的序列 list,为 random.choice()函数
                                      # 提供合适的参数,tmpls 中每个元素为二元组(key, value)

    randomItem = random.choice(tmpls) # 从有序序列 list 中随机选择一个元素
    return randomItem                 # 返回选择的元素
```

（3）通过调用 rollcall()函数，将返回值保存到某个变量中，如 choiceStudent，并将被点到的学生信息打印输出，完成点名功能。

```
stulist = getData()               # 获取学生名单
for i in range(1,11):
    choiceStudent = rollcall(stulist)  # 调用点名函数,choiceStudent 为二元组
    print('第{0}次点名:学号—{1} 姓名—{2}'.\  # 打印输出被点名的学生信息
     format(i,choiceStudent[0],choiceStudent[1]))
```

程序运行 10 次，每次被点到的学生信息如下。

```
第 1 次点名:学号—230116 姓名—欧阳锋
第 2 次点名:学号—230109 姓名—虚竹
第 3 次点名:学号—230107 姓名—段誉
第 4 次点名:学号—230116 姓名—欧阳锋
第 5 次点名:学号—230106 姓名—丁春秋
第 6 次点名:学号—230101 姓名—张三
第 7 次点名:学号—230112 姓名—王重阳
第 8 次点名:学号—230107 姓名—段誉
第 9 次点名:学号—230110 姓名—程灵素
第 10 次点名:学号—230102 姓名—韦小宝
```

➤ 团队精神

函数是语句的封装，模块是函数的封装，每个函数、模块有其特定的功能和作用。一个软件系统需要不同模块、不同函数共同配合才能运行，任何一个部分出了问题系统都不能正确、稳定地工作，正如一个团队。

一个人也许走得快，但一个团队才能走得更远。我们每个人都在各种不同的组织中，每个人就类似每个模块或者函数，都有其特有的作用和价值，在自己的领域精进、深耕，同时要充分认识到团队的重要性，培养和锻炼团队协作能力，这样才能发挥出整个团队的作用，产生更大的价值。

巩固训练

1. 编写程序，分别定义求两个整数最大公约数的函数 GCD()和求最小公倍数的函

数 LCM()，并编写测试代码，要求从键盘接收两个整数进行测试，请使用非递归方式实现。

输入两个正整数 num1 和 num2(不超过 500)，求它们的最大公约数和最小公倍数并输出。程序主体如下：

```
num1 = int(input("请输入第一个整数:"))
num2 = int(input("请输入第二个整数:"))
print(LCM(num1,num2))
print(HCF(num1,num2))
```

2. 列表元素筛选。已知输入为一个列表，列表中的元素都为整数，定义元素筛选函数为 foo()，功能是检查获取传入列表对象的所有奇数位索引对应的元素，并将其作为新列表返回给调用者。程序主体如下：

```
alist = list(map(int,input().split()))
print(foo(alist))
```

请补充完成对 foo()函数的定义。

3. 利用可变参数定义一个求任意个数的最小值的函数 min_n(a, b, * c)，并编写测试代码。例如，对于"print(min_n(8,2))"以及"print(min_n(16,1,7,4,15))"的测试代码，程序运行结果如下。

```
最小值为 2
最小值为 1
```

4. 利用元组作为函数的返回值，求序列类型中的最大值、最小值和元素个数，并编写测试代码，假设测试数据分别为 s1＝[9,7,8,3,2,1,55,6]、s2＝["apple","pear","melon"，"kiwi"]和 s3＝"TheQuickBrownFox"。运行效果如下。

```
list = [9, 7, 8, 3, 2, 1, 55, 6]
最大值 = 55 ,最小值 = 1 ,元素个数 = 8
list = ['apple', 'pear', 'melon', 'kiwi']
最大值 = pear ,最小值 = apple ,元素个数 = 4
list = TheQuickBrownFox
最大值 = x ,最小值 = B ,元素个数 = 16
```

提示：函数形参为序列类型，返回值是形如"(最大值,最小值,元素个数)"的元组。

5. 发牌程序。4 名牌手打牌，电脑随机将 52 张牌(不含大小鬼)发给 4 名牌手，在屏幕上显示每位牌手的牌。

```
 =
[14,31,39,44,28,38,1,49,7,46,10,12,3,16,25,45,40,48,22,0,35,20,26,6,21,11,50,33,13,4,
34,18,24,9,15,37,36,41,47,23,17,51,42,30,8,32,43,19,29,2,5,27]
牌手1:方块 2 方块 5 方块 9 方块 A 方块 Q 红桃 10 红桃 3 红桃 4 红桃 J 草花 4 草花 8 草花 9 黑桃 2
牌手2:方块 4 方块 8 红桃 6 红桃 7 红桃 K 草花 10 草花 3 草花 5 草花 Q 黑桃 10 黑桃 3 黑桃 8 黑桃 K
牌手3:方块 10 方块 3 方块 K 红桃 9 红桃 A 草花 2 草花 6 草花 J 黑桃 4 黑桃 5 黑桃 9 黑桃 A 黑桃 Q
牌手4:方块 6 方块 7 方块 J 红桃 2 红桃 5 红桃 8 红桃 Q 草花 7 草花 A 草花 K 黑桃 6 黑桃 J
>>>
```

(1) 52 张牌，按梅花 0～12，方块 13～25，红桃 26～38，黑桃 39～51 顺序编号并存储在 pocker 列表中(未洗牌之前)。

（2） gen_pocker(n)随机产生两个位置索引，交换两个位置上牌的牌，进行 100 次随机交换，达到洗牌的目的。

（3）发牌时，将交换后的 pocker 列表按顺序加到 4 个牌手的列表中。

（4） 52 张牌发给 4 个人，每人 13 张，13 轮循环，每次循环发给 4 个人。

（5）每人发一张牌的动作一样，用函数 getPuk()实现。

（6）发一张牌的动作可以包含两部分：获取花色，获取数值，分别用 getColor()和 getValue()实现。

第6章

类和对象

面向对象程序设计(Object Oriented Programming,OOP)是通过模拟现实世界物质运行方式的一种编程方法,这种编程方法使得数据的管理更加合理和自动化,减少程序错误,使程序更加模块化、易于维护。Python是面向对象编程的语言,例如,123是个整数,它是int类的一个实例,或者称为一个对象;[1,2]是list类的一个实例等。

6.1 面向对象编程

视频讲解

面向对象程序设计把现实世界看成是一个由对象构成的世界,每一个对象都能够接收数据、处理数据并将数据传达给其他对象,它们既独立,又能够互相调用。面向对象程序设计使得程序更易于分析和理解,也更容易设计和维护。

在多函数的面向过程程序中,许多重要数据被放置在全局数据区,这样它们可以被所有的函数访问。但是这种结构很容易造成全局数据无意中被其他函数改动,因而程序的正确性不易保证。面向对象程序设计的出发点之一就是弥补面向过程程序设计中的这个缺点:对象是程序的基本元素,它将数据和操作紧密联结在一起,保护数据不会被外界的函数意外改变。

面向对象程序设计的其他优点如下。

(1) 数据抽象的概念可以在保持外部接口不变的情况下改变内部实现,从而减少甚至避免对外界的干扰。

(2) 通过继承大幅减少冗余的代码,并可以方便地扩展现有代码,提高编码效率,降低软件维护的难度。

(3) 通过对对象的辨别、划分,可以将软件系统分割为若干相对独立的部分,在一定程度上更便于控制软件复杂度。

(4) 以对象为中心的设计可以帮助开发人员从静态(属性)和动态(方法)两个方面把握问题,从而更好地实现系统。

(5) 通过对象的聚合、联合,可以在保证封装与抽象的原则下实现对象在内在结构以及外在功能上的扩充,从而实现对象由低到高的升级。

面向对象编程就是通过面向对象分析和设计,建立模型(类或对象)并完成最终程序的过程。因此,在面向对象编程中,编程的主体就是用类或对象构建模型,并使得它们可以相互通信,从而解决实际问题。

类(Class):是对象的模板,是对相同类型的对象的抽象。例如,"Dog"这个类列举了狗的特点,从而使这个类定义了世界上所有的狗,即类所包含的方法和数据描述了一组对象的共同属性和行为。而"阿黄"这个对象是一条具体的狗,它的属性也是具体的。一个类可有其子类,子类也可以有其子类,形成类层次结构。

对象(Object):是类的实例,具体的事物。例如,"碧血剑""阿黄"等。对象的属性值是具体的,其可执行具体的动作,也称为操作(体现事物的行为,称为方法)。

面向对象程序设计的三大基本特征为:封装、继承和多态。

封装(Encapsulation):是一种信息隐蔽技术,目的是把对象的设计者和对象的使用者分开,让使用者不必知晓行为实现的细节,而只需用设计者提供的消息来访问该对象。例如,"Dog"这个类有"speak"的方法,这个方法调用后就会发出"旺旺旺～～～",实现"speak"方法的具体代码由设计者来实现,使用者并不知道它到底是如何实现的。通常来说,根据访问权限的不同,成员被分为 3 种:公有成员、私有成员以及保护成员。通过对成员访问权限的控制,实现了避免外界的干扰和不确定性。

继承(Inheritance):是子类从父类那边分享到的数据和方法。一般情况下,子类要比父类更加具体化。例如,"Dog"这个类可以派生出它的子类,如"牧羊犬"和"吉娃娃犬"等。子类直接继承父类的全部非私有属性和操作,并且可以修改和扩充它自己的属性和行为。继承具有传递性,可分为单继承(一个子类只有一个父类)和多重继承(一个类有多个父类)。继承不仅保证了系统的可重用性,而且还促进了系统的可扩充性。

多态性(Polymorphism):同一消息为不同的对象接收时可产生完全不同的行为,这种现象称为多态性。利用多态性用户可发送一个通用的消息,而将所有的实现细节都留给接收消息的对象自行决定,也就是说,同一消息可调用不同的方法。例如,狗和鸡都有"speak"这一方法,但是调用狗的"speak",狗会吠叫;调用鸡的"speak",鸡则会鸣叫。虽然同样是做出叫这一行为,但不同对象做出的表现方式将大不相同。多态机制使得具有不同内部结构的对象可以共享相同的外部接口,通过这种方式减少了代码的复杂度。

6.2 类与对象

类相当于是一种数据类型、一种模板,是抽象的,不占有内存空间,而对象是具体的,是类的一个实例,会占用内存空间。使用时,必须先定义类,然后再创建对象。

6.2.1 类的定义

类是抽象的,其定义的语法格式为:

```
class ClassName[ (superclass1 [, superclass2, …] ) ]:      #类头
    class_body                                             #类体
```

class:定义类的关键字。

ClassName:类名用于和其他标识符进行区分,其命名要符合 Python 标识符命名规则。

superclass:超类也叫基类、父类,通过指定超类,可实现继承。缺省的超类是 object类。以下三种写法实现的功能是一样的:

```
class Animal(object):  pass          # 超类为 object
class Animal(): pass                  # 省略超类,默认的超类为 object
class Animal: pass                    # 省略(),Animal 被 class 声明为类,缺省的超类为 object
```

class_body:类体,主要包括属性和操作。

【例 6-1】 定义一个卡片 Card 类,其中包括类属性、实例属性,私有方法、公开方法等。

```
'''
卡片类
    属性:
        (1)类属性:卡片总数量
        (2)实例属性:卡片编号、卡片名称、卡片规格、卡片用途
    操作:
        (1)特殊操作:构造函数、返回实例字符串
        (2)普通操作:输出卡片信息
'''
class Card(object):
count = 0        # 卡片的总数量
    '''
    功能:构造函数,初始化实例属性
    参数:id 银行卡编号  specifications  卡片规格  purpose 卡片用途
    返回:不需要 return 语句
    '''
def __init__(self, id, name, specifications, purpose):
    self.__id = id                            # __id:卡片编号,私有属性
    self.__name = name                        # __name:卡片名称,私有属性
    self.__specifications = specifications    # __specifications:卡片规格,私有属性
    self._purpose = purpose                   # _purpose:卡片用途,被保护的属性
        Card.count += 1                       # 卡片总数量 + 1
    '''
    功能:返回对象简洁信息
    参数:无
    返回:对象简介信息
    '''
def __str__(self) -> str:
        ret = "已发行卡片:{0}张,卡片编号:{1},卡片名称:{2},卡片规格:{3},卡片用途:{4}"\
            .format(Card.count,self.__id,self.__name,self.__specifications,self._purpose)
        return ret
    '''
    功能:输出银行卡信息
    参数:无
    返回:无
    '''
def printInfo(self):
    print(self.__str__())
```

卡片 Card 类定义好了,是不能够运行的,如果 int 数据类型一样,必须要借助变量(由类产生的变量,通常称为对象或实例),才能运行起来。

6.2.2　对象的创建和使用

用类定义对象,叫实例化。语法格式为:

```
实例名 = 类名(参数列表)   # 实例名类似于变量名,类名(参数列表)调用构造函数
                        # 参数列表:实参列表,传递给构造函数的形参
```

创建两张卡片 c1 和 c2,通过类名来调用构造函数__init__,设置实例的属性值。

```
c1 = Card(11101, "门禁卡", "CR-80:85.6mm×54mm", "办公室门禁卡")
c2 = Card(11102, "银行卡", "CR-80:85.6mm×54mm", "农行卡")
```

创建对象后,要访问实例对象的属性和方法,可以通过“.”运算符来连接对象名和属性或方法,一般格式如下:

```
实例名.属性名              #访问实例的非私有属性
实例名.操作名(实参列表)     #访问实例的非私有操作
```

通过实例 c1 和 c2,调用 printInfo 操作,将各自信息打印输出。

```
c1.printInfo()
c2.printInfo()
```

输出信息为:

```
已发行卡片:2 张,卡片编号:11101,卡片名称:门禁卡,卡片规格:CR-80:85.6mm×54mm,卡片用途:
办公室门禁卡
已发行卡片:2 张,卡片编号:11102,卡片名称:银行卡,卡片规格:CR-80:85.6mm×54mm,卡片用途:
农行卡
```

6.3　属性和方法

属性是类或对象所具有的性质,即数据值,又称为数据成员。属性实际上就是定义在类中的变量,根据属性定义的位置不同,可以区分为实例属性和类属性;根据访问控制权限的不同,又可以分为私有属性、被保护的属性和公共属性;还有一些特殊的属性。

6.3.1　类属性和实例属性

1. 类属性

类属性顾名思义就是类的属性,它不属于某个实例,是这个类产生所有实例共有的,也是所有实例的共享属性。类属性通常位于类的顶部,定义在类的任何方法之外。如 6.2.1 节中 Card 类中的 count 属性。类属性可通过“类名.类属性名”或“实例名.类属性名”两种形式访问,建议使用“类名.类属性名”这种形式访问。

```
实例名.属性名              #类体内部方法中访问类属性
实例名.操作名(实参列表)     #访问实例的非私有操作
```

通过 Card 类和实例 c1,访问类属性 count,代码为:

```
print("已发行卡片:", Card.count)    #通过类名访问类属性,输出:已发行卡片:2
print("已发行卡片:", c1.count)      #通过实例名访问类属性,输出:已发行卡片:2
```

2. 实例属性

实例属性是某个具体实例特有的属性,不会影响到类,也不会影响到其他实例。实例属性通常在类的构造方法(__init__方法)内定义,并使用 self 关键字来访问。如 6.2.1 节中 Card 类__init__方法中的__id、__name、__specifications、_purpose 等属性。

在类体的方法中,访问实例属性需要用"self."来访问,在类体外部访问实例非私有的属性,可通过"实例名.实例属性名"来访问。

在 6.2.1 节 Card 类体的__str__(self)函数中,访问实例属性__id、__nam、_purpose 等,都是通过 self.__id、self.__nam、self._purpose 来实现的。

类体外部可访问类的非私有属性、方法。

```
print("卡片 1 的用途:", c1._purpose)      #类体外部通过实例名称访问非私有的实例属性
print("卡片 1 的编号:", c1.__id)          #类体外部通过实例名称访问私有的实例属性
```

代码执行输出结果为:

```
卡片 1 的用途:办公室门禁卡
Traceback(most recent call last):           #实例私有属性、方法不可见
  File "d:\study\animal\animal.py", line 36, in <module>
print("卡片 1 的编号:", c1.__id)
                        ^^^^^^^
AttributeError: 'Card' object has no attribute '__id'
```

6.3.2 私有成员和公有成员

为了数据的安全性,有的实例属性只允许类体内方法去访问,如卡片的编号、银行卡余额;有的属性可以允许实例直接访问,如卡片类别;有的属性需要被子类继承,如卡片用途。Python 通过名称来区分这三种权限,具体如下。

1．私有属性

属性或方法名称以__(双下画线)开头,不以__(双下画线)结尾,表示私有属性。私有属性只能在类体的方法中访问。

2．被保护的属性

属性或方法名称以_(单下画线)开头,表示被保护的属性。被保护的属性建议在类体的方法中或者子类的方法中访问。实际上被保护的属性也可以通过实例名称来访问,但不建议这样访问。

3．公共属性

属性或方法名称不以__(双下画线)或_(单下画线)开头的,表示公共属性。该属性可直接使用实例名来访问。

6.3.3 实例方法、类方法和静态方法

方法其实就是定义在类中的函数,也叫操作。根据使用场景的不同,方法可以区分为实例方法、类方法和静态方法三类。

1．实例方法

实例方法指的是使用时,必须通过实例名称来调用的方法。实例方法定义时的第一个形

式参数为 self,表示指向调用该方法的实例本身,其他参数与普通参数一样。定义的形式为:

```
def 函数名称(self [,参数列表]):      #第一个参数为 self
      函数体                        #函数体内访问实例属性,通过"self.属性名"来访问
```

Card 类中的 printInfo()函数就是实例方法,在函数体内调用了 print()函数,将实例自身私有函数__str__(self)的返回值打印出来。

2. 类方法

类方法主要用于跟类有关的操作,而不跟具体的实例有关。在类方法中访问实例属性会导致错误,类方法只能访问类属性,结合属性的权限,类方法中通常访问类的私有属性。类方法的定义格式如下:

```
@classmethod                       #类方法声明
def  函数名称(cls [,参数列表]):      #第一个参数名一般为 cls,用于在函数体中访问类属性
      函数体                        #函数体内访问实例属性,通过"cls.属性名"来访问
```

Card 类中表示所有卡片的数量为 count,该属性在类体外部,可通过类名或实例名称读取到值,当然也可以对其直接进行修改,这显然是不安全的,可通过将该属性设置为私有属性来规避这个风险,修改后的名称为"__count"。在 Card 类中添加一个读取该私有属性的类方法"getCardCount",代码如下:

```
__count = 0                        #所有卡片的总数,双下画线开头
@classmethod
def getCardCount(cls):             #类方法
    return cls.__count
```

在类体外部可通过实例名称来调用 getCardCount 方法,也可通过类名来调用该方法。下面两条调用语句是等效的,建议通过类名来调用类方法。

```
print(Card.getCardCount())         #通过类名调用类方法
print(c1.getCardCount())           #通过实例名调用类方法
```

3. 静态方法

静态方法一般用于和类以及实例对象无关的代码,作用与普通函数一样,只是定义在类中。凡是写在类中的函数我们称之为方法或操作,而不说成是函数,只有独立于类外的函数才是通常意义上的普通函数。静态方法的定义形式如下:

```
@staticmethod
def  函数名称([参数列表]):           #静态方法,第一个形参没有要求,形参可有可无
      函数体
```

在 Card 类中增加一个用于计算存款利息的函数 depositInterest(),函数需要三个参数,一是存款金额,二是利率(年),三是存款天数,计算的结果将利息返回。函数代码如下:

```
@staticmethod                      #静态方法和类属性、实例属性无关
def depositInterest(money, interestRate, days):
    #人行规定日利息 = 年利息 ÷ 360
    dayInterestRate = interestRate/360
    return money * dayInterestRate * days
```

在类体外部可通过实例名称来调用 depositInterest()函数,也可通过类名来调用该方

法。下面两条调用语句是等效的,建议通过类名来调用静态方法。

```
print(Card.depositInterest(1000, 0.036, 360))    # 通过类名调用静态方法    输出:36.0
print(c1.depositInterest(1000, 0.036, 360))       # 通过实例名调用静态方法  输出:36.0
```

6.3.4　特殊属性和方法

Python 中以双下画线开头和结尾的属性称为特殊属性,方法也同样有以双下画线开头和结尾的方法,这种方法称为特殊方法。表 6-1 为常用的特殊属性或方法。

表 6-1　特殊属性和方法

特殊属性和方法名称	含义与作用
__init__(self)	构造函数,完成实例属性的初始化,该方法不需要 return 语句
__del__(self)	析构函数,释放对象时,自动调用这个方法,该方法不需要 return 语句。释放对象的情况:①手工删除对象 del obj;②程序运行完自动删除对象,无须调用
__str__(self)	返回一个对象的简洁的字符串表达形式;当__str__缺失时,Python 会调用__repr_方法
__repr__(self)	返回面向解释器的字符串,当__repr__缺失时,会使用一种默认的表现形式
ClassName.__subclasses__	返回类的所有了类列表
objectName.__dict__	以字典形式返回对象的所有属性
__name__	当前正在运行的模块名称,该语句通常和"__main__"字符串联合使用,用来避免多余的执行

6.4　继承和多态

面向对象的三大特性是:封装、继承和多态。封装就是把属性与方法都写在类中。继承和多态都是和子类有关。

6.4.1　继承

OOP 编程的显著优点就是代码的复用性。通过继承,可以在已有类的基础上,创建其子类,子类将自动获得父类的所有非私有属性和方法,即子类不用写任何代码就能使用父类非私有属性和方法。子类除了继承父类的属性和方法外,也能派生自己特有的属性和方法。在继承关系中,被继承的类称为父类、基类或超类,继承的类称为子类或派生类。定义子类的形式如下:

```
class ChildClassName[ (superclass1 [ , superclass2, … ] ) ]:    # Python 支持多继承
    class_body                                                    # 类体
```

【例 6-2】　由 Card 类派生出 BankCard 子类,BankCard 子类新增表示所有银行卡的金额总和、存款利率的类属性,实例属性包括:卡片所有者和预存金额。

子类重写了构造方法(__init__)、对象信息方法(__str__)和析构方法(__del__),通过存款(withdraw)和取款(deposit)方法完成对实例属性卡金额、全部银行卡余额的操作。

```
'''
银行卡类
    属性:
        (1)类属性:全部银行卡的金额
        (2)实例属性:卡片所有者、预存金额
    操作:
        (1)特殊操作:构造函数、返回实例字符串、析构函数
        (2)普通操作:取款、存款、输出卡片信息
'''
class BankCard(Card):
    __totalMoney = 0.0      #所有银行卡金额
    __interestRate = 0.20   #存款利率
    '''
    功能:构造函数,初始化实例属性
    参数:id 银行卡编号   owerName   银行卡持有者 specifications   卡片规格   purpose 卡片用
途   money 开卡时的存款
    返回:不需要 return 语句
    '''
    def __init__(self, id, owerName, name = "银行卡", specifications = "CR - 80:85.6mm ×
54mm",\ purpose = "农业银行", money = 10):
        pass
    '''
    功能:取款
    参数:money 取款的金额
    返回:无
    '''
    def deposit(self, money):
        pass
    '''
    功能:存款
    参数:money 存款的金额
    返回:无
    '''
    def withdraw(self, money):
        pass
    '''
    功能:输出银行卡信息
    参数:无
    返回:无
    '''
    def printInfo(self):
        pass
    '''
    功能:结息
    参数:无
    返回:无
    '''
    def interestSettlement(self):
        pass
        '''
    功能:返回对象简洁信息
    参数:无
```

```
        返回：对象简介信息
        '''
        def __str__(self):
            pass
        '''
        功能：析构函数，销毁对象占用的内存空间
        参数：无
        返回：不需要 return 语句
        '''
        def __del__(self):
            pass
```

BankCard 类是从父类 Card 扩展过来的，应包括两部分，一是父类 Card 的属性和方法，二是子类新增的属性和方法，在子类的各个方法中，涉及父类属性的修改，可通过"super()."来访问父类部分的属性或方法。

BankCard 类的构造函数，需要完成父类那部分属性的初始化，也需要完成新增属性的初始化。代码为：

```
def __init__(self, id, owerName, name = "银行卡", \         #形式参数可以有默认值
             specifications = "CR - 80:85.6mm × 54mm", \
             purpose = "农业银行", money = 10):
    super().__init__(id, name, specifications, purpose)      #调用父类构造函数
                                                            #完成父类属性的初始化
    self.__owerName = owerName                               #完成实例属性初始化
    self.__money = money
    BankCard.__totalMoney += self.__money                    #完成银行卡总金额更新
```

BankCard 类__str__和__del__两个特殊方法的实现如下：

```
def __str__(self):
    ret = super().__str__()                                 #获取父类信息
    ret += ", 卡片持有者:{0}, 卡上金额:{1:.2f}"\              #选加子类信息
        .format(self.__owerName, self.__money)
    return ret

def __del__(self):
    if self.__money > 0:
        print("退还余额:", int(self.__money))
    super().__del__()                                       #调用父类的析构函数
```

BankCard 类的 printInfo()方法实现将父类的信息打印出来，也需要将子类中新增属性信息打印输出，实现的代码如下：

```
def printInfo(self):
    super().printInfo()
    print("卡片余额:", self.__money," 所有银行卡金额:%.2f" %(BankCard.__totalMoney))
```

BankCard 类的存款，需要更新本张银行卡的余额，还需更新所有银行卡的金额；取款需要首先判断是否满足取款的条件：取款金额≤银行卡余额，符合条件允许取款，完成卡片余额更新，同时更新所有银行卡的总金额。实现的代码如下：

```
def deposit(self, money):
    if money <= self.__money:
        self.__money -= money
```

```
        print("已取出:", money, " 卡上余额:", self.__money)
        BankCard.__totalMoney -= money
    else:
        print("卡上余额不足,取款失败!")

def withdraw(self, money):
    self.__money += money
    BankCard.__totalMoney += money
    print("已成功存:", money, " 卡上余额:", format(self.__money,".2f"))
```

BankCard 类的结息方法 interestSettlement()通过调用 Card 类中的静态方法来计算利息,然后将利息分别加到银行卡的余额和所有银行卡的总金额两个属性上。

```
def interestSettlement(self):
    days = 180                                           # 假定半年结息一次
    tmp = Card.depositInterest(self.__money, BankCard.__interestRate, days)   # 计算利息
    self.__money += tmp                                  # 更新卡金额
    self.__totalMoney += tmp                             # 更新所有银
行卡的总金额
```

BankCard 类定义好了,需要实例化对象,通过对象调用方法,才能运行各个方法。

```
print(">>>新开卡 1")                             # 提示信息
b1 = BankCard(11101,"张三")                      # 创建卡号为 1101 的银行卡,其他参数默认
print(">>>>>输出卡 1 信息")
print(b1)                                        # 打印 b1 对象的信息,即__str__方法返回的值
print(">>>新开卡 2,预存款 10000")                # 提示信息
b2 = BankCard(11102,"李四", money = 10000)       # 创建卡号为 1102 的银行卡,指定部分参数值
print(">>>>>输出卡 2 信息")                       # 未指定参数的值用默认值
b2.printInfo()                                   # b2 对象调用实例方法 printInfo()输出信息
print(">>>>>卡 1 存款 1200")
b1.withdraw(1200)                                # 存款
print(b1)
print(">>>>>卡 2 取款 100")
b2.deposit(100)                                  # 取款
print(">>>程序退出<<<")                          # 程序执行结束,退出程序,自动调用__del__
                                                 # 方法,实现对象占用内存空间的回收
```

以上代码执行输出的结果为:

```
>>>新开卡 1
>>>>>输出卡 1 信息
已发行卡片:1 张,卡片编号:11101,卡片名称:银行卡,卡片规格:CR-80:85.6mm×54mm,卡片用途:
农业银行,卡片持有者:张三,卡上金额:10.00
>>>新开卡 2,预存款 10000
>>>>>输出卡 2 信息
已发行卡片:2 张,卡片编号:11102,卡片名称:银行卡,卡片规格:CR-80:85.6mm×54mm,卡片用途:
农业银行,卡片持有者:李四, 卡上金额:10000.00
卡片余额:10000  所有银行卡金额:10010.00
>>>>>卡 1 存款 1200
已成功存:1200  卡上余额:1210.00
已发行卡片:2 张,卡片编号:11101,卡片名称:银行卡,卡片规格:CR-80:85.6mm×54mm,卡片用途:
农业银行,卡片持有者:张三, 卡上金额:1210.00
>>>>>卡 2 取款 100
已取出:100  卡上余额:9900
>>>程序退出<<<
```

```
退还余额：1210
销毁卡片：11101 总卡片剩余：1
退还余额：9900
销毁卡片：11102 总卡片剩余：0
```

BankCard 子类继承父类 Card 后的属性和方法如下，在子类方法中访问子类的属性或方法，通过"self."来访问；访问父类的属性或方法，通过"super()."进行访问。BankCard 类的实例 b1 和 b2 所占的内存空间除了新增的__owerName、__money 之外，还有父类 Card 中的__id、__name、__ specifications、_ purpose 等属性。

基类的类属性：	__count	私有
基类的实例属性：	__id	私有
	__name	私有
	__specifications	私有
	_purpose	被保护的
基类的实例方法：	printInfo	公开
	depositInterest	公开
基类的类方法：	getTotalMoney	公开
基类的特殊方法：	__init__	公开
	__del__	公开
	__str__	公开
子类的类属性：	__totalMoney	私有
	__ interestRate	私有
子类的实例属性：	__owerName	私有
	__money	私有
子类的实例方法：	withdraw	公开
	deposit	公开
	interestSettlement	公开
	printInfo	公开
子类的特殊方法：	__init__	公开
	__del__	公开
	__str__	公开

6.4.2 多态

多态是面向对象编程中的一个核心概念，指的是一个实体能够表现出多种形态。继承了同一个父类的不同子类中，可能存在同名的方法，但实现的代码不一样，其功能也不一样，这种情况就属于多态的一种体现。在 Python 中，多态通常是通过继承和子类重写父类的方法来实现的。

【例 6-3】 多态的实现。

```
class Animal:
    def speak(self):
        raise NotImplementedError("Subclass must implement abstract method")

class Dog(Animal):
    def speak(self):
        return "Woof"

class Cat(Animal):
    def speak(self):
        return "Meow"

def speak_polymorphically(animal):
    print(animal.speak())

dog = Dog()
cat = Cat()
speak_polymorphically(dog)        # 输出：Woof
speak_polymorphically(cat)        # 输出：Meow
```

在这个例子中，Animal 是一个抽象类，它定义了一个 speak 方法，但没有实现（因为实现依赖于子类）。Dog 和 Cat 是 Animal 的子类，它们分别通过重写 speak 方法来实现多态。speak_polymorphically 函数接收一个 Animal 类型的参数，并调用其 speak 方法，不同的子类会根据重写的方法表现出不同的行为。这就是多态的一个例子。

6.5 面向对象实践——古诗词练习（控制台版）

视频讲解

本节通过古诗词练习案例来巩固、学习面向对象程序的编程，进一步提高 OOP 的编程能力。

1. 任务描述

中华古诗词作为中国传统文化的经典，是每个中国人从小必学的知识。我们可以利用 Python 程序设计开发一个古诗词练习的程序，有助于学习、记忆。

程序需要完成以下功能。

（1）每次从诗词库随机抽取一首古诗；

（2）将古诗词中的其中一句内容换为空白，并输出；

（3）请用户填补空缺的诗句，并进行答案的判断；

（4）用户可进行多次答题练习，程序记录用户答题总量以及正误数量。

2. 任务分析

采用面向对象的方法进行程序设计，古诗词练习包括两个类，一是表示诗的 Poem 类，二是进行诗的练习 PoemPratice 类。

（1）Poem 类主要实现诗的初始化、内容设置、格式化等相关操作，其属性包括标题、朝代、作者、内容等。

（2）PoemPratice 类主要实现对诗词库的随机抽取、答题、答题结果的统计等操作。

3.任务实施

（1）Poem 类，主要实现存储单首诗词的相关信息，包括标题、朝代、作者、内容等。

Poem 类中实现了 __init__() 构造函数、设置诗句内容的 setContent() 函数，以及返回格式化字符串的 getFcontent() 函数。Poem 类（Poem.py）的代码如下：

```
'''
诗 Poem 类
    属性:
        (1)实例属性:标题、作者、朝代、内容
    操作:
        (1)特殊操作:构造函数
        (2)普通操作:设置内容、古诗格式化
'''
import re
class Poem:
    '''
        功能:构造函数
        参数:title 标题   author 作者   dynasty 朝代
        返回:无
    '''
    def __init__(self,title,dynasty,author):
        self.title = title
        self.dynasty = dynasty
        self.author = author

    '''
        功能:设置诗句内容
        参数:列表,默认值为空列表
        返回:无
    '''
    def setContent(self, contlist = []):
        self.contentlist = contlist[:]

    '''
        功能:将古诗按照标准格式进行格式化
        参数:无
        返回:字符串
    '''
    def getFcontent(self):
        lg = len(self.contentlist[0])
        poet = (self.dynasty) + '.' + (self.author)
        poet = self.title.center(lg) + '\n'+ poet.center(lg) + '\n'
        poet += '\n'.join(self.contentlist)
        return poet

#主程序,创建两首古诗对象,进行测试
if __name__ == '__main__':
    poemA = Poem('登鹳雀楼','唐','李白')
    cont ='白日依山尽,黄河入海流。欲穷千里目,更上一层楼。'
    poemA.setContent(re.split(',|.', cont))
```

```
    print(poemA.getFcontent())

    poemB = Poem('山居秋暝','唐','王维')
    cont = '空山新雨后,天气晚来秋。明月松间照,清泉石上流.'
    poemB.setContent(re.split(',|.', cont))
    print(poemB.getFcontent())
```

(2) PoemPratice 类,主要实现诗词练习功能。存储了诗词库(以列表形式存储),诗词库为 PoemPratice 类的类属性。

PoemPratice 类中实现了抽取古诗 getRandomPoem 和出题答题 answerQuestion 实例方法,主程序中通过创建 PoemPratice 对象,调用对象的答题方法进行用户答题练习,并统计情况。

在 getRandomPoem 方法中,从诗词库列表中随机抽取一首古诗(字符串),将其实例化成一个 Poem 对象,即可通过 Poem 对象直接进行格式化内容输出,因此这里需要导入 Poem 模块(Poem.py)。

在 answerQuestion 方法中,需要针对抽取到的古诗对象的诗句内容再随机抽取一句,替换为相同数量的空缺符号'__',同时保存原诗句作为正确答案,打印古诗的格式化字符串,等待用户输入答案,再与正确答案进行比较,返回比较结果。

古诗练习类(PoemPratice.py)的代码如下:

```
'''
诗词练习 PoemPratice 类
    属性:
        (1)类属性:诗词列表
    操作:
        (1)操作:抽取古诗、生成问题、答题判断等操作
'''
import random
import re
from Ch6.Poem import Poem

class PoemPractice:
    poemList = [
        "登鹳雀楼,唐,李白,白日依山尽,黄河入海流。欲穷千里目,更上一层楼。",
        "山居秋暝,唐,王维,空山新雨后,天气晚来秋。明月松间照,清泉石上流。",
        "清明,唐,杜牧,清明时节雨纷纷,路上行人欲断魂。借问酒家何处有,牧童遥指杏花村。",
        "望洞庭,唐,刘禹锡,湖光秋月两相和,潭面无风镜未磨。遥望洞庭山水翠,白银盘里一青螺。"
        ]

    '''
    功能:从诗词库中随机抽取一首诗,将其实例化为一个 Poem 对象
    参数:无
    返回:Poem 对象
    '''
    def getRandomPoem(self):
        pm = random.choice(PoemPractice.poemList)
        #去除诗句中的空白或空语句
        pmstr = list(filter(None,list(map(lambda x:x.strip(),re.split(',|.', pm)))))
        poem = Poem(pmstr[0],pmstr[1],pmstr[2])
```

```
        poem.setContent(pmstr[3:])
        return poem

    '''
        功能:出题,将其中一句替换为空白,请用户做答,并判断正误
        参数:无
        返回:布尔值
    '''
    def answerQuestion(self):
        randPoem = self.getRandomPoem()
        #随机生成诗句的索引号
        index = random.randint(0, len(randPoem.contentlist) - 1)
        #将该诗句保存为答案
        correct = randPoem.contentlist[index]
        #将该诗句用相同长度的—替换
        space = ''
        for i in range(0, len(correct)):
            space += '—'
        randPoem.contentlist[index] = space
        #打印替换后的格式化古诗
        print(randPoem.getFcontent())
        #获得用户答案
        answer = input('请补充空缺的诗句:').strip()
        return answer == correct
```

(3) 功能测试。

在主程序中,先创建一个 PoemPratice 对象,通过该对象即可调用它的答题方法,给用户进行答题练习。通过循环来实现古诗词的练习,用户输入 N,则结束练习。每次练习结束将练习的信息统计输出,以便用户了解练习情况。

```
#主程序
print("欢迎来到诗词练习,请开始答题")
nextFlag = 'Y'
countNum = 0              #答题计数
countY = 0               #正确计数
countN = 0               #错误计数
#创建诗词练习对象
practice = PoemPractice()
#开始练习
while nextFlag == 'Y':
    countNum += 1
    print('-- 第 % d 题:-- '% countNum)
    #出题并作答
    isCorrect = practice.answerQuestion()
    if isCorrect:
        nextFlag = input('n_n 恭喜你,本题答对了!是否进入下一题(N/Y) ?').upper()
        countY += 1
    else:
        nextFlag = input('很遗憾,本题答错了!是否进入下一题(N/Y) ?').upper()
        countN += 1

print('本次答题结束,您一共答对{0}题,答错{1}题!'.format(countY,countN))
```

程序执行结果为:

欢迎来到诗词练习,请开始答题
  -- 第 1 题:--
    望洞庭
  唐. 刘禹锡
湖光秋月两相和
潭面无风镜未磨
遥望洞庭山水翠
————————————
请补充空缺的诗句:白银盘里一青罗
很遗憾,本题答错了!是否进入下一题(N/Y) ?y
  -- 第 2 题:--
    山居秋暝
  唐. 王维
空山新雨后
天气晚来秋
————————————
清泉石上流
请补充空缺的诗句:明月松间照
n_n 恭喜你,本题答对了!是否进入下一题(N/Y) ?y
  -- 第 3 题:--
    望洞庭
  唐. 刘禹锡
————————————
潭面无风镜未磨
遥望洞庭山水翠
白银盘里一青螺
请补充空缺的诗句:湖光秋月亮相和
很遗憾,本题答错了!是否进入下一题(N/Y) ?n
本次答题结束,您一共答对 1 题,答错 2 题!

巩固训练

1. 定义一个党员类,包括身份证号、姓名、入党时间、党费 4 个属性(数据成员);包括用于给定数据成员初始值的构造函数;包括几个分别可以获取各属性值和设置各属性值的方法。编写该类并对其进行测试。

2. 定义一个 Circle 类,定义两个方法分别根据圆的半径求周长和面积。再由 Circle 类创建两个圆对象,其半径分别为 5 和 10,要求输出各自的周长和面积。

3. 请为学校图书管理系统设计一个管理员类和一个学生类。其中:

(1) 管理员信息包括工号、年龄、姓名和工资。

(2) 学生信息包括学号、年龄、姓名、所借图书和借书日期。

(3) 最后编写一个测试程序对产生的类的功能进行验证。建议:尝试引入一个基类,使用继承来简化设计。

4. 创建类 Temperature，包含成员变量 degree（表示温度）以及实例方法 ToFahrenheit（）（将摄氏温度转换为华氏温度）和 ToCelsius（）（将华氏温度转换为摄氏温度），并编写测试代码。运行效果如下。

```
请输入摄氏温度: 30
摄氏温度 = 30.0,华氏温度 = 86.0
请输入华氏温度: 86
华氏温度 = 86.0,摄氏温度 = 30.0
```

第7章

文件处理

7.1 文件

文件是以计算机辅助存储设备为载体存储在计算机上的信息集合,可以是文本文档、图片、程序等。计算机中,任何一个文件都有其文件名,文件名是存取文件的依据。

Windows 系统的数据文件按照编码方式分为两大类,文本文件和二进制文件。

(1) 文本文件。数据一般以 ASCII 或其他字符集来存放,可以处理各种语言所需的字符,只包含基本文本字符,不包括诸如字体、字号、颜色等信息。它可以在记事本等文本编辑器中显示,即文本文件都是可读的。

(2) 二进制文件。使用其他编码方式的文件即二进制文件,这种文件根据文件格式不同,需要相应的软件来处理,如 Word 文档、PDF、图像和可执行程序等。如果用普通记事本打开二进制文件,读到的数据都是乱码。

7.2 文件的访问

在 Python 中对文件的操作通常按照三个步骤进行:①打开文件;②进行数据读写;③关闭文件。

7.2.1 打开文件

访问文件必须先打开文件。Python 用 open()函数打开或创建一个文件,并返回文件对象。

open()函数常用形式是接收两个参数:文件名(file)和模式(mode)。

```
文件对象 = open(file, mode = 'r')
```

完整的语法格式为:

```
文件对象 = open(file, mode = 'r', buffering = -1, encoding = None, errors = None, newline = None)
```

参数说明如下。

- file:必需,字符串文件路径(相对或者绝对路径)。
- mode:可选,文件打开模式。

- buffering：设置缓冲，默认－1，表示使用系统默认的缓冲区大小。
- encoding：文件编码格式，默认为 None，一般使用 utf8。
- errors：报错级别。
- newline：区分换行符，只对文本模式有效。

例如：

```
helloFile = open("d:\\Python\\hello.txt")
```

函数参数中的 file 是字符串类型，指明要打开的文件名，文件名可以包含路径。参数 mode 也是字符串类型，用于指定文件的打开方式，具体取值如表 7-1 所示。

表 7-1　open()函数中 mode 参数的取值

模　　式	执　行　操　作
'r'	以只读方式打开文件（默认）
'w'	以写入的方式打开文件，会覆盖已存在的文件
'x'	写模式，新建一个文件，如果文件已经存在，将引发异常
'a'	以写入模式打开，在文件末尾追加写入
'b'	以二进制模式打开文件
'rb'	以只读方式打开二进制文件
'wb'	以只写方式打开二进制文件
't'	以文本模式打开（默认）
'＋'	可读写模式（可添加到其他模式中使用）
'r＋'	打开一个文件用于读写

说明：

（1）'＋'不能单独使用，必须放在其他模式后面，使之具有读写功能。

（2）不指定 mode 时默认的打开方式为'rt'，即读取文本文件。

（3）以只读方式（包括'r'、'r＋'、'rb'、'rb'、'rb＋'）打开文件时要求文件已经存在，否则将发送打开文件失败的异常 FileExistError。

（4）以只写或追加写的方式（包括'w'、'w＋'、'wb'、'wb＋'、'a'、'a＋'）打开文件时，若文件不存在，则创建一个新文件。

7.2.2　关闭文件

文件使用完以后，应当关闭文件，以释放文件资源，并避免数据丢失。Python 使用 file 对象的 close()方法关闭文件。关闭文件的一般语法为：

```
文件对象.close()
```

如果在写文件的程序中不调用 close()方法关闭文件，有时会发送缓冲区数据不能正常写入磁盘的现象。为了避免这种情况发生，Python 引入了 with 语句来自动调用 close()方法，其语法格式如下：

```
with open(文件名,访问模式) as 文件对象:
    <文件读写操作>
```

with 内部的语句执行完毕后，文件将自动关闭，不需要显式调用 close()方法，这样可以简化代码。

7.2.3　读写文件

文件对象使用 open() 函数创建,创建后文件对象的常用读写函数如表 7-2 所示。

表 7-2　文件对象常用方法

文件对象方法	执 行 操 作
f.close()	关闭文件
f.read(size=-1)	从文件读取 size 个字符,当未给定 size 或给定负值的时候,读取剩余的所有字符,然后作为字符串返回
f.readline()	以写入模式打开,如果文件存在,则在末尾追加写入
f.write(str)	将字符串 str 写入文件
f.writelines(seq)	向文件写入字符串序列 seq,seq 应该是一个返回字符串的可迭代对象
f.seek(offset,from)	在文件中移动文件指针,从 from(0 代表文件起始位置,1 代表当前位置,2 代表文件末尾)偏移 offset 字节
f.tell()	返回当前在文件中的位置

视频讲解

7.3　文本文件的操作

在使用 open() 函数打开或创建一个文件时,其默认的打开模式为只读文本文件。 文本文件用于存储文本字符串,默认编码为 Unicode。

7.3.1　文本文件的写入

文本文件的写入一般包括 3 个步骤,即打开、写入数据和关闭文件。

1. 创建或打开文件对象

通过 open() 函数创建或打开文件对象,并且可以指定覆盖模式(文件存在时)、编码和缓存大小。 例如:

```
f1 = open('poem.txt','w')    #以写模式打开 poem.txt
f1 = open('poem.txt','x')    #创建 poem.txt,若 poem.txt 已存在,则导致 FileExistsError 异常
f3 = open('poem.txt','a')    #以追加模式打开 poem.txt
```

2. 把字符串写入文本文件

打开文件后,可以使用文件对象的 write()/writelines() 方法把字符串写入文本文件,还可以使用 flush() 强制把缓冲的数据更新到文件中。
- f.write(s):把字符串 s 写入文件 f 中。
- f.writelines(lines):一次性把列表 lines 中的各字符串写入文件 f 中。
- f.flush():把缓冲的数据更新到文件中。

write()/writelines() 不会添加换行符,但可以通过添加"\n"实现换行。 例如:

```
f.write('从军行\n')
f.writelines(['唐\n','王昌龄\n'])
```

3．关闭文件

写入文件完成后，使用 close()方法关闭流，以释放资源，并把缓冲的数据更新到文件中。例如：

```
f = open('poem.txt','w')
try:
    ♯文件处理操作
finally:
    f.close()
```

通常，文件操作一般采用 with 语句，以保证系统自动关闭打开的文件。

```
with open('poem.txt','w') as f:
        ♯文件处理操作
```

【例 7-1】 把一首唐诗写入文本文件 poem.txt 中(7_1_txtWriter.py)，唐诗如下：

从军行

唐.王昌龄

青海长云暗雪山，

孤城遥望玉门关。

黄沙百战穿金甲，

不破楼兰终不还。

```
poem = ["从军行\n", "唐.王昌龄\n",\
        "青海长云暗雪山,\n","孤城遥望玉门关。\n",\
        "黄沙百战穿金甲,\n","不破楼兰终不还。\n"]
f = open("poem.txt", "w")
f.writelines(poem)
print("唐诗已经写入文件中!")
f.close()
```

7.3.2 文本文件的读取

文本文件的读取一般包括 3 个步骤，即打开、读取数据和关闭文件。

1．创建或打开文件对象

通过 open()函数创建或打开文件对象，并且可以指定编码和缓存大小。例如：

```
f1 = open('poem.txt','r')   ♯若 poem.txt 不存在，则导致 FileNotFoundError 异常
```

2．从打开的文本文件中读取数据

打开文件后，可以调用文件 file 对象的多种方法读取文件内容。

- f.read()：从文件中读取剩余内容直至文件结束，返回一个字符串。
- f.read(n)：从文件中读取最多 n 个字符，返回一个字符串，如果 n 为负数或 None，读取至文件结尾。
- f.readall()：从文件中读取全部内容，返回一个字符串。

- f. readline()：从文件中读取一行内容,返回一个字符串。
- f. readlines()：从文件中读取剩余多行内容,返回一个列表。

例如：

```
f1 = open(r'd:\python\poem.txt','r')      #打开文件
f1.readline()                             #读入一行内容,"从军行\n"
f1.readlines()                            #读入剩下的多行内容,即《从军行》的作者和诗句
```

另外,文件可以直接迭代。文本文件按行进行迭代。例如：

```
f1 = open(r'd:\python\poem.txt','r')      #打开文件
for s in f1:
    print(s, end = '')
```

程序执行结果如下：

```
从军行
唐.王昌龄
青海长云暗雪山,
孤城遥望玉门关。
黄沙百战穿金甲,
不破楼兰终不还。
```

3. 关闭文件

用户可以使用 close()方法关闭流,以释放资源。通常采用 with 语句,以保证系统自动关闭打开的流。

【例 7-2】 文本文件的读取(7_2_txtReader. py)。

```
with open(r'd:\python\poem.txt','r') as f:
    for s in f:
        print(s, end = '')
```

7.4 csv 文件的操作

视频讲解

7.4.1 csv 格式文件和 csv 模块

csv 是逗号分隔符文本格式,常用于 Excel 和数据库的数据导入和导出。以下是一个典型的 csv 文件内容：

```
编号,姓名,年龄
1001,李白,61
1002,杜甫,58
1003,王维,60
1004,白居易,74
```

从上面的内容可知,csv 文件一般具有如下特征。

(1) 第一行标识数据列的名称。

(2) 之后的每一行代表一条记录,存储具体的数值。

(3) 每一条记录的各个数据之间一般用半角逗号(,)分隔。

（4）制表符(\t)、冒号(:)和分号(;)也是常用的分隔符。

如果事先知道 csv 文件使用的分隔符，可以使用 7.3 节中介绍的文本文件的读写方式进行操作。

Python 中也提供了内置的 csv 模块实现 csv 文件的读写。对于 csv 文件，用 csv 模块来处理，可以保证结果的准确性，避免不必要的错误。

7.4.2　csv.reader 对象和 csv 文件的读取

csv.reader 对象可以按行读取 csv 文件中的数据，创建 csv.reader 对象的方法是 reader()，其语法格式如下：

```
csv.reader(csvfile, dialect = 'excel', ** fmtparams)
```

其中，csvfile 通常是一个文件对象；dialect 用于指定 csv 的格式模式；fmtparams 用于指定特定格式，以覆盖 dialect 中的格式。实际使用中，第 2、3 个参数通常省略。

csv.reader 对象是一个可迭代的对象。可以使用 for-in 循环语句依次读取每一条数据元素；也可以使用 list()函数将其转换为列表，然后一次性输出该列表。reader 对象包含如下属性。

- csvreader.dialect：返回其 dialect。
- csvreader.line_num：返回读入的行数。

【例 7-3】　使用 reader 对象读取 csv 文件(7_3_csvReader.py)。

```
import csv
def readCSV(csvFilePath):
    with open(csvFilePath,newline = '') as f:      ＃打开文件
        fcsv = csv.reader(f)                        ＃创建 csv.reader 对象
        headers = next(fcsv)                        ＃标题
        print(headers)                              ＃打印标题行
        for row in fcsv:                            ＃循环打印各行
            print(row)
if __name__ == '__main__':
    readCSV(r'poets.csv')
```

程序运行结果如下：

```
['编号', '姓名', '性别', '年龄']
['1001', '李白', '男', '61']
['1002', '杜甫', '男', '58']
['1003', '王维', '男', '60']
```

7.4.3　csv.writer 对象和 csv 文件的写入

csv.writer 对象用于把列表对象数据写入 csv 文件。csv 模块提供了创建 csv.writer 对象的方法 writer()，其语法格式如下：

```
csv.writer(csvfile,dialect = 'excel', ** fmtparams)
```

其中，csvfile 是任何支持 writer()方法的对象，通常是一个文件对象；dialect 用于指定 csv 的格式模式；fmtparams 用于指定特定格式，以覆盖 dialect 中的格式。

csv. writer 对象可以调用如下两个方法向 csv 文件中写入数据。

- writer(row)：一次写入一行。
- writerows(rows)：一次写入多行。

【例 7-4】 使用 writer 对象写入 csv 文件(7_4_csvWriter. py)。

```python
import csv
def writeCSV(csvFilepath):
    headers = ['编号','姓名','性别','年龄']
    rows = [
        ('1001','李白','男','61'),
        ('1002', '杜甫', '男', '58'),
        ('1003', '王维', '男', '60')
    ]
    with open(csvFilepath,'w',newline = '') as f:
        fcsv = csv.writer(f)
        fcsv.writerow(headers)
        fcsv.writerows(rows)
if __name__ == '__main__':
    writeCSV(r'poets.csv')
```

程序运行后,可到相应目录下查看是否有 poets. csv 文件及其内容。

7.5 文件读写实践

视频讲解

7.5.1 古诗词文件读写

古诗词是中华优秀传统文化非常重要的一部分,我们每个中国人都应该弘扬优秀传统文化。古诗词也是我们从小到大学习的重要内容之一,这里开发一个古诗词练习程序,帮助大家进行练习和简单测验。

1. 任务描述

(1) 从古诗词文件 poems. txt 中读取古诗词,随机抽取一首,调用第 6 章 Poem 类进行对象实例化,再进行格式化输出。

(2) poems. txt 中按行存放古诗,每行包含诗名、朝代、作者、诗句,格式如图 7-1 所示。

(3) 允许用户继续补充古诗词,追加写入文件。

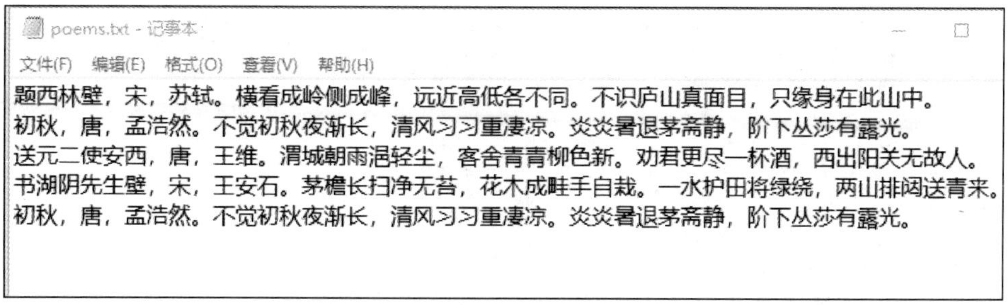

📄 poems.txt - 记事本

文件(F) 编辑(E) 格式(O) 查看(V) 帮助(H)

题西林壁, 宋, 苏轼。横看成岭侧成峰, 远近高低各不同。不识庐山真面目, 只缘身在此山中。
初秋, 唐, 孟浩然。不觉初秋夜渐长, 清风习习重凄凉。炎炎暑退茅斋静, 阶下丛莎有露光。
送元二使安西, 唐, 王维。渭城朝雨浥轻尘, 客舍青青柳色新。劝君更尽一杯酒, 西出阳关无故人。
书湖阴先生壁, 宋, 王安石。茅檐长扫净无苔, 花木成畦手自栽。一水护田将绿绕, 两山排闼送青来。
初秋, 唐, 孟浩然。不觉初秋夜渐长, 清风习习重凄凉。炎炎暑退茅斋静, 阶下丛莎有露光。

图 7-1 poems. txt 文件内容格式

2. 任务实施

(1) 打开文件,读取古诗词内容,使用 readlines 一次读取文本所有内容,返回多行列表。

```
with open(r'poems.txt','r',encoding = 'utf - 8') as f:
    lines = f.readlines()
```

(2) 随机抽取一行,即一首古诗词,对字符串进行处理,提取出诗名、朝代、作者和诗句内容。

```
line = random.choice(lines)                    # 随机读取一行
pmlist = re.split(',|.', line)                 # 按标点符号拆分字符串,转为列表
pmlist = list(filter(None, map(lambda x:x.strip(),pmlist)))
# 去除列表元素的空格、过滤空语句
```

(3) 使用 Poem 类创建古诗词对象,调用格式化方法进行输出。这里需要使用第 6 章已经完成的 Poem 类,因此需要导入包 Ch6 中相应的模块。

```
poem = Poem(pmlist[0],pmlist[1],pmlist[2])     # 用 Poem 类创建古诗对象
poem.setContent(pmlist[3:])                    # 设置诗句内容
print(poem.getFcontent())
# 使用 Poem 类的 getFcontent()方法,格式化输出古诗
```

(4) 允许用户添加古诗词,以字符串形式将古诗词内容追加写入 poems.txt 文件。

```
isAdd = input('是否录入一首古诗词?(是 Y/否 N)')
if isAdd.upper() == 'Y':
    newPoem = input("请输入古诗词内容(诗名,朝代,作者,诗句):")
    with open(r'poems.txt','a',newline = '',encoding = 'utf - 8') as f:
        f.write(("\n" + newPoem))
```

3. 古诗词文件读写程序的完整代码(7_5_txtReadWrite.py)

```
import random
import re
from Ch6.Poem import Poem                      # 调用 Ch6 包中的 Poem 模块

# (1)打开文件,读取古诗词内容,返回多行列表
with open(r'poems.txt','r',encoding = 'utf - 8') as f:
    lines = f.readlines()

# (2)随机抽取一行,即一首古诗词,提取出诗名、朝代、作者和诗句内容
line = random.choice(lines)                    # 随机读取一行
pmlist = re.split(',|.', line)                 # 按标点符号拆分字符串,转为列表
pmlist = list(filter(None, map(lambda x:x.strip(),pmlist)))
# 去除列表元素的空格、过滤空语句

# (3)使用 Poem 类创建古诗词对象,调用格式化方法进行输出
poem = Poem(pmlist[0], pmlist[1], pmlist[2])
poem.setContent (pmlist[3:])                   # 设置诗句内容
print(poem.getFcontent())
# 使用 Poem 类的 getFcontent()方法,格式化输出古诗

# (4)添加古诗词,以字符串形式将古诗词内容追加写入 poems.txt 文件
```

```
isAdd = input('是否录入一首古诗词?(是 Y/否 N)')
if isAdd.upper() == 'Y':
    newPoem = input("请输入古诗词内容(诗名,朝代,作者,诗句):")
    with open(r'poems.txt', 'a', newline = '', encoding = 'utf - 8') as f:
        f.write(("\n" + newPoem))

    print("唐诗已经写入文件中!")
```

程序执行结果如下:

```
送元二使安西
 唐.王维
渭城朝雨浥轻尘
客舍青青柳色新
劝君更尽一杯酒
西出阳关无故人
是否录入一首古诗词?(是 Y/否 N)y
请输入古诗词内容(诗名,朝代,作者,诗句):
初秋,唐,孟浩然.不觉初秋夜渐长,清风习习重凄凉.炎炎暑退茅斋静,阶下丛莎有露光。
唐诗已经写入文件中!
```

7.5.2 传感器数据存储与统计

在农业、工业等各种场景需要使用传感器采集数据并发送到服务器,最常见的数据传输格式之一是用 json 格式,json 格式的数据可以用字典的方式处理。

在工业环境检测系统中,实时接收从传感器采集到的温度、湿度、CO 浓度等数据,将其存储到 CSV 文件中,供系统进行数据分析和统计及预测使用。

1. 任务描述

(1) 将传感器数据按行存储到 collectData. csv 文件中,每行记录传感器 ID、温度、湿度、CO 浓度以及设备状态等信息。

(2) 传感器数据使用模拟的字典数据,温度单位为摄氏度,湿度单位为％RH,CO 浓度单位为毫克/立方米。

(3) 读取 collectData. csv 文件,并统计温度、湿度的最大值、最小值和平均值。

2. 任务实施

(1) 接收采集数据:准备一组数据列表,模拟 4 个传感器采集到的数据,每个传感器数据以字典格式存储。

```
sensorData = [{'id':'EN001','temp':'23.5','humidity':'51.6','co':'2.2','status':'1'},
              {'id': 'EN002', 'temp': '24.7', 'humidity': '50.8', 'co': '1.6', 'status': '1'},
              {'id': 'EN003', 'temp': '23.5', 'humidity': '47.5', 'co': '0.9', 'status': '1'},
              {'id': 'EN004', 'temp': '27.8', 'humidity': '49.3', 'co': '2.4', 'status': '1'}]
```

(2) 数据写入:准备写入数据表头 headers=['id','temp','humi','co','status'],遍历传感器原始数据,提取其中参数的值,每个传感器的值存放在一个列表中。

```
rows = []                  # 存储多行数据
for sRow in sensorData:    # 遍历传感器原始数据, 生成数据行
```

```
    row = list(sRow.values())        #提取其中参数的值,每个传感器的值存放在一个列表中
    rows.append(row)
```

将多行数据写入 collectData.csv 文件。

```
with open('collectData.csv','w',newline = '') as f:
        fcsv = csv.writer(f)
        fcsv.writerow(headers)            #写入表头
        fcsv.writerows(rows)              #写入数据行
```

（3）读取文件,并进行温度、湿度数据统计。

```
readRows = [ ]
with open('collectData.csv',  newline = '') as f:
    fcsv = csv.reader(f)                  #创建 reader 对象
    headers = next(fcsv)                  #读取表头
    for row in fcsv:
        readRows.append(row)              #按行读取 csv 文件内容到 readRows
print('原始数据:',readRows)
tempData = [ ]                            #用来存储所有温度数值
humiData = [ ]                            #用来存储所有湿度数值
for record in readRows:                   #提取每行温度、湿度数据,加入相应的列表
    tempData.append(float(record[1]))
    humiData.append(float(record[2]))print("温度列表: ",tempData)
```

（4）计算并输出最小值、最大值、平均值。

```
print("温度列表: ",tempData)
#输出最小值、最大值、平均值
print("最低温度:{0},最高温度:{1},平均温度:{2}".\
        format(min(tempData),max(tempData),sum(tempData)/len(tempData)))
print("湿度列表: ",humiData)
print("最低湿度:{0},最高湿度:{1},平均湿度:{2}".\
        format(min(humiData),max(humiData),sum(humiData)/len(humiData)))
```

3. 传感器数据存储与统计程序的完整代码（7_6_csvWriteRead.py）

```
#模拟接收传感器采集数据,保存到 csv 文件
#读取数据并进行简单分析
#温度单位:摄氏度,湿度单位:%RH,CO 浓度单位: 毫克/立方米
import csv
sensorData = [{'id':'EN001','temp':'23.5','humidity':'51.6','co':'2.2','status':'1'},
              {'id': 'EN002', 'temp': '24.7', 'humidity': '50.8', 'co': '1.6', 'status': '1'},
              {'id': 'EN003', 'temp': '23.5', 'humidity': '47.5', 'co': '0.9', 'status': '1'},
              {'id': 'EN004', 'temp': '27.8', 'humidity': '49.3', 'co': '2.4', 'status': '1'}]

headers = ['id','temp','humi','co','status']
rows = [ ]
for sRow in sensorData:
    row = list(sRow.values())
    rows.append(row)

with open('collectData.csv','w',newline = '') as f:
        fcsv = csv.writer(f)
        fcsv.writerow(headers)            #写入表头
        fcsv.writerows(rows)              #写入数据行
```

```
readRows = []
with open('collectData.csv',  newline = '') as f:
    fcsv = csv.reader(f)            #创建 reader 对象
    headers = next(fcsv)           #读取表头
    for row in fcsv:
        readRows.append(row)       #按行读取 csv 文件内容到 readRows
print('原始数据:',readRows)
tempData = []                      #用来存储所有温度数值
humiData = []                      #用来存储所有湿度数值
for record in readRows:      #遍历原始数据行,提取每行的温度、湿度数据,加入相应的列表
    tempData.append(float(record[1]))
    humiData.append(float(record[2]))
print("温度列表: ",tempData)
#输出最小值、最大值、平均值
print("最低温度:{0},最高温度:{1},平均温度:{2}".\
    format(min(tempData),max(tempData),sum(tempData)/len(tempData)))
print("湿度列表: ",humiData)
print("最低湿度:{0},最高湿度:{1},平均湿度:{2}".\
    format(min(humiData),max(humiData),sum(humiData)/len(humiData)))
```

程序执行结果如下:

```
原始数据: [['EN001', '23.5', '51.6', '2.2', '1'], ['EN002', '24.7', '50.8', '1.6', '1'], ['EN003', '23.5', '47.5', '0.9', '1'], ['EN004', '27.8', '49.3', '2.4', '1']]
温度列表:  [23.5, 24.7, 23.5, 27.8]
最低温度:23.5,最高温度:27.8,平均温度:24.875
湿度列表:  [51.6, 50.8, 47.5, 49.3]
最低湿度:47.5,最高湿度:51.6,平均湿度:49.8
```

巩固训练

1. 假设有一个文件 data.txt 内容如下:

```
{'sid':'501', '7 月': 9000,'8 月':9500, '9 月':9200}
{'sid':'502', '7 月': 8000,'8 月':8500, '9 月':8200}
{'sid':'503', '7 月': 7000,'8 月':7500, '9 月':7200}
```

将文件的数据内容提取出来,计算每个人的平均工资,将其转换为字典 salary,按照 key 递增顺序在屏幕上显示输出每个人的月工资和平均工资,结果示例如下:

```
501:[9500,9000,9200,9233]
502:[8500,8000,8200,8233]
503:[7500,7000,7200,7233]
```

2. 读取一个文本文件,每一行前面加上一个行号后在屏幕上输出。行号所占宽度为 4 个字符。

3. 某爬虫程序从天气预报网站抓取的 7 日天气数据如下:

```
Weatherdata = [['周四(15 日)', '阴转雨','19℃/13℃', '东南风', '<3 级'],
['周五(16 日)', '雨', '18℃/13℃', '东风转西风', '3-4 级转<3 级'],
['周六(17 日)', '雨', '16℃/7℃', '西北风', '4-5 级转 3-4 级'],
['周日(18 日)', '雨', '13℃/7℃', '北风', '<3 级'],
```

```
['周一(19日)', '雨', '13℃/7℃', '东北风转北风', '<3级'],
['周二(20日)', '雨', '13℃/8℃', '北风转东北风', '<3级'],
['周三(21日)', '雨', '13℃/9℃', '东北风', '<3级']]
```

将数据存入 weather.csv 文件,并添加一行表头['日期','天气','温度','风向','风力'],保存后的数据格式如图 7.2 所示。

日期	天气	温度	风向	风力
周四（15日）	阴转雨	19℃/13℃	东南风	<3级
周五（16日）	雨	18℃/13℃	东风转西风	3-4级转<3级
周六（17日）	雨	16℃/7℃	西北风	4-5级转3-4级
周日（18日）	雨	13℃/7℃	北风	<3级
周一（19日）	雨	13℃/7℃	东北风转北风	<3级
周二（20日）	雨	13℃/8℃	北风转东北风	<3级
周三（21日）	雨	13℃/9℃	东北风	<3级

图 7.2　保存后的数据格式

4. 对 5.8 节随机点名程序进行改进,将获取名单的 getData()方法改为从 namelist.csv 文件中读取,其他功能不变。

5. 对 6.5 节古诗词练习程序进行改进,将诗词库改为从 pomes.txt 文件中读取,其他功能不变。

第 ② 部分　　　　应 用 篇

本部分介绍Python语言及其第三方库的
应用，包括中文分词和词云图、图形界
面开发、网络爬虫、数据分析和可视化、
Web框架开发。

第 **8** 章

中文分词和词云图

8.1 中文分词

视频讲解

8.1.1 分词

分词就是将连续的文字序列按照一定的规范重新组合成语义独立词序列的过程。具体来说,就是将一句(段)话按一定的规则(算法)拆分成词语、成语、单个文字。在文本处理中,常常需要通过分词,将连续的字序列按照一定的规范重新组合成词序列。

在英文句子中,单词之间是以空格作为自然分界符的,因而分词相对容易。而中文句子中单词之间是没有形式上的分界符的,因而中文分词比较复杂和困难。

中文分词是文本挖掘的基础,对于输入的一段中文,成功地进行中文分词,可以达到计算机自动识别语句含义的效果。中文分词技术属于自然语言处理技术范畴,对于一句话,人可以通过自己的知识来明白哪些是词,哪些不是词,但如何让计算机也能理解呢?其处理过程就是分词算法。

使用 Python 第三方库 jieba 可以方便地实现中文分词。

8.1.2 jieba

jieba 是一个支持中文分词、高准确率、高效率的 Python 中文分词组件,它支持以下 3 种分词模式。

(1)精确模式:试图将句子最精确地切开,不存在冗余单词,适合文本分析。不加参数时默认是精确模式。

(2)全模式:把句子中所有的可以成词的词语都扫描出来,速度非常快,但是存在冗余,不能解决歧义问题。

(3)搜索引擎模式:在精确模式的基础上,对长词再次切分,提高召回率,适合用于搜索引擎分词。

1. jieba 的基本用法

jieba 是第三方库,需要先安装才能使用。jieba 提供了一系列的分词函数用于分析中文文本,其中最常用的函数是 jieba.cut()。

导入 jieba 库,调用 cut()方法,传入需要切分的内容,即可返回分词结果。cut()方法有

3个参数：

（1）sentence 接收待分词的内容。

（2）cut_all 设置是否使用全模式。

（3）HMM 设置是否使用 HMM 模型识别新词。

cut()方法的返回结果是一个可迭代的生成器 generator，可以进行遍历，也可以转换成 list 打印出结果。具有同样功能的 lcut()方法，则是返回一个列表，可以直接打印输出，使用起来更加方便灵活。

jieba 库提供的主要函数如表 8-1 所示。

表 8-1　jieba 库的主要函数

函　　　数	描　　　述
jieba. cut(s)	对文本 s 进行分词（精确模式），返回一个可迭代对象
jieba. cut(s,cut_all＝True)	对文本 s 进行分词（全模式），返回一个可迭代对象
jieba. lcut(s)	对文本 s 进行分词（精确模式），返回一个列表
jieba. lcut(s,cut_all＝True)	对文本 s 进行分词（全模式），返回一个列表
jieba. cut_for_search(s)	对文本 s 进行分词（搜索引擎模式），返回一个可迭代对象
jieba. lcut_for_search(s)	对文本 s 进行分词（搜索引擎模式），返回一个列表
jieba. add_word(w)	向分词词典中增加新词 w
jieba. del_word(w)	从分词词典中删除词语 w
jieba. load_userdict(filename)	载入使用自定义分词词典 filename

注：自定义分词词典中每个单词占一行

【例 8-1】　使用 jieba 进行简单中文分词（8_1_cut. py）。

```
text1 = '工业互联网是智改数转新趋势下实现智能制造的关键'
cutlist = jieba.lcut(text1)
print(cutlist)
```

程序输出结果如下：

```
['工业', '互联网', '是', '智', '改数', '转新', '趋势', '下', '实现', '智能', '制造', '的', '关键']
```

在简单的分词过程中，我们可能会遇到以下问题。

（1）一些专业术语、专有名词无法识别，如例 8-1 中"工业互联网""智能制造"等词语就没有被识别。

（2）一些不该切分的词语被切分了，如"改数""转新"。

（3）一些不需要的助词、连接词等出现在结果中，如例 8-1 中的"的""是"。

jieba 提供了很多高级用法，可以实现更复杂的分词需求。

2．jieba 的高级用法

使用 jieba 分词时，分词结果需要与 jieba 的词典库进行匹配，才能返回到分词结果中。因此，有些词需要用户自定义才能识别到。

1）添加自定义词语到词典中

我们也可以使用 add_word()方法添加自定义词语到分词词典中，以更好地满足分词需求。add_word()有三个参数，分别是添加的词语、词频和词性，其中词频和词性可以省略。

【例 8-2】 使用 add_word()方法添加自定义词语(8_2_addWord.py)。

```
import jieba

text1 = '工业互联网是智改数转新趋势下实现智能制造的关键'
jieba.add_word("工业互联网")          #将"工业互联网"添加到词典
cutlist = jieba.lcut(text1)
print(cutlist)
```

上面的代码将添加自定义词语"工业互联网"到词典中后再次进行中文分词,程序执行结果如下:

```
['工业互联网', '是', '智', '改数', '转新', '趋势', '下', '实现', '智能', '制造', '的', '关键']
```

可以看到,"工业互联网"已经作为一个独立词语被正确识别出来。

2) 从词典中删除词 del_word()

删除的词语一般是语气助词、逻辑连接词等,这些词对于文本分析没有实际意义,反而会成为干扰。在设置删除的词语后,结果中不再有删除的词语,但对于单个字,会独立成词,所以删除后在结果中也还存在。

我们将在例 8-1 中,在使用 cut()方法之前,使用 del_word()方法从词典中删除词语"改数"。

【例 8-3】 使用 del_word()方法添加自定义词语(8_3_delWord.py)。

```
import jieba

text1 = '工业互联网是智改数转新趋势下实现智能制造的关键'
jieba.add_word("工业互联网")
jieba.del_word("改数")                #将非专有名词"改数"从词典中删除
cutlist = jieba.lcut(text1)
print(cutlist)
```

再次进行分词,程序执行结果如下:

```
['工业互联网', '是', '智', '改', '数', '转新', '趋势', '下', '实现', '智能', '制造', '的', '关键']
```

3) 使用自定义词典

除了使用默认词典外,也可以添加自定义词典,以更好地满足分词需求。添加自定义词典的方法如下:

```
jieba.load_userdict('userdict.txt')
```

自定义词典格式要和默认词典 dict.txt 一样,一个词占一行,每一行分三部分:词语、词频(可省略)、词性(可省略),用空格隔开,顺序不可颠倒。file_name 若为路径或二进制方式打开的文件,则文件必须为 UTF-8 编码。

【例 8-4】 使用自定义词典(8_4_userdict.py)。

为方便批量增加词语,先准备一份自定义词典(dict.txt 文件),文件内容如图 8-1 所示。以下代码将加载用户自定义 dict.txt 文件中的词典。

```
import jieba

text1 = '工业互联网是智改数转新趋势下实现智能制造的关键'
jieba.load_userdict('userdict.txt')      #使用自定义词典
cutlist = jieba.lcut(text1)
print(cutlist)
```

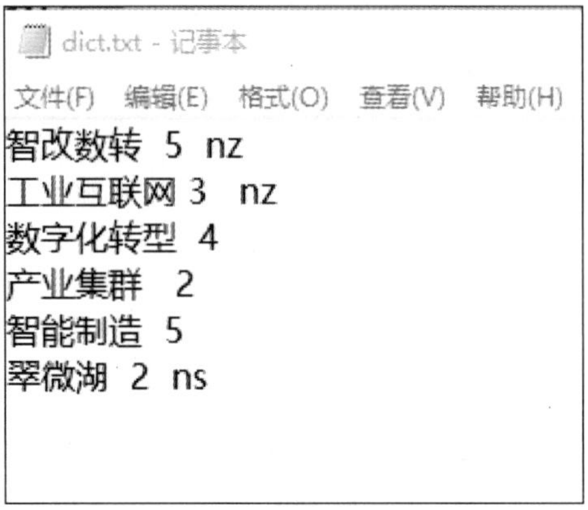

图 8-1   自定义词典文件

词典文件中我们添加了'智改数转'、'智能制造'、'工业互联网'等当前国家大力推行的制造业智能化改造和数字化转型背景下出现的新名词。使用自定义词典后，再次进行分词，程序执行结果如下：

```
['工业互联网', '是', '智改数转', '新', '趋势', '下', '实现', '智能制造', '的', '关键']
```

8.1.3   关键词提取

在互联网时代，信息的获取与传播已经变得越来越容易。然而，信息爆炸的同时也带来了另一个问题——信息的筛选。如何从海量的信息中找到真正有用的内容？如何快速了解一篇文章的主题和核心内容？这时候，提取文章关键词就成了一个非常重要的问题。

jieba 除了最重要的功能——分词之外，还可以进行关键词提取以及词性标注。关键词提取使用 jieba 中的 analyse 模块。其中，常用的关键词提取有两种算法。

第一种是 TF-IDF 算法（Term Frequency-Inverse Document Frequency，词频-逆文件频率），它通过计算一个词在文本中出现的频率与该词在整个语料库中出现的频率之比来确定其重要性。一个词语在一篇文章中出现的次数越多，同时在所有文档中出现的次数越少，越说明该词语能够代表该文章。

第二种是 TextRank 算法，它将待抽取关键词的文本进行分词，通过将文本中的单词看作图中的节点，将单词之间的相似性看作图中的边，然后计算每个节点的 PageRank 值来确定其重要性。TextRank 算法通过对文本中单词之间的共现关系进行分析，从而得到文本中的关键词，适用于短文本和长文本的关键词提取。

基于 TF-IDF 算法的关键词抽取方法如下：

```
jieba.analyse.extract_tags(sentence, topK = 10, withWeight = False, allowPOS = ())
```

* sentence 为待提取的文本。
* topK 为返回最大权重关键词的个数，默认值为 20。
* withWeight 表示是否返回权重，是的话返回（word, weight）的 list，默认为 False。
* allowPOS 为筛选指定词性的词，默认为空，即不筛选（n-名称，v-动词，ns-地点名词）。

基于 TextRank 算法的关键词抽取方法如下：

```
jieba.analyse.textrank(sentence, topK = 10, withWeight = False, allowPOS = ())
```

与 extract_tags()方法用法相似,需要注意的是 allowPOS 有默认值('ns','n','vn','v'),默认筛选这 4 种词性的词,可以自己设置。其他参数都与 extract_tags()方法相同。

【例 8-5】 jieba 关键词提取(8_5_keywords.py)。

```
import jieba.analyse

text = '我们每个人都应该深入学习和弘扬我们中国的优秀传统文化,从而增强我们的文化自信.'
tags = jieba.analyse.extract_tags(text, topK = 10)
keywords = jieba.analyse.textrank(text)
print("TF - IDF 提取关键词:", tags)
print("TextRank 提取关键词:", keywords)
```

程序执行结果如下:

```
TF - IDF 提取关键词: ['文化', '我们', '弘扬', '自信', '优秀', '深入', '每个', '增强', '学习', '传
统']
TextRank 提取关键词: ['文化', '增强', '学习', '中国', '传统', '深入', '应该', '自信']
```

在关键词提取时,可通过设置 withWeight 参数选择结果是否返回权重,若将该参数设置为 True 后,修改以上代码中 TF-IDF 提取关键词方法如下:

```
tags = jieba.analyse.extract_tags(text, topK = 10, withWeight = True)
```

修改后程序执行结果如下:

```
TF - IDF 提取关键词: [('文化', 0.63612817547875), ('我们', 0.635872118810625), ('弘扬',
0.576159151553125), ('自信', 0.486549095405625), ('优秀', 0.423967009300625), ('深入',
0.399940199630625), ('每个', 0.363372483229375), ('增强', 0.362323960849375), ('学习',
0.361069988556875), ('传统', 0.334596086511875)]
TextRank 提取关键词: [('文化', 1.0), ('增强', 0.7963472747372639), ('学习',
0.7479510886535401), ('中国', 0.6436796080536307), ('传统', 0.610503066711843), ('深入',
0.5354986863897208), ('应该', 0.5336891030444006), ('自信', 0.42075234512352533)]
```

从以上结果可以看出,权重值越大的关键词排序越靠前,该词语作为关键词出现在文本中的概率越大。在一般使用过程中,默认按权重进行排序。

8.2 词云图

在文本分析中,当统计关键词的频率后,可以通过词云图对文本中出现频率较高的关键词予以视觉化的展现,从而突出文本中的主旨。

wordcloud 是 Python 中优秀的词云展示第三方库。

8.2.1 wordcloud 库

词云通常以词语为基本单位,然后根据词语的出现频率确定词语的大小,将这些词放到图片里,更加直观和艺术地展示文本。

wordcloud 库的核心是 WordCloud 类,所有的功能都封装在 WordCloud 类中。使用 wordcloud 库生成词云图,一般按照以下步骤进行。

(1)实例化一个 WordCloud 对象,例如 wc=WordCloud()。

(2)调用 wc.generate(text),对文本 text 进行分词,并生成词云图。

（3）调用 wc. to_file("wc_test. png")，把生成的词云图输出到图像文件。

在生成词云时，WordCloud 默认会以空格或标点为分隔符对目标文本进行分词处理。

【例 8-6】 使用 wordcloud 库生成简单的词云图（8_6_wordcloud. py）。

```
from wordcloud import WordCloud

text = "I'm a Chinese, I come from China, I love my country. \
    China is a very strong and old country, she has a long long history. "
wc = WordCloud(background_color = "white")
wc.generate(text)
wc.to_file("wc_test.png")
```

运行程序，生成如图 8-2 所示的 wc_test. png 图像文件。China 一词出现最多，所以字体最大。

图 8-2　使用 wordcloud 库生成简单的词云图

8.2.2　定制词云图的绘制参数

一般情况下，WordCloud 对象使用默认参数创建词云图。创建 WordCloud 实例对象时，用户可以通过参数控制词云图的绘制。创建 WordCloud 对象的常用参数如表 8-2 所示。

表 8-2　创建 WordCloud 对象的常用参数

参　　数	功　　能
width	生成图片宽度，默认为 400 像素
height	生成图片高度，默认为 200 像素
mask	指定词云形状，默认为长方形
font_path	字体文件的路径，默认为 None。绘制中文词云图时，必须指定字体
max_words	词云显示的最大单词数，默认为 200
max_font_size	词云中最大的字号
in_font_size	词云中最小的字号，默认为 4 号
font_step	词云中字号的步进间隔，默认为 1
stop_words	指定词云的排除词列表，即不显示的单词列表
background_color	词云图的背景颜色，默认为黑色

注：wordcloud 依赖于 pillow(PIL)和 numpy 库，如果要预览图片，matplotlib 也是必需的。所以需要安装以下几个库：

```
pip install numpy
pip install PIL
pip install matplotlib
```

【例 8-7】 《杀死一只知更鸟》(*To Kill a Mockingbird*)是美国女作家哈珀·李创作的小说,其部分内容保存在 mockingBird.txt 文件中,编写程序为这本小说生成自定义的词云图,通过指定词云形状的掩码图片(heart.jpg)生成炫酷的词云图(8_7_mockingBird.py)。

```
from wordcloud import WordCloud
import numpy as np
from PIL import   Image

mask1 = np.array(Image.open("heart.jpg"))      #读取为 np-array 类型,以传递给 mask 参数
with open('mockingBird.txt', 'r', encoding = 'utf-8') as f:
    text = f.read()
wc = WordCloud(
    background_color = 'white',
    width = 800,
    height = 400,
    max_words = 100,
    mask = mask1
)
wc.generate(text)
wc.to_file('杀死一只知更鸟.png')
```

运行程序,生成如图 8-3 所示的"杀死一只知更鸟.png"图像文件。

图 8-3 使用 wordcloud 库生成自定义的词云图

8.2.3 实践——党的二十大报告词云图

对于中文文本,词云图的生成一般按照以下步骤进行。

(1)加载文本,可以从文件中读取。

(2)使用 jieba 将文本进行分词处理。

(3)把分词结果(列表)以空格为分隔符拼接成文本。

(4)实例化一个 WordCloud 对象,例如 wc=WordCloud()。注意,需要指定中文字体,否则显示为乱码。

(5)调用 wc.generate(text),生成词云图。

(6)调用 wc.to_file("wc.png"),把生成的词云图输出到图像文件。

也可以使用关键词生成词云图,具体步骤如下。

(1) 加载文本(从文件中读取)。

(2) 使用 jieba. analyse 将文本进行关键词提取,得到关键词列表。

(3) 把关键词列表转换成字典。

(4) 实例化一个 WordCloud 对象,例如 wc=WordCloud()。注意,需要指定中文字体,否则显示为乱码。

(5) 调用 wc. generate_from_frequencies(keyDict),生成词云图。

(6) 调用 wc. to_file("wc. png"),把生成的词云图输出到图像文件。

【例 8-8】 编写程序为党的二十大报告生成自定义的词云图。

1. 任务描述

(1) 党的二十大报告关于教育的内容存放在'教育. txt'文件中,从文件中读取报告内容。

(2) 生成一个和平鸽形状的词云图。

2. 任务分析

将党的二十大报告内容生成词云图,这里分别按以下两种方式进行处理。

方式一:读取文本内容后,进行中文分词处理,使用所有分词结果(前 200 个)生成词云图。

方式二:对文本内容进行关键词提取(30 个),提取后用关键词生成词云图。

3. 任务实施(方式一:全文分词)

文件读取,加载文本,并对文本内容进行简单处理,去除文中标点符号。

```
#1-加载文本
with open(r'教育.txt',encoding = 'utf-8') as f:
text1 = f.readlines()
st1 = re.sub('[,.、""'']','',str(text1))      #使用正则表达式将符号替换掉
```

(1) 使用 jieba 库的 lcut()方法对文本进行中文分词,得到分词列表。

```
#2-分词处理
cutlist = jieba.lcut(st1)
```

(2) 将分词列表拼接为以空格符连接的字符串。

```
#3-文本拼接,分词之间用空格隔开
content = ''.join(cutlist)
```

(3) 导入图片,作词云图的背景图。这里需要使用第三方库 Pillow 读取图片,并使用 numpy 库将图片转换为数组,因此需要提前安装这两个库。

```
#4-导入背景图片,
image1 = PIL.Image.open(r'map.jpg')
MASK = np.array(image1)
```

(4) 实例化词云对象,设置词云样式。

为了避免一些出现频率较高但意义不大的词语(如"的""我们""是""非常"等)出现在词

云图中,可以先构建一个停用词列表,然后在创建词云对象时传递给 stopwords 参数,以排除这些词语,从而使结果更加有意义。

```
#设置停用词
excludeWords = ['的','我们','是','和']
WC = wordcloud.WordCloud(font_path = 'simhei.ttf',
                         max_words = 200,                    #最多显示词数
                         mask = MASK,                        #设置背景图
                         height = 400, width = 400,
                             stopwords = excludeWords,   #设置停用词
                         background_color = 'white', repeat = False, mode = 'RGBA')
```

调用 WC.generate()方法,生成词云图。

```
cloud = WC.generate(content)
```

(5)调用 wc.to_file("wc.png"),把生成的词云图输出到图像文件。同时也可以在窗口中显示词云图,这里需要使用第三方库 Matplotlib 来进行词云图的绘制。

```
#保存图片
WC.to_file('党的二十大报告.png')
#显示词云图
plt.imshow(cloud)                          #显示词云
plt.axis("off")                            #关闭坐标轴
plt.show()                                 #显示图像
```

注:Matplotlib 是一个 Python 的 2D 绘图库,其 pyplot 子库主要用于实现各种数据展示图形的绘制。

使用方式一制作党的二十大报告词云图的完整代码(8_8_report.py)如下:

```
import numpy as np                         #numpy 数据处理库
import matplotlib.pyplot as plt            #图像展示库,以便在窗口中显示图片
import PIL                                 #图像处理库,用于读取背景图片
import jieba.analyse
import re
import wordcloud                           #词云库


#1 - 加载文本
with open(r'教育.txt',encoding = 'utf - 8') as f:
    text1 = f.readlines()
txt = re.sub('[,.、""''']','',str(text1))        #使用正则表达式将符号替换掉

#2 - 分词处理
cutlist = jieba.lcut(txt)
#3 - 文本拼接,分词之间用空格隔开
content = ''.join(cutlist)

#4 - 导入背景图片
image1 = PIL.Image.open(r'map.jpg')
MASK = np.array(image1)
#设置停用词
excludeWords = ['的','我们','是','和']

#5 - 实例化词云对象,定义词云样式
WC = wordcloud.WordCloud(font_path = 'simhei.ttf',
```

```
                        max_words = 200,              #最多显示词数
                        mask = MASK,                  #设置背景图
                        height = 400, width = 400,
                        stopwords = excludeWords,     #设置停用词
                        background_color = 'white', repeat = False, mode = 'RGBA')


#6-生成词云图
cloud = WC.generate(content)
#6-保存图片到指定文件夹
WC.to_file('党的二十大报告.png')
#显示词云图
plt.imshow(cloud)                                     #显示词云
plt.axis("off")                                       #关闭坐标轴
plt.show()                                            #显示图像
```

程序执行后,生成的词云图如图 8-4 所示。

图 8-4　党的二十大报告词云图

4.任务实施(方式二:关键词提取)

(1)文件读取,加载文本,并对文本内容进行简单处理,去除文中标点符号(同方式一)。

(2)关键词提取,并将其转换为字典。

```
#2-关键词提取
keywords = jieba.analyse.extract_tags(txt,topK = 30,withWeight = True,allowPOS = ())
print('关键词:',keywords)
#转换成字典格式
keyDict = {}
for item in keywords:
keyDict[item[0]] = item[1]
```

(3)导入词云图背景图片(同方式一)。

```
#3-导入背景图片
image1 = PIL.Image.open(r'map.jpg')
MASK = np.array(image1)
```

(4)实例化词云对象,设置词云样式,这里无须设置停用词和最大显示词数(提取关键

词的时候已设定提取前 30 个）。

```
#4-实例化词云对象,定义词云样式
WC = wordcloud.WordCloud(font_path = 'simhei.ttf',
                    mask = MASK,                  #设置背景图
                    height = 400, width = 400,
                        background_color = 'white', repeat = False, mode = 'RGBA')
```

（5）调用 WC.generate_from_frequencies()方法生成词云图,参数为刚才处理好的关键词字典。

```
cloud = WC.generate_from_frequencies(keyDict)  #keyTxt 词频字典
```

（6）调用 WC.to_file("wc.png"),把生成的词云图输出到图像文件,同时在窗口中显示词云图(同方式一)。

使用方式二制作党的二十大报告词云图的完整代码(8_8_report_2.py)如下：

```
import numpy as np                         #numpy 数据处理库
import matplotlib.pyplot as plt            #图像展示库,以便在 notebook 中显示图片
import PIL                                 #图像处理库,用于读取背景图片
import jieba.analyse
import re
import wordcloud                           #词云库

#1-加载文本
with open(r'教育.txt',encoding = 'utf-8') as f:
    text1 = f.readlines()
txt = re.sub('[,.、""'']','',str(text1))  #使用正则表达式将符号替换掉

#2-关键词提取
keywords = jieba.analyse.extract_tags(txt,topK = 30,withWeight = True,allowPOS = ())
print('关键词:',keywords)
#转换成字典格式
keyDict = {}
for item in keywords:
    keyDict[item[0]] = item[1]

#3-导入背景图片
image1 = PIL.Image.open(r'map.jpg')
MASK = np.array(image1)
#4-实例化词云对象,定义词云样式
WC = wordcloud.WordCloud(font_path = 'simhei.ttf',
                    mask = MASK,          #设置背景图
                    height = 400, width = 400,
                        background_color = 'white', repeat = False, mode = 'RGBA')
#5-生成词云图
cloud = WC.generate_from_frequencies(keyDict)  #keyTxt 词频字典
#保存图片到指定文件夹
WC.to_file('党的二十大报告.png')
#显示词云图
plt.imshow(cloud)                         #显示词云
plt.axis("off")                           #关闭坐标轴
plt.show()                                #显示图像
```

程序执行后,关键词输出如下所示,生成的词云图如图 8-5 所示。

关键词: [('人才', 0.2582533044007843), ('创新', 0.18760558811764705), ('科技', 0.18106735159279413), ('教育', 0.1391762886789216), ('建设', 0.12843088447006537), ('战略', 0.11278886246529411), ('坚持', 0.0950093973253268), ('培养', 0.0867078722111111), ('加快', 0.08576874549132353), ('发展', 0.08178252239568627), ('加强', 0.07880002470867647), ('国家', 0.07190343025124182), ('强国', 0.0657555161127451), ('强化', 0.0653932793977451), ('深化', 0.06039140943627451), ('育人', 0.05935744207205883), ('体系', 0.057160752535098044), ('实施', 0.05055869158264706), ('完善', 0.0486877621002451), ('自立自强', 0.0454270511503268), ('改革', 0.04485440522246732), ('优化', 0.04480897081601307), ('科教兴国', 0.0418368149127451), ('大计', 0.04073377780127451), ('造就', 0.04009983272240196), ('引领', 0.037308637652303925), ('面向', 0.03684060418127451), ('全面', 0.03675835638267974), ('立德', 0.035981391810784316), ('融合', 0.035127872509803926)]

图 8-5　党的二十大报告关键词词云图

巩固训练

1. 对'智改数转.txt'全文进行中文分词和词云可视化处理:

(1) 去除全文标点符号,进行中文分词;

(2) 分析分词结果,将一些未能识别的新名词、专有名词以词典的方式导入分词库中;

(3) 设置停用词'的''很''我们''非常'等;

(4) 用全文分词结果绘制词云图,图中设置最大显示词数为 50。

2. 对文件'苏东坡传.txt'内容进行中文分词和词云可视化处理:

(1) 去除全文标点符号,进行中文分词;

(2) 选择一个关键词提取算法,输出前 20 个关键词及对应的权重;

(3) 使用关键词绘制词云图(图形自选),并保存图片为'苏东坡.png'。

第 9 章

图形界面开发

视频讲解

9.1 Python 图形开发库

Python 提供了多个图形界面开发的库,几个常用的 Python GUI 库如下。

Tkinter:Tkinter 模块(Tk 接口)是 Python 的标准 Tk GUI 工具包的接口。Tkinter 可以在大多数的 UNIX 平台下使用,同样可以应用在 Windows 和 Macintosh 系统中。

wxPython:wxPython 是一款开源软件,是一套 Python 语言的优秀的 GUI 图形库,允许 Python 程序员很方便地创建完整的、功能健全的 GUI。

Jython:Jython 程序可以和 Java 无缝集成。除了一些标准模块,Jython 使用 Java 的模块。Jython 几乎拥有标准的 Python 中不依赖于 C 语言的全部模块。例如 Jython 的用户界面将使用 Swing、AWT 或者 SWT。Jython 可以被动态或静态地编译成 Java 字节码。

9.2 Tkinter 库

Tkinter 是 Python 的标准 GUI 库。Python 使用 Tkinter 可以快速地创建 GUI 应用程序。

Tkinter 是内置到 Python 的安装包中,只要安装好 Python 之后就能导入 Tkinter 库,而且 IDLE 也是用 Tkinter 编写而成的。对于简单的图形界面,Tkinter 还是能应付自如的。

注意:Python 3.x 版本使用的库名为 tkinter,即首写字母 T 为小写。

9.2.1 创建第一个 Tkinter 程序

1. 导入 tkinter 模块

可以用以下两种方式导入 tkinter 模块:

```
from tkinter import *
import tkinter as tk
```

如果采用第一种,在引用组件时不需要加前缀,第二种方式则必须加上 tk 前缀。当然,这两种引用方式仅限于 tkinter 本身的模块,不包括上文提到的扩展模块。

2．创建控件

```
win = tk.Tk()
```

3．进入事件循环

```
win.mainloop()
```

mainloop()方法一定要放在最后执行。如果我们把 tkinter 程序看成一本连环画的话，那么 mainloop()方法就是翻阅连环画的动作，没有它是无法实现连环画效果的。也就是说，如果想要设计并布局一个界面，其内容应该放在创建控件实例和进入事件循环之间。

【例 9-1】 第一个 Tkinter 程序。

```
from tkinter import *              #导入 tkinter 模块
win = Tk()                         #创建 Windows 窗口对象
win.title('我的第一个 GUI 程序')     #设置窗口标题
win.mainloop()                     #进入消息循环,也就是显示窗口
```

以上代码执行结果如图 9-1 所示。

图 9-1　第一个 GUI 程序

9.2.2　Tkinter 组件

组件是指界面对象，又称为控件或部件。Tkinter 提供各种组件，如按钮、标签和文本框，在一个 GUI 应用程序中使用。目前有 15 种 Tkinter 组件，这些组件的介绍如表 9-1 所示。

表 9-1　Tkinter 组件

控　　件	描　　述
Button	按钮控件：在程序中显示按钮
Canvas	画布控件：显示图形元素，如线条或文本
Checkbutton	多选框控件：用于在程序中提供多项选择框
Entry	输入控件：用于显示简单的文本内容
Frame	框架控件：在屏幕上显示一个矩形区域，多用来作为容器
Label	标签控件：可以显示文本和位图

控 件	描 述
Listbox	列表框控件：用来显示一个字符串列表给用户
Menubutton	菜单按钮控件：用于显示菜单项
Menu	菜单控件：显示菜单栏、下拉菜单和弹出菜单
Message	消息控件：用来显示多行文本，与 Label 比较类似
Radiobutton	单选钮控件：显示一个单选的按钮状态
Scale	范围控件：显示一个数值刻度，为输出限定范围的数字区间
Scrollbar	滚动条控件：当内容超过可视化区域时使用，如列表框
Text	文本控件：用于显示多行文本
Toplevel	容器控件：用来提供一个单独的对话框，与 Frame 比较类似
Spinbox	输入控件：与 Entry 类似，但是可以指定输入范围值
PanedWindow	窗口布局管理的插件：可以包含一个或者多个子控件
LabelFrame	简单的容器控件：常用于复杂的窗口布局
tkMessageBox	用于显示应用程序的消息框

标准属性也就是所有控件的共同属性，如大小、字体和颜色等，见表 9-2。

表 9-2 Tkinter 组件标准属性

属 性	描 述
Dimension	控件大小
Color	控件颜色
Font	控件字体
Anchor	锚点
Relief	控件样式
Bitmap	位图
Cursor	光标

9.3 布局管理器

当我们开发一个 GUI 程序的时候，布局管理器发挥着非常重要的作用，它通过管理控件在窗口中的位置（排版），从而实现对窗口和控件布局的目的。Tkinter 提供了三种常用的布局管理器，分别是 pack()、grid() 以及 place()，它们对应的 pack()、grid() 以及 place() 方法如表 9-3 所示，上述三种方法适用于 Tkinter 中的所有控件。

表 9-3 tkinter 布局管理器

几何方法	描 述
pack()	按照控件的添加顺序进行排列，遗憾的是此方法灵活性较差
grid()	以行和列（网格）形式对控件进行排列，此种方法使用起来较为灵活
place()	可以指定组件大小以及摆放位置，三个方法中最为灵活的布局方法

9.3.1 pack 布局管理器

pack() 是一种较为简单的布局方法，在不使用任何参数的情况下，它会将控件以添加时的先后顺序,自上而下,一行一行地进行排列,并且默认居中显示。

　　每个控件对象都有 pack()方法,调用控件的 pack()方法时,即通知 pack 布局管理器放置控件。pack()方法的常用参数如表 9-4 所示。

表 9-4　pack()方法的常用参数

参　　数	说　　明
anchor	组件在窗口中的对齐方式,有 9 个方位参数值,例如"n"/"w"/"s"/"e"/"ne",以及"center"等(这里的"e""w""s""n"分别代表"东""西""南""北")
expand	是否是可扩展窗口,参数值为 True(扩展)或者 False(不扩展),默认为 False,若设置为 True,则控件的位置始终位于窗口的中央位置
fill	参数值为 X/Y/BOTH/NONE,表示允许控件在水平/垂直/同时在两个方向上进行拉伸,比如当 fill=X 时,控件会占满水平方向上的所有剩余空间
ipadx,ipady	需要与 fill 参数值共同使用,表示组件与内容和组件边框的距离(内边距),比如文本内容和组件边框的距离,单位为像素(p),或者厘米(c)、英寸(i)
padx,pady	用于控制组件之间的上下、左右的距离(外边距),单位为像素(p),或者厘米(c)、英寸(i)
side	组件放置在窗口的哪个位置上,参数值 为'top'、'bottom'、'left'、'right'。注意,单词小写时需要使用字符串格式,若为大写单词则不必使用字符串格式

【例 9-2】　pack 布局管理器。

```
from tkinter import *          # 导入 Tkinter 模块
win = Tk()                     # 创建 Windows 窗口对象
win.geometry('300x150')        # 设置窗口大小
win.title('pack 布局')         # 设置窗口标题
# pack 布局
lab1 = Label(win,text = "pack 布局")
lab1.pack()
button2 = Button(win,text = "left")
button2.pack(side = 'left')
button3 = Button(win, text = "right")
button3.pack(side = 'right')

win.mainloop()                 # 进入消息循环,也就是显示窗口
```

以上代码执行结果如图 9-2 所示。

图 9-2　pack 布局管理功能演示

9.3.2　grid 布局管理器

　　grid 布局管理器是将父控件逻辑上分割成由行和列组成的表格,在指定位置放置想要放置的子控件。

grid 布局是一种基于网格式的布局管理方法,相当于把窗口看成了一张由行和列组成的表格。当使用该 grid()方法进行布局时,表格内的每个单元格都可以放置一个控件,从而实现对界面的布局管理。

grid 布局管理器管理的占位表格的行和列都是从 0 开始编号的,控件定位时,使用 column 选项指定行编号,使用 row 选项指定列编号。grid 管理器管理的占位表格中,若行列上没有控件,则这些行列不可见,即没有高度和宽度。

每个控件对象都有 grid()方法,调用控件的 grid()方法时,即通知 grid 布局管理器放置控件。

注意:这里所说的"表格"是虚拟出来的,目的是便于大家理解,其实窗体并不会因为使用了 gird()方法而增加一个表格。

grid()方法的常用参数如表 9-5 所示。

表 9-5　grid()方法的常用参数

参　　数	说　　明
column	控件位于表格中的第几列,窗体最左边的为起始列,默认为第 0 列
columnsapn	控件实例所跨的列数,默认为 1 列,通过该参数可以合并一行中多个邻近单元格
ipadx,ipady	用于控制内边距,在单元格内部,左右、上下方向上填充指定大小的空间
padx,pady	用于控制外边距,在单元格外部,左右、上下方向上填充指定大小的空间
row	控件位于表格中的第几行,窗体最上面为起始行,默认为第 0 行
rowspan	控件实例所跨的行数,默认为 1 行,通过该参数可以合并一列中多个邻近单元格
sticky	该属性用来设置控件位于单元格哪个方位上,参数值和 anchor 相同,若不设置该参数,则控件在单元格内居中

grid()方法相比 pack()方法来说要更加灵活,以网格的方式对组件进行布局管理,让整个布局显得非常简洁、优雅。如果说非要从三个布局管理方法中选择一个使用的话,那么推荐大家使用 grid()方法。

需要注意的是,在一个程序中不能同时使用 pack()和 grid()方法,这两个方法只能二选一,否则程序会运行错误。

【例 9-3】 grid 布局管理器。

```
from tkinter import *          # 导入 Tkinter 模块
win = Tk()                     # 创建 Windows 窗口对象
win.geometry('300x150')        # 设置窗口大小
win.title('grid 布局')         # 设置窗口标题

lab1 = Label(win,text = '用户名:')
lab1.grid(row = 0,column = 0,padx = 6,pady = 4)
en1 = Entry(win,show = 'username')
en1.grid(row = 0,column = 1,columnspan = 2)
lab2 = Label(win,text = '密 码:')
lab2.grid(row = 1,column = 0)
en2 = Entry(win,show = 'password')
en2.grid(row = 1,column = 1,columnspan = 2)
btn1 = Button(win,text = '登录')
btn1.grid(row = 2,column = 1,padx = 6,pady = 4,ipadx = 6)
btn2 = Button(win,text = '取消')
```

```
btn2.grid(row = 2,column = 2,ipadx = 6)

win.mainloop()          # 进入消息循环,也就是显示窗口
```

以上代码执行结果如图 9-3 所示。

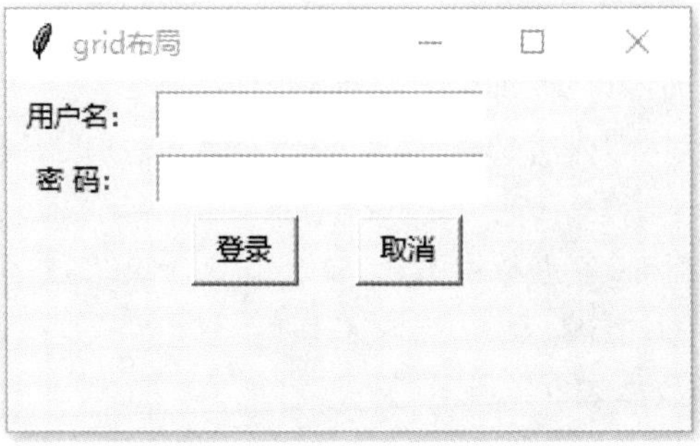

图 9-3　grid 布局管理器功能演示

9.3.3　place 布局管理器

place 布局管理器是使用绝对坐标来排列控件的。与前两种布局方法相比,采用 place()方法进行布局管理要更加精细化,通过 place 布局管理器可以直接指定控件在窗体内的绝对位置,或者相对于其他控件定位的相对位置。

每个控件对象都有 place()方法,通过调用 place()方法,指定坐标值放置控件。place()方法的一般调用格式如下:

```
控件对象.place(坐标[,其他选项…])
```

坐标有以下两种方式。

方式一(绝对坐标): x＝值 1,y＝值 2。

方式二(相对坐标): relx＝值 1,rely＝值 2。

place()方法的常用参数如表 9-6 所示。

表 9-6　place()方法的常用参数

参　　数	说　　　明
anchor	定义控件在窗体内的方位,参数值为 N/NE/E/SE/S/SW/W/NW 或 CENTER,默认值是 NW
bordermode	定义控件的坐标是否要考虑边界的宽度,参数值为 OUTSIDE(排除边界)或 INSIDE(包含边界),默认值为 INSIDE
x、y	定义控件在根窗体中水平和垂直方向上的起始绝对位置
relx、rely	(1)定义控件相对于根窗口(或其他控件)在水平和垂直方向上的相对位置(即位移比例),取值范围为 0.0～1.0 (2)可设置 in_ 参数项,相对于某个其他控件的位置
height、width	控件自身的高度和宽度(单位为像素)
relheight、relwidth	控件高度和宽度相对于根窗体高度和宽度的比例,取值范围为 0.0～1.0

通过上述描述可以知道,relx 和 rely 参数指定的是控件相对于父组件的位置,而 relwidth 和 relheight 参数则是指定控件相对于父组件的尺寸大小。

【例 9-4 】 place 布局管理器。

```
from tkinter import *
win = Tk()
win.geometry('300x150')
win.title('place 布局')

lab1 = Label(win, text = 'tkinter', bg = 'white')
lab1.place(x = 120, y = 20)
lab2 = Label(win, text = 'Python', bg = 'yellow')
lab2.place(relx = 0.4, rely = 0.8, width = 60, height = 60, anchor = SE)
win.mainloop()
```

以上代码执行结果如图 9-4 所示。

图 9-4 place 布局管理器功能演示

9.4 事件处理

在 Tkinter 中,事件指的是用户(或操作系统)执行的一些动作,例如单击鼠标、按下键盘等。Tkinter 中主要有三种事件:鼠标事件、键盘事件和窗体事件。

Tkinter 中,事件被封装成事件类,即 Event 类。事件(event)表示程序中某件事发生的信号,可以用来触发一段特定的代码——事件处理程序(event handler)。事件处理程序是应用程序中的一个函数,当事件发生时调用它。

9.4.1 事件描述

Tkinter 用事件描述符来描述不同的鼠标键盘等动作。事件描述符是以字符串的形式表示的,Tkinter 中经常使用的事件类型描述格式为:< modifier-type-detail >,其中各参数说明如下。

- modifier:事件修饰符,如 Alt、Shift 组合键。
- type:事件类型,如按键(Key)、鼠标(Button/Enter/Leave/Release)等。
- detail:事件细节,如鼠标左键(1)、鼠标中键(2)、鼠标右键(3)。

常用事件描述符如表 9-7 所示。

表 9-7 常用事件描述符

描　　述	说　　明
＜Button-1＞ ＜ButtonPress-1＞ ＜1＞	按下鼠标左键,2 表示右键,3 表示中键
＜ButtonRelease-1＞	鼠标左键释放
＜B1-Motion＞	按住鼠标左键移动
＜Double-Button-1＞	双击左键
＜Enter＞	鼠标指针进入某一组件区域
＜Leave＞	鼠标指针离开某一组件区域
＜KeyPress＞	按下任意键
＜KeyPress-A＞	按下键盘 A 键
＜Alt-KeyPress-a＞	同时按下 Alt 和 A,Alt 可用 Ctrl 和 Shift 代替
＜Double-KeyPress-a＞	快速按两下 A 键
＜Control-V＞	Ctrl 和 V 键同时按下,V 可以换成其他键

9.4.2　事件绑定

当事件发生在控件上,调用事件处理程序时,称之为绑定(bingding)。绑定就是将事件和事件处理程序建立联系。Tkinter 中的每一种组件都可以绑定多种类型的事件,例如 Button 组件可以绑定单击事件、双击事件等。

一个 GUI 应用整个生命周期都处在一个消息循环(event loop)中。它等待事件的发生,并作出相应的处理。Tkinter 提供了用以处理相关事件的机制处理函数,可被绑定给各个控件的各种事件。

1. 创建组件对象时绑定

创建组件对象实例时,可通过其命名参数 command 指定事件处理函数。单击控件 Tkinter 将自动调用被绑定的函数。

按钮 Button、单选按钮 Radiobutton、复选框 Checkbutton 等都有 command 属性。

```
♯事件处理函数
def callback():
    showinfo("Python command","人生苦短、我用 Python")
Bu1 = Button(root, text = "设置事件调用命令",command = callback)
Bu1.pack()
```

2. 使用 bind()方法进行事件绑定

Tkinter 可以使用 bind()方法在四个级别上将事件处理程序绑定到事件,实例绑定、类绑定、窗口绑定、应用程序绑定。

(1) 在 Python 程序中创建 GUI 控件,一般把需要事件处理的控件存放在变量中。

(2) 创建自定义的处理函数,该函数必须包含一个 event 参数。自定义的处理函数格式如下:

```
def 函数名(参数 event):
    函数体
```

（3）调用 bind()方法建立控件和处理函数间的绑定。

（4）当调用窗口的 mainloop()函数激活窗体及其控件后,Tkinter 将监控用户的动作,并生成 event 对象。对建立了事件处理绑定的控件,一旦发生了指定事件后,调用处理函数,执行其中的代码。

1）实例绑定

调用组件对象实例方法 bind()可为指定组件实例绑定事件。这是最常用的事件绑定方式:

```
控件对象实例名.bind("<事件类型描述符>", 事件处理函数)
```

例如:

```
Button1.bind('< Button - 1 >', callback1)
# 按下鼠标左键,调用 callback1 函数
```

2）类绑定

将事件与一组件类绑定。调用任意组件实例的.bind_class()方法为特定组件类绑定事件。类绑定的一般格式如下:

```
任意对象.bind_class(控件类描述符,事件类型,事件处理函数)
```

控件类描述符为控件类的字符串。类绑定后,所有控件类的实例都会响应该事件。例如,以下代码中,窗口中所有的命令按钮都会响应右击事件。

```
Mainwindow.bind_class('Button','< Button - 3 >',callback2)
```

3）窗口绑定

窗口绑定的一般格式如下:

```
窗口对象. bind(<事件类型描述符>,事件处理函数)
```

窗口绑定的事件是在窗口或窗口的控件上发生了对应的事件时调用事件处理函数。例如,以下代码中若在按钮获得焦点时按 Enter 键则处理函数 callback1 和 callback2 都会被调用。

```
Btn1.bind('< Retrun >',callback1)
Mainwindow.bind('< Retrun >',callback2)
```

4）应用程序绑定

应用程序绑定的一般格式如下:

```
任意对象.bind_all(控件类描述符,事件类型,事件处理函数)
```

应用程序绑定时,调用任意对象的 bind_all()方法绑定。绑定后,当前程序中所有控件都会响应该事件。例如,以下代码中,应用程序中所有的控件都会响应右击事件。

```
Mainwindow.bind_all('< 3 >',callback3)
```

5）事件响应顺序

当某个控件的事件响应与 4 种类别的绑定都相关时,按控件绑定、类绑定、窗口绑定和应用程序绑定的顺序回调处理函数。

视频讲解

9.5　图形界面开发实践

使用 Tkinter 进行图形界面程序开发整体上可以分成以下 4 步。

（1）创建窗口。

（2）为窗口添加控件。

（3）编写事件处理程序。

（4）为控件添加事件。

下面将以两个应用程序为例，演示 GUI 应用程序开发过程。

9.5.1　随机点名（GUI 版）

开发一个图形界面版的随机点名程序，可以供教师上课提问、活动抽奖等生活场景使用，简单又方便。

下面按照 Tkinter 图形界面程序开发步骤进行点名程序的实现。

1. 创建窗口

```
# 建立窗口对象 window
window = tk.Tk()
# 给窗口的可视化起名字
window.title('随机点名程序')
# 设定窗口的大小(长×宽)
window.geometry('500x300')

# 显示窗口
window.mainloop()
```

2. 为窗口添加控件

在最后显示窗口之前添加如下代码。

```
# 创建 str 类型变量
retext = tk.StringVar()
# 创建 label 对象,显示点名信息
nameLabel = tk.Label(window,
          fg = 'blue',                          # 设置标签字体颜色
          textvariable = retext,                 # 使用 str 变量作为文本变量
          width = 400, height = 4)
nameLabel.config(font = 'Helvetica - % d bold' % 40)   # 设置字体
nameLabel.pack()                                 # 使用 pack 布局管理器
# 创建点名按钮
nameBtn   = tk.Button(window, text = '点名',
          width = 15, height = 2)                 # 设置按钮大小
nameBtn.pack()
```

运行程序，查看窗口是否已经按照预期呈现，可根据自己需要适当调整大小、样式等。程序运行的结果如图 9-5 所示。

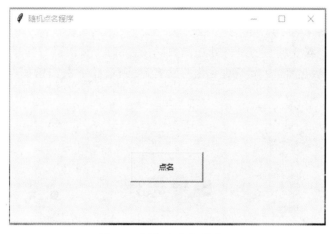

图 9-5 随机点名初始窗口

3．编写事件处理程序

为按钮添加事件，单击按钮时能够读取名单数据，并随机抽取一个显示在窗口文本区域。分别将数据读取、随机抽取封装在两个函数中实现。班级学生名单存放在 namelist.csv 文件中，如图 9-6 所示，这里需要从文件读取。

在添加控件的代码之前添加如下事件函数：

图 9-6 学生名单

```
# 数据读取函数，班级名单保存在 namelist.csv 文件中
def read_data():
    namelist = []
    with open('namelist.csv', newline = '', encoding = 'utf - 8') as f:     # 打开文件
        fcsv = csv. reader(f)                                    # 创建 csv. reader 对象
        headers = next(fcsv)                                    # 标题
        for row in fcsv:                                        # 循环读取各行
            namelist.append('-'.join(row))
    return namelist
# 事件处理函数，用来响应按钮事件
def call():
    for i in range(10):                                        # 循环 10 次，呈现名字滚动效果
        time.sleep(0.2)                                        # 延迟 0.2 秒，名字切换呈现视觉变化
        student = random.choice(data)                          # 随机抽取一个姓名
        retext.set(student)                                    # 更新到文本变量中
        window.update()                                        # 更新窗口
```

4．为控件添加事件

在步骤 2 添加按钮控件的代码中，为按钮对象增加 command 属性，并为其指定响应事件为刚才编写的 call 函数。修改代码如下：

```
# 绘制点名按钮
nameBtn   = tk. Button(window, text = '点名', width = 15, height = 2, command = call)
nameBtn. pack()
```

同时添加一行代码，让程序读取数据到 data 变量。

```
#读取数据
data = read_data()
```

此时,已经将步骤 3 编写的事件处理函数同按钮绑定. 再次运行程序,单击"点名"按钮,会看到窗口中文本区出现 10 次不断变化的姓名,直到最后一次选定被点中的名字,运行结果如图 9-7 所示。

图 9-7 随机点名运行界面

随机点名程序的完整代码(9_5_rollCall.py)如下:

```
import tkinter as tk
import random
import time

#编写事件处理函数
#读取数据函数
def read_data():
    namelist = []
    with open('namelist.csv', newline = '', encoding = 'utf - 8') as f:   #打开文件
        fcsv = csv.reader(f)                                              #创建 csv.reader 对象
        headers = next(fcsv)                                             #标题
        for row in fcsv:                                                #循环读取各行
            namelist.append(' - '.join(row))
    return namelist                                                    #事件处理函数
def call():
    for i in range(10):
        time.sleep(0.2)
        student = random.choice(data)
        retext.set(student)
        window.update()

#建立窗口 window
window = tk.Tk()
#给窗口的可视化起名字
window.title('随机点名程序')
#设定窗口的大小(长 * 宽)
window.geometry('500x300')
#创建 str 类型
retext = tk.StringVar()
```

```
#为窗口添加控件
#绘制点名信息
nameLabel = tk.Label(window, fg = 'blue', textvariable = retext, width = 400, height = 4)
nameLabel.config(font = 'Helvetica - % d bold' % 40)
nameLabel.pack()

#绘制点名按钮
nameBtn = tk.Button(window, text = '点名', width = 15, height = 2, command = call)
#添加事件处理函数
nameBtn.pack()

#读取数据
data = read_data()

#显示窗口
window.mainloop()
```

9.5.2　古诗词练习（GUI 版）

习近平总书记在党的十九大报告中指出："文化自信是一个国家、一个民族发展中最基本、最深沉、最持久的力量"。作为中国人，我们每个人都应该学习并弘扬中国传统文化，坚定文化自信。古诗词作为中华优秀传统文化的一部分，更是我们每个人从小到大都必须学习的内容。

1. 任务描述

开发一个古诗词练习程序（图 9-8），有助于青少年以轻松愉快的方式学习、记忆古诗词。古诗词练习程序工作流程如下。

（1）程序开始呈现欢迎界面，用户单击按钮开始答题。

（2）随机从诗词库（图 9-9）中抽取一首古诗词，然后随机抽掉一句诗词用空格线代替。

（3）将处理好的古诗词格式化显示在窗口界面，提示用户在文本区输入缺失的诗句。

（4）填写完成后按 Enter 键或单击"提交"按钮提交答案。

（5）程序进行答案判断，并给出相应提示。

（6）单击"下一题"按钮再次答题，同步骤（2）～（5）。

（7）单击"结束练习"按钮显示本次练习情况。

2. 任务实施

下面按照 Tkinter 的图形界面程序开发步骤进行古诗词练习程序的实现。

（1）创建窗口。

```
#创建窗口
wd = tk.Tk()
wd.title("中华古诗词练习")
wd.geometry("400x400 + 300 + 300")   #设置窗口大小和初始位置

#运行窗口
wd.mainloop()
```

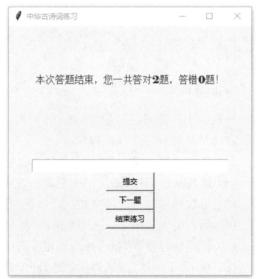

图 9-8　古诗词练习程序运行演示

图 9-9　古诗词库 poems.txt 文件

（2）为窗口添加控件。在最后显示窗口之前添加如下代码：

```
# 为窗口添加控件,标签 2 个,输入框 1 个,按钮 3 个
# 题目标签
labQ = tk.Label(wd,fg = 'blue',text = " --- 欢迎参加中华古诗词练习 -- ",font = 'elephant - 16 ',
width = 300,height = 8)
labQ.pack()
# 提示信息标签
labInf = tk.Label(wd,fg = 'red',text = "",width = 400,height = 2)
labInf.pack()
# string 变量
ansText = tk.StringVar()
# 用户答题框
answer = tk.Entry(wd,width = 40, fg = 'black', font = 'Helvetica - % d ' % 15, textvariable =
ansText)
answer.pack()

# 添加三个按钮
btnOk = tk.Button(wd,text = '提交',width = 10)
btnOk.pack()
btnNext = tk.Button(wd,text = '下一题',width = 10)
btnNext.pack()
btnOver = tk.Button(wd,text = '结束练习',width = 10)
btnOver.pack()
```

运行程序,查看窗口是否已经按照预期呈现,可根据自己需要适当调整大小、样式等。

（3）编写事件处理程序。

程序中有三个按钮,每个按钮至少对应一个事件,另外在用户输入框中同时需要绑定 Enter 键提交事件。几个函数如下:

```
# 获取诗词库
def getPoemList():
    # 从文件读取古诗内容,使用 readlines 一次读取文本所有内容,返回多行列表
    with open(r'poems.txt', 'r', encoding = 'utf - 8') as f:
        lines = f.readlines()
    return lines
# 随机抽取一首古诗词,出题函数调用
def getRandomPoem():
    poemList = getPoemList()
    pm = random.choice(poemList)
    # 去除诗句中的空白或空语句
    pmstr = list(filter(None,list(map(lambda x:x.strip(),re.split(',|.', pm)))))
        # 这里使用前面在面向对象编程案例中已经编写好的 Poem 类创建对象
    poem = Poem(pmstr[0],pmstr[1],pmstr[2])
    poem.setContent(pmstr[3:])
    return poem

# 出题函数,单击"下一题"按钮时调用
def getQuestion():
    randPoem = getRandomPoem()
    index = random.randint(0, len(randPoem.contentlist) - 1)
    global correct
        # 随机抽取一句古诗词用空格代替
    correct = randPoem.contentlist[index]
```

```
        space = ''
        for i in range(0, len(correct)):
            space += '—'
        randPoem.contentlist[index] = space
    #使用 Poem 类封装好的 getFcontent 方法格式化古诗词,显示在窗口中
        labQ.config(labQ, text = randPoem.getFcontent())

    #提示信息标签内容修改
        labInf.config(labInf, text = '---- 请补充空缺的诗句: ----          ')
    #清空输入框
        ansText.set("")
        wd.update()

#用户提交后判断正误
def answerQuestion():
    #getQuestion()
    ans = answer.get().strip()
    global countY
    global countN
    if ans == correct:
        info = 'n_n 恭喜您,本题答对了!继续答题请按下一题.'
        countY += 1
    else:
        info = '很遗憾,本题答错了!继续答题请按下一题.'
        countN += 1
    labInf.config(labInf, text = info)
#结束答题
def gameOver():
    info = '本次答题结束,您一共答对{0}题,答错{1}题!'.format(countY, countN)
    labQ.config(labQ, text = info)
    labInf.config(labInf, text = '')
#提交按钮事件
def submit(event):
        answerQuestion()
```

另外,除了以上几个函数外,主程序还需要添加几个全局变量以供函数使用。

```
#全局变量,用来计数
countNum = 0    #用户答题数量
countY = 0      #答对题数
countN = 0      #答错题数
correct = ''    #当前题目答案
```

（4）为控件添加事件。

在步骤（2）添加控件的时候,三个按钮和输入框尚未绑定任何事件,这里将几个事件绑定到对应的控件。更新后的控件代码如下:

```
#用户答题框
answer = tk.Entry(wd,width = 40, fg = 'black', font = 'Helvetica - % d ' % 15, textvariable =
ansText)
answer.bind('< KeyPress - Return >',submit) #使用 bind 方法绑定事件
answer.pack()

#添加三个按钮
```

```
btnOk = tk.Button(wd,text = '提交',width = 10,command = answerQuestion)
btnOk.pack()
btnNext = tk.Button(wd,text = '下一题',width = 10,command = getQuestion)
btnNext.pack()
btnOver = tk.Button(wd,text = '结束练习',width = 10,command = gameOver)
btnOver.pack()
```

需要注意以下事项:

(1) 三个按钮使用 command 属性来指定事件相应函数,而文本框的 Enter 键事件则使用 bind()方法进行绑定。

(2) 这里我们使用到了第 6 章已经编写好的古诗词 Poem 类创建古诗词对象,即可直接调用 Poem 类中封装好的格式化方法进行格式处理,因此文件头部需要导入第 6 章对应的 Poem 模块才能使用。

(3) 古诗词列表只用了几首较少的古诗词作为题库,后面我们将用文件进行代替,届时即可存储更多的古诗词。

到这里,我们的古诗词练习程序就完成了。你也动手练一练吧!

3. 古诗词练习程序的完整代码(9_6_poemGUI.py)

```
# GUI 版 - 古诗词练习
# pack 布局
import tkinter as tk
import random
import re
from Ch6.Poem import Poem

# 全局变量,用来计数
countNum = 0
countY = 0                      # 答对题数
countN = 0                      # 答错题数
correct = ''                    # 当前题目答案
# 获取诗词库
def getPoemList():
    # 从文件读取古诗内容,使用 readlines 一次读取所有内容,返回多行列表
    with open(r'poems.txt', 'r', encoding = 'utf - 8') as f:
        lines = f.readlines()
    return lines # 随机抽取一首古诗词
def getRandomPoem():
    poemList = getPoemList()
    pm = random.choice(poemList)
    # 去除诗句中的空白或空语句
    pmstr = list(filter(None,list(map(lambda x:x.strip(),re.split(',|.', pm)))))
    poem = Poem(pmstr[0],pmstr[1],pmstr[2])
    poem.setContent(pmstr[3:])
    return poem

# 出题
def getQuestion():
    randPoem = getRandomPoem()
    index = random.randint(0, len(randPoem.contentlist) - 1)
    global correct
```

```
        correct = randPoem.contentlist[index]
        space = ''
        for i in range(0, len(correct)):
            space += '—'
        randPoem.contentlist[index] = space
        #randPoem.getFcontent()
        labQ.config(labQ, text = randPoem.getFcontent())

        #标签内容修改
        labInf.config(labInf, text = '---- 请补充空缺的诗句:----          ')
        #输入框清空
        ansText.set("")
        wd.update()

#判题
def answerQuestion():
    #getQuestion()
    ans = answer.get().strip()
    global countY
    global countN
    if ans == correct:
        info = 'n_n 恭喜您,本题答对了!继续答题请按下一题.'
        countY += 1
    else:
        info = '很遗憾,本题答错了!继续答题请按下一题.'
        countN += 1
    labInf.config(labInf, text = info)
#结束答题
def gameOver():
    info = '本次答题结束,您一共答对{0}题,答错{1}题!'.format(countY, countN)
    labQ.config(labQ, text = info)
    labInf.config(labInf, text = '')
#提交按钮事件
def submit(event):
        answerQuestion()

#主程序
#创建窗口
wd = tk.Tk()
wd.title("中华古诗词练习")
wd.geometry("400x400 + 300 + 300")


#为窗口添加控件,标签2个,输入框1个,按钮3个
#题目标签
labQ = tk.Label(wd, fg = 'blue', text = "--- 欢迎参加中华古诗词练习 -- ", font = 'elephant - 16 ',
width = 300, height = 8)
labQ.pack()
#提示信息标签
labInf = tk.Label(wd, fg = 'red', text = "", width = 400, height = 2)
labInf.pack()
#string 变量
ansText = tk.StringVar()
```

```
#用户答题框
answer = tk.Entry(wd,width = 40, fg = 'black', font = 'Helvetica - % d ' % 15, textvariable =
ansText)
answer.bind('< KeyPress - Return >',submit)
answer.pack()

#添加三个按钮
btnOk = tk.Button(wd,text = '提交',width = 10,command = answerQuestion)
btnOk.pack()
btnNext = tk.Button(wd,text = '下一题',width = 10,command = getQuestion)
btnNext.pack()
btnOver = tk.Button(wd,text = '结束练习',width = 10,command = gameOver)
btnOver.pack()

#运行窗口
wd.mainloop()
```

➤ 系统思维

在开发一个程序(解决一个问题)时,首先弄清楚要实现的目标,把总目标看作一个系统整体,对目标整体进行分析、任务拆解,按照从整体到部分、复杂问题简单化的思路,理清各部分之间的关联,逐个实现子任务、子目标,然后再按照从部分到整体的思路,将各部分进行整合、系统化,就可以实现最终的目标。

生活中遇到的很多复杂难题,要想解决,需要用系统的思维全局思考、分析,但同时又起步于我们能够做好每一件朴素的、基础性的工作。

巩固训练

1. 使用 Tkinter 开发猜数字游戏,运行效果如图 9-10 所示。游戏中计算机随机生成 1024 以内的数字,玩家去猜,如果猜的数字过大或过小都会提示,程序要统计玩家猜的次数。

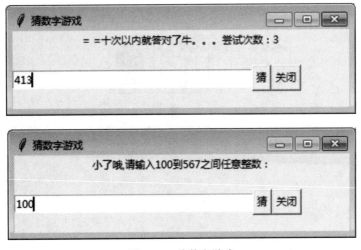

图 9-10　猜数字游戏

2. 猜单词游戏图形界面版,对 4.2.4 节中的猜单词游戏进行改进:

(1) 使用 csv 文件(EnglishWords. csv)存储单词,作为单词库,改写猜单词游戏中获取数据的方法从中抽取单词随机打乱;

(2) 使用图形界面与用户进行交互,用标签显示信息,文本框用于用户输入答案,按钮用于提交。

3. 使用 Tkinter 实现用户登录界面。

(1) 建立一个文本文件 users. txt,其中每一行存储一个用户的名字和密码,二者之间使用冒号分隔,例如 admin:123456。

(2) 用户输入名字和密码后,单击 Login 按钮,根据文件 users. txt 中存储的信息判断用户输入是否正确。如果不正确就提示"用户名或者密码不正确",如果正确就提示"登录成功"。请将界面中的文字全部改为中文。

4. 扑克牌发牌程序窗体图形界面版:4 名牌手打牌,计算机随机将 52 张牌(不含大小鬼)发给 4 名牌手,在屏幕上显示每位牌手的牌。程序的运行效果如图 9-11 所示。

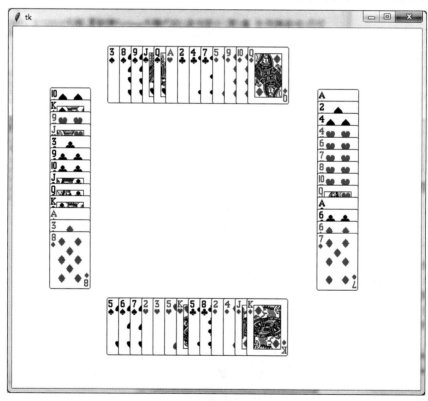

图 9-11　扑克牌发牌程序

第 10 章

网络爬虫

随着网络的迅速发展,万维网成为大量信息的载体,如何有效地提取并利用这些信息成为一个巨大的挑战。为了定向抓取相关网页资源,网络爬虫应运而生。

10.1　网络爬虫概述

10.1.1　网络爬虫简介

网络爬虫(又被称为网页蜘蛛、网络机器人、网页追逐者),本质上讲是一种计算机程序,按照一定的规则,自动地抓取万维网信息的程序或者脚本。爬虫是一个自动下载网页的程序,它根据既定的抓取目标,有选择地访问万维网上的网页与相关的链接,获取所需要的信息。

爬虫与用户正常访问信息的区别就在于:用户是缓慢、少量地获取信息,而爬虫是大量地获取信息。

网络爬虫技术的应用场景非常广泛,例如搜索引擎中的网页抓取、数据挖掘、舆情监测等。

1. 数据挖掘

网络爬虫可以帮助企业收集与业务相关的数据,并对数据进行筛选、清洗、分析等处理,为企业决策提供有效支持。

2. 竞品分析

网络爬虫可以通过抓取竞品网站的信息,了解对手的产品特点、价格策略、销售情况等,为企业制定竞争策略提供依据。

3. 舆情监测

网络爬虫可以抓取互联网上的新闻、微博、公众号等信息,进行文本分类、情感分析等处理,帮助企业、政府等单位了解公众态度和舆情变化。

网络爬虫是 Python 的优势之一。每次访问网页时,就会分析网页内容,提取结构化数据信息。最简单的方法是使用 urllib 或者 requests 库请求网页得到结果,然后用正则表达式匹配分析并抽取信息。

10.1.2 robots 协议

robots 协议也称爬虫协议、爬虫规则等，是指网站可建立一个 robots.txt 文件来告诉搜索引擎哪些页面可以抓取，哪些页面不能抓取，而搜索引擎则通过读取 robots.txt 文件识别这个页面是否允许被抓取。

robots.txt 是一个协议，而不是一个命令。robots.txt 是搜索引擎中访问网站的时候要查看的第一个文件，它告诉爬虫程序在服务器上什么文件是可以被查看的。

当一个爬虫程序访问一个站点时，它会首先检查该站点根目录下是否存在 robots.txt，如果存在，就会按照该文件中的内容来确定访问的范围；如果该文件不存在，所有的爬虫将能够访问网站上所有没有被口令保护的页面。一般仅当网站包含不希望被搜索引擎收录的内容时，才需要使用 robots.txt 文件。如果希望搜索引擎收录网站上的所有内容，不需要建立 robots.txt 文件。

如果将网站视为酒店里的一个房间，robots.txt 就是主人在房间门口悬挂的"请勿打扰"或"欢迎打扫"的提示牌。这个文件告诉来访的搜索引擎哪些房间可以进入和参观，哪些房间因为存放贵重物品，或可能涉及住户及访客的隐私而不对搜索引擎开放。但 robots.txt 不是命令，也不是防火墙，如同守门人无法阻止窃贼等恶意闯入者。

1. robots.txt 文件写法

User-agent：* 这里的 * 代表所有的搜索引擎种类，* 是一个通配符。
Disallow：/admin/这里定义是禁止爬寻 admin 目录下面的目录。
Disallow：/require/这里定义是禁止爬寻 require 目录下面的目录。
Disallow：/ABC/这里定义是禁止爬寻 ABC 目录下面的目录。
Disallow：/cgi-bin/*.htm 禁止访问/cgi-bin/目录下的所有以".htm"为后缀的 URL（包含子目录）。
Disallow：/*?* 禁止访问网站中所有包含问号(?)的网址。
Disallow：/.jpg$ 禁止抓取网页所有的.jpg 格式的图片。
Disallow：/ab/adc.html 禁止爬取 ab 文件夹下面的 adc.html 文件。
Allow：/cgi-bin/ 这里定义是允许爬寻 cgi-bin 目录下面的目录。
Allow：/tmp 这里定义是允许爬寻 tmp 的整个目录。
Allow：.htm$ 仅允许访问以".htm"为后缀的 URL。
Allow：.gif$ 允许抓取网页和 gif 格式的图片。

2. 文件用法

（1）禁止所有搜索引擎访问网站的任何部分。

```
User - agent: *
Disallow: /
```

淘宝网的 robots.txt 文件：

```
User - agent: Baiduspider
Disallow: /
```

很显然,淘宝不允许百度的机器人访问其网站下其所有的目录。

(2)允许所有的robot访问(或者也可以建一个空文件"/robots.txt"file)。

```
User - agent: *
Allow:  /
```

(3)同时使用Disallow和Allow。例如,要拦截子目录中某个页面之外的其他所有页面,可以使用下列条目:

```
User - agent: Googlebot
Allow: /folder1/myfile.html
Disallow: /folder1/
```

这些条目将拦截folder1目录内除myfile.html之外的所有页面。

10.1.3 合法使用爬虫

《中华人民共和国刑法》第二百八十五条 非法侵入计算机信息系统罪:违反国家规定,侵入前款规定以外的计算机信息系统或者采用其他技术手段,获取该计算机信息系统中存储、处理或者传输的数据,或者对该计算机信息系统实施非法控制,情节严重的,处三年以下有期徒刑或者拘役,并处或者单处罚金;情节特别严重的,处三年以上七年以下有期徒刑,并处罚金。

可以看到,入侵计算机获取数据是违法的。也就是说爬虫技术本身是无罪的,因为它获取的是公开信息,并未非法入侵计算机。但是如果用爬取到的数据从事商业化操作,那也许就构成了违法犯罪行为。

10.2 爬虫的流程

网络爬虫的工作原理主要是通过HTTP进行通信,并从各个网站或服务器下载相应的资源。网站或服务器通常会依据HTTP请求中的内容类型(Content-Type)来确定返回数据的类型。

网络爬虫的基本流程包括以下几个步骤。

(1)获取网页。

① 指定要抓取的网页URL。

② 发送HTTP请求到对应的服务器。

③ 获取响应内容,接收服务器返回的响应数据。

(2)解析页面,提取有用信息。

(3)存储数据,将抓取到的数据保存到数据库或文件中。

Python爬虫每个步骤使用到的相关技术如表10-1所示。

表10-1 Python爬虫使用的技术

工 作 流 程	基 础 技 术	进 阶 技 术
获取网页	request、urllib和selenium	多进程抓取、登录抓取、突破IP封禁和服务器抓取

工 作 流 程	基 础 技 术	进 阶 技 术
解析网页	re 正则表达式，beautifulSoup 和 lxml，xpath	
存储数据	txt 文件和 csv 文件	数据库

以上每个步骤使用到的具有相同功能的 Python 库经常有多个，可根据需要有选择地使用，第三方库需要提前安装。

10.3 urllib 库

urllib 库是 Python 内置的标准库模块，使用它可以像访问本地文件一样读取网页的内容。Python 的 urllib 库包含以下 4 个模块。

- urllib. request：HTTP 请求模块。可以用来模拟发送请求，就像在浏览器里一样，只需要给库方法传入 URL 以及额外的参数，就可以模拟实现这个过程了。
- urllib. error：异常处理模块。如果出现请求错误，可以捕获这些异常，然后进行重试或其他操作以保证程序不会意外终止。
- urllib. parse：URL 解析模块。提供了许多 URL 处理方法，比如拆分、解析、合并等。
- urllib. robotparser：解析 robots. txt 模块。主要是用来识别网站的 robots. txt 文件，然后判断哪些网站可以爬，哪些网站不可以爬，用得比较少。

其中，urllib. request 模块用于打开和读取 URL 资源，最重要、最复杂，包含了对服务器请求的发出、跳转、代理和安全等。

urllib. request 模块的常用方法如表 10-2 所示。

表 10-2 urllib. request 模块的常用方法

方　　法	说　　明
urllib. request. urlopen()	建立连接
urllib. request. install_opener(opener)	设置代理
urllib. request. build_opener()	处理连接
urllib. request. Request(url,data)	连接请求
urllib. request. urlretrieve(url,filename=None)	把网络对象复制到本地

10.3.1 urllib. request 模块

下面通过示例说明 urllib. request 模块常用方法的使用，基本步骤如下。

（1）导入 urllib. request 模块：

```
from urllib import request
```

（2）连接要访问的网址，发起请求：

```
resp = request.urlopen("http://网站地址")
```

（3）获取网站代码信息：

```
print(resp.read())
```

【例 10-1】 应用 urllib 库连接网站，抓取页面代码（10_1_urllib.py）。

```
from urllib import request
resp = request.urlopen("http://www.baidu.com/")
print(resp.getcode())
print('*********************')
print(resp.read())
print('*********************')
print(resp.info())
```

【例 10-2】 应用 urllib 库，到网站 placekitten.com 下载一只猫（10_2_cat.py）。

```
from urllib import request
resp = request.urlopen("http://placekitten.com/200/300")
catimg = resp.read()               # 获取网页请求
with open('cat.jpg','wb') as f:
    f.write(catimg)                # 将文件保存为 cat.jpg,并保存到当前文件夹中
```

程序执行后，下载了一只猫的图片到当前文件夹，如图 10-1 所示。

图 10-1　使用 urllib 下载一只猫的图片

10.3.2　设置代理服务

前面讲解的都是如何爬取一个网页内容，前提是客户端使用的 IP 地址没有被网站服务器屏蔽。当使用同一个 IP 地址频繁爬取网页时，网站服务器极有可能屏蔽这个 IP 地址。解决办法就是设置代理服务 IP 地址。

urllib.request.install_opener()创建全局默认的 opener 对象，那么在使用 urlopen()时也会使用本书安装的全局 opener 对象，因此下面可以直接使用 urllib.request.urlopen()打开对应网址爬取网页并读取。使用代理的方法如例 10-3 所示。

【例 10-3】 设置代理服务（10_3_urlib_proxy.py）。

```
from urllib import request
# 设置一个免费代理地址
proxy_support = request.ProxyHandler({'http': '211.138.121.38:80'})
# 创建一个包含代理 IP 的 opener
opener = request.build_opener(proxy_support)
```

```
#安装进默认环境
request.install_opener(opener)
url = 'http://www.whatismyip.com.tw/'
#试试看 IP 地址有没有变化
resp = request.urlopen(url)
print(resp.read().decode('utf - 8'))
```

如果使用代理 IP 地址发生异常错误时,排除代码编写错误的原因外,就需要考虑是否为代理 IP 失效,若失效则应更换为其他代理 IP 后再次进行爬取。

10.4 requests 库

requests 是 Python 爬虫用于获取网页的又一利器,是第三方库,需要事先安装。

requests 常用的几个方法如表 10-3 所示。

表 10-3   requests 库的主要方法

方　　法	说　　　明
requests. request()	构造一个请求,支撑以下各方法的基础方法
requests. get()	获取 HTML 网页的主要方法,对应于 HTTP 的 GET
requests. head()	获取 HTML 网页头信息的方法,对应于 HTTP 的 HEAD
requests. post()	向 HTML 网页提交 POST 请求的方法,对应于 HTTP 的 POST
requests. put()	向 HTML 网页提交 PUT 请求的方法,对应于 HTTP 的 PUT
requests. patch()	向 HTML 网页提交局部修改请求,对应于 HTTP 的 PATCH
requests. delete()	向 HTML 网页提交删除请求,对应于 HTTP 的 DELETE

1. 获取请求的 get()方法

urllib 库中的 urlopen()方法实际上是以 GET 方式请求网页,而 requests 中相应的方法就是 get()。

【例 10-4】 requests. get()方法基本用法(10_4_request. py)。

```
import requests

r = requests.get('https://www.baidu.com/')
print(type(r))
print(r.status_code)
print (type(r.text))
print(r.text)
```

这里调用 get()方法实现与 url open()相同的操作,得到一个 Response 对象,然后分别输出了 Response 的类型、状态码、响应体的类型以及内容。

1) get 请求实例——添加参数

在发起 GET 请求的同时,可以添加参数,参数一般以字典形式存储并作为变量传递给 get()方法的 params 参数,代码如例 10-5 所示。

【例 10-5】 GET 请求添加参数姓名和密码(10_5_request_get. py)。

```
data = {"name":"admin","pwd":"123456"}                  #以字典形式存放姓名和密码信息
r = requests.get('http://httpbin.org/get', params = data)  #将 data 变量作为参数值
print(r.text)
```

程序执行结果如图 10-2 所示。

```
{
  "args": {
    "name": "admin",
    "pwd": "123456"
  },
  "headers": {
    "Accept": "*/*",
    "Accept-Encoding": "gzip, deflate",
    "Host": "httpbin.org",
    "User-Agent": "python-requests/2.22.0",
    "X-Amzn-Trace-Id": "Root=1-6559c48a-62a75b976d506ec3290f71e1"
  },
  "origin": "221.225.227.27",
  "url": "http://httpbin.org/get?name=admin&pwd=123456"
}
```

图 10-2 get 请求添加参数后响应体内容

2）定制请求头

客户端发送 HTTP 请求到对应服务器时，包含一个 request 请求头信息，一般包含如表 10-4 所示的信息。

表 10-4 Request Header 请求头参数和描述

Header	解　释	示　例
Accept	指定客户端能够接收的内容类型	Accept：text/plain，text/html，application/json
Accept-Charset	浏览器可以接收的字符编码集	Accept-Charset：iso-8859-5
Accept-Encoding	指定浏览器可以支持的 Web 服务器返回的内容压缩编码类型	Accept-Encoding：compress，gzip
Accept-Language	浏览器可接受的语言	Accept-Language：en，zh
Accept-Ranges	可以请求网页实体的一个或者多个子范围字段	Accept-Ranges：bytes
Authorization	HTTP 授权的授权证书	Authorization：Basic QWxhZGRpbjpvcGVuIHNlc2FtZQ==
Cache-Control	指定请求和响应遵循的缓存机制	Cache-Control：no-cache
Connection	表示是否需要持久连接（HTTP 1.1 默认进行持久连接）	Connection：close
Cookie	HTTP 请求发送时，会把保存在该请求域名下的所有 cookie 值一起发送给 Web 服务器	Cookie：$ Version=1；Skin=new；
Content-Length	请求的内容长度	Content-Length：348
Content-Type	请求的与实体对应的 MIME 信息	Content-Type：application/x-www-form-urlencoded
Date	请求发送的日期和时间	Date：Tue，15 Nov 2010 08:12:31 GMT
Expect	请求的特定的服务器行为	Expect：100-continue
From	发出请求的用户的 E-mail	From：user@email.com
Host	指定请求的服务器的域名和端口号	Host：www.zcmhi.com

Header	解　　释	示　　例
Referer	先前网页的地址,当前请求网页紧随其后,即来路	Referer：http://www.zcmhi.com/archives…
User-Agent	浏览器类型、操作系统、浏览器内核等信息的标识	User-Agent：Mozilla/5.0(Linux；X11)
Via	通知中间网关或代理服务器地址,通信协议	Via：1.0fred,1.1 nowhere.com(Apache/1.1)
Warning	关于消息实体的警告信息	Warn：199 Miscellaneous warning

其中,User-Agent 会将创建请求的浏览器和用户代理名称等信息传达给服务器。服务器端通过 User-Agent 识别浏览器类型、操作系统、浏览器内核等信息的标识,用来判断是否来自非人类的访问。

一个请求头常见的 User-Agent 取值如下：

```
User-Agent:  Mozilla/5.0 (Windows NT 10.0; Win64; x64) AppleWebKit/537.36 (KHTML, like
Gecko) Chrome/119.0.0.0 Safari/537.36
```

使用 get()方法时,可以定制请求头信息让爬虫模拟来自人类通过浏览器发起的请求。先定制好 Header 的信息格式与内容,再将其作为参数传递给 get()方法即可,具体使用方法如例 10-6 所示。

【例 10-6】　GET 请求使用定制请求头(10_6_request_header.py)。

```
header = {
    'User-Agent':
        'Mozilla/5.0 (Windows NT 10.0; Win64; x64) AppleWebKit/537.36 \
        (KHTML, like Gecko) Chrome/119.0.0.0 Safari/537.36'
}
r = requests.get('https://www.zhihu.com/explore', headers = header)
print(r.text)
```

2. 获取请求的 post()方法

requests 库使用 post()方法并提交数据的方法如例 10-7 所示。

【例 10-7】　使用 requests.post()方法提交数据并获取请求(10_7_request_post.py)。

```
import requests
data = {'name':'tom', 'age':18}
r = requests.post('http://httpbin.org/post', data = data)
print(r.text)
```

程序执行结果如图 10-3 所示。

3. 获取响应体信息

HTTP 响应由 3 部分组成：状态行、响应头、响应正文。当使用 requests.* 发送请求时,requests 首先构建一个 requests 对象,该对象会根据请求方法或相关参数发起 HTTP请求。一旦服务器返回响应,就会产生一个 Response 对象,该响应对象包含服务器返回的所有信息,也包含原本创建的 Request 对象。

```
{
  "args": {},
  "data": "",
  "files": {},
  "form": {
    "age": "18",
    "name": "tom"
  },
  "headers": {
    "Accept": "*/*",
    "Accept-Encoding": "gzip, deflate",
    "Content-Length": "15",
    "Content-Type": "application/x-www-form-urlencoded",
    "Host": "httpbin.org",
    "User-Agent": "python-requests/2.22.0",
    "X-Amzn-Trace-Id": "Root=1-6559f3ea-762393ad33d92eef0fa2aa82"
  },
  "json": null,
  "origin": "114.216.123.38",
  "url": "http://httpbin.org/post"
}
```

图 10-3 POST 请求提交数据后响应体内容

对于响应状态码,可以访问响应对象的 status_code 属性,代码如下:

```
import requests
ret = requests.get("http://httpbin.org/get")
print(ret.status_code)    # 正常访问返回 200 状态码
```

对于响应正文,可以通过多种方式读取。

(1) 普通响应,通过 ret.text 获取。

(2) JSON 响应,通过 ret.json 获取。

(3) 二进制内容响应,通过 ret.content 获取。

4．超时设置

在使用 requests 的 get()或 post()方法获取请求响应时,可设置超时参数 timeout,服务器在 timeout 秒内没有应答就返回异常,使用方法如下:

```
r = requests.get(link, timeout = 3)
```

10.5 BeautifulSoup

BeautifulSoup 是 Python 的一个解析、遍历、维护网页文档"标签"的功能库,其主要功能是从连接的网站上通过解析文档从 HTML 或 XML 文件中提取数据。BeautifulSoup 模块提供了一些功能函数来处理导航、搜索、修改分析树等。

BeautifulSoup 模块使用时不需要考虑编码方式,它自动将输入文档转换为 Unicode 编码,输出文档转换为 utf-8 编码。

BeautifulSoup 不是 Python 系统自带的模块,因此在使用前必须安装,用 pip 安装 BeautifulSoup 的命令如下:

```
pip install beautifulsoup4
```

BeautifulSoup 默认支持 Python 的标准 HTML 解析库,但是它也支持一些第三方的解析库。

1．BeautifulSoup 的基本元素

BeautifulSoup 的基本元素如表 10-5 所示。

表 10-5　BeautifulSoup 的基本元素

基 本 元 素	说 明
Tag	标签,最基本的信息组织单元,分别用< >和</>表示开头和结尾
Name	标签的名字,<p></p>的名字是'p',格式为:<tag>.name
Attributes	标签的属性,字典形式,格式为:<tag>.attrs
NavigableString	标签内非属性字符串,< >…</>种字符串,格式为:<tag>.string
Comment	标签内字符串的注释部分,一种特殊的 Comment 类型

2．BeautifulSoup 对网页页面元素定位的方法

设 BeautifulSoup 解析器对象为 soup,则按网页页面中的标签元素进行定位的方法如表 10-6 所示。

表 10-6　BeautifulSoup 对标签元素定位的方法

方 法	说 明
soup.find_all()	搜索信息,返回一个列表类型,存储查找的结果
Soup.find()	搜索且只返回一个结果信息

1) 通过标签名定位

例如,HTML 文档的代码如下:

```
<table>
<td>apple</td>
<td>banana</td>
</table>
```

则

```
soup.find("td")                    # 返回第一个"<td></td>"节点
soup.find_all("td")                # 返回所有的"<td></td>"节点
```

2) 通过关键字定位

可以使用 class 作为过滤,但是 class 是 Python 中的关键字,可以使用 class_ 代替。假设 HTML 文档代码如下:

```
<table>
<td name="fruit">apple</td>
<td name="fruit">banana</td>
<td class="vegetable">potato</td>
</table>
```

则

```
soup.find(class_="vegetable")      # 返回第 3 个"<td></td>"节点
```

3) 通过标签名+属性定位

假设 HTML 文档代码同方法 2),则:

```
soup.find("td", {"name":"fruit"})          # 返回第一个"<td></td>"节点
soup.find_all("td", {"name":"fruit"})      # 返回所有的"<td></td>"节点
```

4）通过 string 定位

string 参数用来搜索文档中的字符串内容，string 参数也接收字符串、正则表达式、列表、True 等参数。

假设 HTML 文档代码同方法 2），则：

```
soup.find(string = "apple")
soup.find_all(string = re.compile('^ba'))    ＃返回以'ba'开头的内容
```

10.6 爬虫实践

视频讲解

10.6.1 模拟浏览器

很多网站采取了防止爬虫的措施，如果发现是爬虫，则拒绝访问。为了解决这个问题，通常把爬虫伪装成浏览器，从而可以顺利爬取网站中的数据。Python 中通过使用 fake_useragent 库来模拟浏览器，主要步骤如下。

（1）下载并安装 fake_useragent 库。

通过 PyCharm 的 setting（设置）菜单中的包（package）管理器进行搜索安装，如图 10-4 所示。

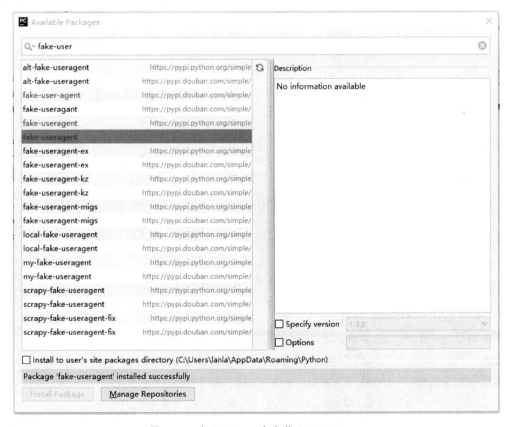

图 10-4 在 PyCharm 中安装 fake_useragent

或者使用以下命令安装：

```
pip install fake_useragent
```

（2）导入 fake_ useragent 模块：

```
from fake_useragent import UserAgent
```

（3）把爬虫伪装成浏览器：

```
headers = {
        "User - Agent": UserAgent().chrome
    }
    url = "https://movie.douban.com/top250?start = 0"
# 发起 GET 请求
  r = requests.get(url, headers = headers)
```

10.6.2　豆瓣电影数据采集

【例 10-8】　编写程序抓取豆瓣电影 top250 排名前 50 的电影名。

1．任务描述

打开豆瓣电影网站 https://movie.douban.com /top250，其前 250 名榜单网页如图 10-5 所示。按 F12 键进入浏览器调试模式，在调试页面的代码中，当鼠标指针停留在某代码行时，左边网页页面相应的栏目内容就被选中，如图 10-6 所示。

通过查看左侧网页内容和右侧代码可知，当前页面电影列表中每部电影的信息都存放在 li 元素中，每个 li 中电影信息块的结构都相同，包含图片和文字两部分内容。其中右侧文字信息存放在 class 为"hd"的 div 中，如图 10-7 所示，该 div 超链接中的< span >文本就是电影的标题。

2．任务实施

（1）导入需要的库，模拟浏览器定制请求头：

```
import requests
from bs4 import BeautifulSoup
from fake_useragent import   UserAgent

headers = {
        "User - Agent": UserAgent().chrome
}
```

（2）获取网页 HTML 代码。

我们发现当前网页最多显示 25 条电影信息，要获取前 50 部电影，需要访问下一页。当单击第 2 页时，浏览器的网址发生了变化，https://movie.douban.com/top250?start＝25，仔细观察发现后面多了问号以及 start 参数，这是当前页面显示的开始序号。因此，我们要访问的 url 不是一个固定值，而是要动态地变化，而变化的就是每页开始的序号。

我们要访问两个页面才能获取到 50 部电影信息，但每页的结构和访问操作都是相同的，因此可以用循环来实现。

图 10-5 豆瓣电影前 250 名榜单

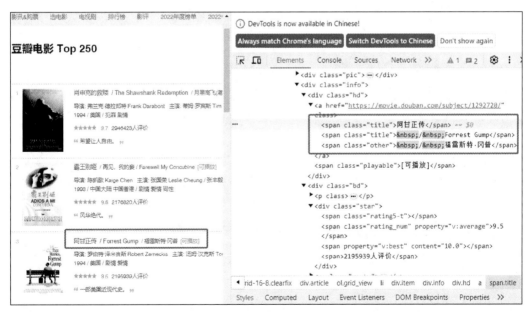

图 10-6 在浏览器中按 F12 键进入调试页面

图 10-7   调试页面中的电影信息

```
movieList = [ ]
#每次获取一个页面25条记录,访问2次
for i in range(0,2):
    url = "https://movie.douban.com/top250 start = " + str(i * 25)
    #get 请求
    r = requests.get(url,headers = headers)
```

（3）使用 BeautifulSoup 解析器对象,对返回的文本标签属性进行定位：

```
#使用 BeautifulSoup 解析返回的文本
    soup = BeautifulSoup(r.text, 'html.parser')
#查找所有 class = 'hd'的 div 块
    divlist = soup.find_all(name = 'div',class_ = 'hd')
```

（4）通过循环,解析出所有电影名称信息：

```
#通过循环解析出当前页面所有电影名称:div 块下超链接的 span 文本
    for each in divlist:
        movie = each.a.span.text.strip()      #获取电影名
        movieList.append(movie)               #追加到列表
```

（5）完整程序（10_8_doubanMovie.py）：

```
import requests
from bs4 import BeautifulSoup
from fake_useragent import   UserAgent


headers = {
      "User - Agent": UserAgent().chrome
}
movieList = [ ]
#取前2页,即前50名,每次获取一个页面25条记录,访问2次
for i in range(0,2):
        url = "https://movie.douban.com/top250 start = " + str(i * 25)
        #GET 请求
    r = requests.get(url,headers = headers,timeout = 10)
```

```
#使用 BeautifulSoup 解析返回的文本
soup = BeautifulSoup(r.text, 'html.parser')
#查找所有 class = hd 的 div 块
divlist = soup.find_all(name = 'div',class_ = 'hd')
#通过循环解析出当前页面所有电影名称:div 块下超链接的 span 文本
    for each in divlist:
        movie = each.a.span.text.strip()      #获取电影名
        movieList.append(movie)               #追加到列表

print(movieList)
```

程序执行结果如下。

```
['肖申克的救赎', '霸王别姬', '阿甘正传', '泰坦尼克号', '这个杀手不太冷', '千与千寻', '美丽人
生', '星际穿越', '盗梦空间', '辛德勒的名单', '楚门的世界', '忠犬八公的故事', '海上钢琴师', '三
傻大闹宝莱坞', '放牛班的春天', '机器人总动员', '疯狂动物城', '无间道', '控方证人', '大话西游
之大圣娶亲', '熔炉', '教父', '触不可及', '当幸福来敲门', '末代皇帝', '寻梦环游记', '龙猫', '怦然
心动', '活着', '哈利·波特与魔法石', '蝙蝠侠:黑暗骑士', '指环王 3:王者无敌', '我不是药神', '乱
世佳人', '飞屋环游记', '素媛', '哈尔的移动城堡', '十二怒汉', '何以为家', '摔跤吧!爸爸', '让子
弹飞', '猫鼠游戏', '天空之城', '鬼子来了', '少年派的奇幻漂流', '海蒂和爷爷', '钢琴家', '大话
西游之月光宝盒', '指环王 2:双塔奇兵', '闻香识女人']
```

10.6.3　空气质量数据采集

【例 10-9】　编写爬虫程序抓取北京市某段时间内(如 2022 年 10 月—12 月)的空气质
量历史数据,并保存到 csv 文件中。

1. 任务描述

空气质量历史数据网站 http://tianqihoubao.com 上访问北京市某个月历史数据的网
页 Url 为 http://tianqihoubao.com/aqi/beijing-YYYYMM.html,如 2022 年 10 月空气质
量数据所在网址为 http://tianqihoubao.com/aqi/beijing-202310.html,页面如图 10-8
所示。

获取 2022 年 10 月—12 月的数据需要获取 3 个网页的数据,因此可以循环 3 次,每次
设定请求的 url 时将 url 与时间变量进行关联而动态变化。

2. 任务实施

(1) 导入模块,定制请求头:

```
import requests
from bs4 import BeautifulSoup
from fake_useragent import UserAgent


headers = {
        "User - Agent": UserAgent().chrome
    }
```

(2) 发起请求获取网页。

网页 url 包含年月变量,动态变化。年月的取值范围取决于 years 列表变量和由 range()

图 10-8 2022 年 10 月空气质量数据页面

函数产生的 months 列表变量。

```
♯2022 年到 2023 年
years = [2022,2023]
♯1 月到 12 月
months = range(1,13)
for year in years:
    for month in months:
        if month < 10:
            url = f'http://tianqihoubao.com/aqi/beijing-{year}0{month}.html'
        else:
            url = f'http://tianqihoubao.com/aqi/beijing-{year}{month}.html'
    res = requests.get(url,headers = headers).text
```

（3）使用 BeautifulSoup 解析器对数据进行分析、提取。

在某月空气质量数据页面按 F12 键进入浏览器调试模式，如图 10-9 所示。可以看到，空气质量数据存放在页面的表格行中，按日期每行存放当天空气质量数据，其中 AQI、PM2.5 等各种指标数据按列存储。按照 tr 标签属性逐行遍历，再按 td 逐列遍历文本、去除空格，即可提取各指标数据。

图 10-9　调试页面空气质量数据

```
soup = BeautifulSoup(res, 'html.parser')
    for attr in soup.find_all('tr')[1:]:        #第一行是表头数据,不需要,从第二行开始
            one_day_data = list()
            for index in range(0, 10):
                    rdata = attr.find_all('td')[index].get_text().strip()
                    one_day_data.append(rdata)
```

（4）数据存储。

将提取的数据列表写入 airData.csv 文件中。按照前面 csv 文件的操作,先写入第一行表头数据即列的名称,再将数据按行写入文件中。

```
with open('airData.csv', 'w', encoding = 'utf - 8', newline = '') as f:
    csv_writer = csv.writer(f)
    csv_writer.writerow([u'日期', u'质量等级', u'AQI 指数', u'当天 AQI 排名', 'PM2.5', \
'PM10', 'So2', 'No2', 'Co', 'O3'])
……
csv_writer.writerow(one_day_data)
```

（5）完整的程序代码。

在本例中,我们将爬虫程序封装成一个 Spider 类,将抓取数据的过程封装在 Spider 类的 get_data_and_save()方法中,完整的程序代码(10_9_air.py)如下。

```
class Spider(object):
    def __init__(self):
        pass

    def get_data_and_save(self):
        with open('airData.csv', 'w', encoding = 'utf - 8', newline = '') as f:
            csv_writer = csv.writer(f)
            csv_writer.writerow([u'日期', u'质量等级', u'AQI 指数', u'当天 AQI 排名', 'PM2.5',
'PM10', 'So2', 'No2', 'Co', 'O3'])
            headers = {
                "User - Agent": UserAgent().chrome
            }
            #2022 年到 2023 年
            years = [2022,2023]
```

```
#10月到12月
months = range(10,13)

for year in years:
    for month in months:
        if month < 10:
            url = f'http://tianqihoubao.com/aqi/beijing-{year}0{month}.html'
        else:
            url = f'http://tianqihoubao.com/aqi/beijing-{year}{month}.html'

        res = requests.get(url,headers = headers).text
        soup = BeautifulSoup(res, 'html.parser')
        for attr in soup.find_all('tr')[1:]:
            one_day_data = list()
            for index in range(0, 10):
                rdata = attr.find_all('td')[index].get_text().strip()
                one_day_data.append(rdata)
            csv_writer.writerow(one_day_data)
        time.sleep(2 + random.random())
        print(year, month)

if __name__ == '__main__':
    spider = Spider()
    #获取数据,保存数据
    spider.get_data_and_save()
```

程序执行后打开当前文件夹中的 airData.csv 文件,爬虫抓取的空气质量数据如图 10-10 所示。

日期	质量等级	AQI指数	AQI排名	PM2.5	PM10	SO₂	NO₂	CO	O₃
2022/10/1	良	334	69	119	2	35	0.76	76	
2022/10/2	优	104	16	23	2	12	0.44	58	
2022/10/3	优	24	6	10	3	10	0.27	39	
2022/10/4	优	75	2	9	3	10	0.12	47	
2022/10/5	优	143	8	22	2	18	0.18	35	
2022/10/6	优	260	20	44	2	25	0.28	36	
2022/10/7	良	323	49	85	2	30	0.57	44	
2022/10/8	良	330	65	96	2	29	0.57	17	
2022/10/9	优	35	2	8	3	6	0.1	59	
2022/10/10	优	45	3	12	2	12	0.16	53	
2022/10/11	优	81	13	34	2	27	0.32	34	
2022/10/12	良	315	48	89	2	46	0.59	33	
2022/10/13	轻度污染	114	330	86	134	2	51	0.72	42
2022/10/14	轻度污染	140	330	106	159	2	50	0.74	58
2022/10/15	轻度污染	142	322	108	157	2	39	0.77	82
2022/10/16	优	24	8	17	2	9	0.15	53	
2022/10/17	优	3	2	12	2	11	0.16	41	
2022/10/18	优	38	9	29	2	24	0.28	31	
2022/10/19	良	232	36	73	3	39	0.52	33	
2022/10/20	轻度污染	104	334	78	126	2	51	0.66	30
2022/10/21	轻度污染	127	334	96	144	2	43	0.74	60
2022/10/22	优	87	22	43	2	18	0.28	53	
2022/10/23	优	24	7	23	2	23	0.26	35	
2022/10/24	良	148	27	63	2	34	0.55	36	
2022/10/25	轻度污染	116	324	86	138	4	46	0.86	49
2022/10/26	轻度污染	139	333	103	148	2	40	0.72	40
2022/10/27	优	29	7	20	2	19	0.24	32	
2022/10/28	良	249	20	61	2	37	0.48	9	
2022/10/29	良	278	37	81	2	39	0.64	13	
2022/10/30	良	304	70	108	2	40	0.61	19	
2022/10/31	优	130	24	41	2	19	0.28	41	

图 10-10　抓取的北京市 2022 年空气质量数据(部分)

巩固训练

1. 编写爬虫，访问豆瓣评分 9 分以上的书单（https://www.douban.com/doulist/1264675），获取排名前 50 的图书信息（书名、评分、作者、出版社、出版年份），并保存到文件 book_list.csv 中。

2. 编写爬虫，访问天气预报网站（http://www.weather.com.cn/weather15d/101190401.shtml），获取苏州未来 8～15 天的天气情况（日期、天气、温度、风向、风力），并保存到 weather.csv 文件中。

3. 编写爬虫，访问豆瓣读书中《额尔古纳河右岸》这本书的信息页面（https://book.douban.com/subject/34432750/）。

（1）获取该书的评分、评价人数；

（2）提取短评部分的前 20 条评论并保存到 bookComments.txt 文件中；

（3）对 bookComments.txt 文件中全部书评内容进行中文分词、关键词提取，并使用前 50 个关键词绘制词云图。

第11章

数据分析与可视化

视频讲解

11.1 数据分析与可视化介绍

数据分析是数学与计算机科学相结合的产物,是指用适当的统计分析方法,对收集来的数据进行处理与分析,然后提取出一些有价值的信息形成结论,从而对数据加以详细研究和概括总结的过程。

数据挖掘是指对大量的、有噪声的和随机的实际应用数据,通过应用聚类、分类、回归和关联规则等技术,得到一些未知的、有价值的信息,挖掘潜在价值的过程。数据挖掘技术可以帮助我们更好地发现事物之间的规律。所以,我们可以利用数据挖掘技术实现数据规律的探索,比如发现窃电用户、发掘用户潜在需求、实现信息的个性化推送、发现疾病与症状甚至疾病与药物之间的规律等。

数据挖掘的主要过程如下。

(1) 获取数据(常用的手段有通过爬虫采集或下载一些统计网站发布的数据)。

(2) 数据探索(了解数据特征和关系,以便更好地理解、使用数据)。

(3) 数据预处理(数据清洗、数据集成、数据变换、数据归约)。

(4) 挖掘建模(分类、据类、关联、预测)。

(5) 模型评价与发布。

数据分析与数据挖掘密不可分,数据挖掘通常是数据分析的提升。在数据挖掘的数据探索和预处理阶段通常使用的就是数据分析技术。

数据分析和数据挖掘都是基于收集到的数据,应用数学、统计和计算机等技术抽取出数据中的有用信息,进而为决策提供依据和指导方向。例如,运用预测分析法对历史的交通数据进行建模,预测城市各路线的车流量,进而改善交通的拥堵状况;采用分类手段对病患的体检数据进行挖掘,判断其所属的病情状况,以及使用聚类分析法对交易的商品进行归类,以实现商品的捆绑销售、推荐销售等营销手段。

数据可视化是数据分析的关键技术之一,它以图形化方式准确、清晰、有效地传达数据中所包含的信息。有效的可视化能进一步帮助用户分析数据、推论事件、寻找规律,让用户可以通过图形直观地看到数据分析结果,使得复杂数据更容易被用户所理解和使用。

11.2　数据分析相关模块

11.2.1　NumPy

NumPy(Numerical Python)是 Python 生态系统中数据分析、机器学习和科学计算的主力军,它极大地简化了向量和矩阵的操作处理方式。NumPy 是使用 Python 进行科学计算的基础软件包,Python 中的一些重要软件包(如 Scipy、Pandas、TensoFlow)都以 NumPy 作为其架构的基础部分。

1. NumPy 的使用

NumPy 库需要先安装再使用,库的名字是 numpy(小写)。

```
import numpy as np
```

可以采用 import numpy 代码导入 numpy 库。为了编写代码方便,通常会用 np 作为 numpy 的缩写,也就是代码中的 as np 部分。

2. 创建数组

直接采用 numpy 中的 array()方法可创建数组。array()函数的格式为:

```
np.array(object, dtype,ndmin)
```

例如:

```
arr = np.array([1, 2, 3, 4, 5], dtype = np.int32)
```

通常 np.array()方法有三个参数:一是用于初始化的序列 object,即代码中的[1,2,3, 4,5]部分,这是必需的参数;参数 dtype 是可选项,如果不进行设置,arr 的类型将是维持该序列的最低需求;ndmin 参数是可选项,接收 int 型参数,用来指定生成数组应该具有的最小维数,默认为 None,一般不设置。

在创建数组时,NumPy 会为新建的数组推断出一个合适的数据类型,并保存在 dytpe 中,当序列中有整数和浮点数时,NumPy 会把数组的 dytpe 定义为浮点数类型。

3. 矩阵的生成

1) 矩阵随机初始化

```
arr = np.randn(shape = (M, N))
```

生成一个 M×N 维的随机矩阵。

此外,NumPy 也为一些特殊的矩阵提供了创建的方法。

2) 全 0 矩阵

```
matrix = np.zeros(shape = (M, N))
```

生成一个 M×N 维、元素全是 0 的矩阵。

3）全 1 矩阵

```
matrix = np.ones(shape = (M, N))
```

生成一个 M×N 维、元素全是 1 的矩阵。

4）单位矩阵

```
matrix = np.eye(N)
```

生成一个 N 维的对角阵,对角线元素都是 1,其余为 0。

4．矩阵的基本操作

1）加/减

NumPy 提供了矩阵加/减法的实现,以'＋'/'－'运算符实现。矩阵的加/减法运算为 C＝A＋B/C＝A－B,即对应位置的元素相加/减。以如下的例子说明矩阵的加/减法。矩阵 **A** 和 **B** 分别是两个大小一致的单位矩阵,将二者相加。

```
A = np.eye(3)
B = np.eye(3)
C, D = A + B, A - B
```

矩阵 **C** 为对角线元素都为 2 的对角阵,矩阵 **D** 则为零矩阵。

此外,矩阵也可以直接和一个常数进行相加/减,这代表矩阵中所有元素都进行加/减该常数的运算。

```
A = np.eye(3)
print(A + 1)
```

2）乘

在介绍 NumPy 的乘法运算之前,先说明矩阵的乘法运算规则。在本书中,矩阵乘法分为两类。第一类是两个矩阵对应元素相乘($C＝A \odot B$),又称哈达玛乘积(Hadamard Product)。哈达玛乘积要求两个矩阵的大小一致。在 NumPy 中,提供了两种实现方式:

```
A, B = np.eye(3), np.random.randn(3,3)
print(A * B)
print(np.multiply(A, B))
```

另一类是一般意义的矩阵乘法($C＝A×B$)。假设 A 是 m×n 的矩阵,B 是 n×p 的矩阵,则 C 是 m×p 的矩阵。

```
E = np.matmul(A, B)
F = A @ B
```

5．轴（axis）

在 NumPy 中,主要的数据结构是矩阵或多维数组。在一些操作中,需要进行诸如"按列"或者"按行"的操作,这需要通过参数 axis 进行确定。以一个简单的矩阵为例,对齐后进行按行、按列的求和操作:

```
x = np.array([[1,2,3,4], [2,4,6,8]])
print(np.sum(x))
print(np.sum(x, axis = 0))
print(np.sum(x, axis = 1))
```

运行结果如下：

```
30
[ 3  6  9 12]
[10 20]
```

可以发现，不同的 axis 取值得到了不同的结果，不设置 axis 的值则默认对所有元素进行操作。axis＝0 时，矩阵的两行进行了相加，即按列求和（每一列的元素进行相加）；axis＝1 时，则为按行求和（矩阵每一行进行相加）。

对于数组是多维的情况，则没有行列这一说。此时若 axis＝i，则 NumPy 沿着第 i 维变化的方向进行操作。

11.2.2　Pandas

Pandas 是基于 NumPy 的数据分析模块，它提供了大量标准模型和高效操作大型数据集所需要的工具，可以说 Pandas 是使得 Python 能够成为高效且强大的数据分析环境的重要因素之一。导入方式如下：

```
import pandas as pd
```

Pandas 中有三种数据结构：Series、DataFrame 和 Panel。Series 类似于数组，DataFrame 类似于表格，Panel 则可以视为 Excel 的多表单 Sheet。下面主要介绍最常用的 DataFrame。

1. DataFrame

DataFrame 是 Pandas 中重要的数据类型，承担着存储数据的功能。它形似一张 Excel 或 SQL 表，包含行索引和列索引。

构建 DataFrame 的方式有很多，最常用的是直接传入一个由等长列表或者 NumPy 数组组成的字典来形成 DataFrame。

【例 11-1】　DataFrame 的创建（11_1_dataframe.py）。

```
import pandas as pd

data = {'Name':['Tom', 'Jack', 'Steve', 'Ricky'],'Age':[28,34,29,42]}
#两组列元素，并且个数需要相同
df = pd.DataFrame(data) #这里默认的 index 就是 range(n),n 是列表的长度
print(df)
```

程序执行结果如下：

```
    Name   Age
0   Tom    28
1   Jack   34
2   Steve  29
3   Ricky  42
```

可以看到,DataFrame 的形式和 Excel、SQL 表非常相似。它包含 4 条数据,行索引(0,1,2,3)代表了每一条数据的序号;列索引代表了数据每一维度的含义,通常被视作标签。

DataFrame 会自动加上索引,且全部列会被有序排列。如果指定了列名序列,则 DataFrame 的列会按照指定顺序进行排列。将以上代码稍作修改,在使用 DataFrame 函数的时候,columns 参数给出列的名字,index 参数给出索引标签值。

【例 11-2】 DataFrame 的索引(11_2_dataframe.py)。

```
import pandas as pd

data = {'Name':['Tom', 'Jack', 'Steve', 'Ricky'],'Age':[28,34,29,42]}
#两组列元素,并且个数需要相同
df = pd.DataFrame(data,columns = ['Age','Name'], index = ['a','b','c','d'])
#指定列名顺序和索引值
print(df)
```

执行结果如下,可以看到列的顺序发生了改变,索引值由原来的数字变为了指定的字母序列['a','b','c','d']。

```
    Name    Age
a   Tom     28
b   Jack    34
c   Steve   29
d   Ricky   42
```

2. DataFrame 数据查询

在数据分析中,读取需要的数据进行分析处理是最基本的操作。在 Pandas 中需要通过索引完成数据的读取。

1) 按列读取

【例 11-3】 按列读取 DataFrame 数据(11_3_column.py)。

通过列索引标签可以单独获取列数据,使用这种方法读取列数据不能使用切片方式。

```
import pandas as pd
data = {'Name':['Tom', 'Jack', 'Steve', 'Ricky'],'Age':[28,34,29,42]}

#指定列名顺序和索引值
df = pd.DataFrame(data,columns = ['Age','Name'],\
                        index = ['a','b','c','d'])
#按列
column1 = df['Name']                    #返回 Series 类型数据
print("读取 1 列数据:\n" , column1)
column2 = df[['Name','Age']]            #返回 Dataframe 类型数据
print("读取 2 列数据:\n" , column2)
```

程序使用列索引标签分别读取 1 列数据和 2 列数据,执行结果如下:

```
读取 1 列数据:
a    Tom
b    Jack
c    Steve
d    Ricky
Name: Name, dtype: object
```

```
读取 2 列数据:
     Name    Age
a    Tom     28
b    Jack    34
c    Steve   29
d    Ricky   42
```

2）按行读取

【例 11-4】 按行读取 DataFrame 数据(11_4_row.py)。

通过行索引号或行索引号的切片形式可以读取行数据。

```
import pandas as pd
data = {'Name':['Tom', 'Jack', 'Steve', 'Ricky'],'Age':[28,34,29,42]}
df = pd.DataFrame(data, columns = ['Age', 'Name'],\
                    index = ['a', 'b', 'c', 'd'])
#按行
row1 = df[:1]                      #返回 Dataframe 类型数据
print('读取第 1 行数据:\n', row1)
row2 = df[0:2]                     #返回 Dataframe 类型数据
print('读取第 1、2 行数据:\n', row2)
```

程序使用行索引位置的切片分别读取第 1 行数据和第 2 行数据,执行结果如下:

```
读取第 1 行数据:
   Age   Name
a   28   Tom
读取第 1、2 行数据:
   Age   Name
a   28   Tom
b   34   Jack
```

3）按行和列读取

DataFrame 还可以使用 Pandas 提供的 loc()方法和 iloc()方法实现行和列的读取。用法如下:

```
DataFrame.loc(行索引名称或条件,列索引名称或条件)
DataFrame.iloc(行索引号,列索引号)
```

【例 11-5】 使用 loc()方法读取行和列(11_5_loc.py)。

```
#使用 loc 函数读取行、列数据
row = df.loc[['a', 'c'],:]            #读取第 1、3 行数据
print('使用 loc 函数读取 2 行:\n', row)
column = df.loc[:, 'Name']           #读取 Name 列数据
print('使用 loc 函数读取 2 列:\n', column)
rocol = df.loc[['a', 'c'],['Name']]  #提取第 1、3 行,第 2 列数据
print('使用 loc 函数读取 2 行 1 列:\n', rocol)
```

程序执行结果如下:

```
使用 loc 函数读取 2 行:
    Age    Name
a   28     Tom
c   29     Steve
使用 loc 函数读取 2 列:
    Name   Age
```

```
a      Tom    28
b      Jack   34
c      Steve  29
d      Ricky  42
使用 loc 函数读取 2 行 1 列：
   Name
a   Tom
c   Steve
```

【例 11-6】 使用 iloc() 方法读取行和列(11_6_iloc.py)。

使用 iloc() 方法读取行列的时候一般用索引号列表或者切片。

```
row = df.iloc[:2]
print('使用 iloc 函数读取 2 行:\n', row)
column = df.iloc[:, :2]              # 读取第 1、2 列数据
print('使用 iloc 函数读取 2 列:\n', column)
rowcol = df.iloc[[0, 2], [1]]        # 读取第 1、3 行，第 2 列数据
print('使用 iloc 函数读取 2 行 1 列:\n', rowcol)
```

程序执行结果如下：

```
使用 iloc 函数读取 2 行:
     Age   Name
a    28    Tom
b    34    Jack
使用 iloc 函数读取 2 列:
     Age    Name
a    28     Tom
b    34     Jack
c    29     Steve
d    42     Ricky
使用 iloc 函数读取 2 行 1 列:
      Name
a    Tom
c    Steve
```

3. 数据编辑

1) 增加数据

增加一行直接通过 append() 方法传入字典结构数据即可，参数 ignore_index 用以设置是否忽略原 index。增加列时，只需为新增的列赋值即可，若要指定新增列的位置，可以用 inser() 函数实现。

【例 11-7-1】 增加一行数据。

```
import pandas as pd

# 两组列表元素,并且个数需要相同
data = {'Name':['Tom', 'Jack', 'Steve', 'Ricky'],'Age':[28,34,29,42]}
# 指定索引值
df = pd.DataFrame(data,index = ['a','b','c','d'])
line = { 'Age': 30, 'Name': 'Ellen'}
df = df.append(line, ignore_index = True)
print(df)
```

程序执行结果如下：

```
     Name   Age
0    Tom    28
1    Jack   34
2    Steve  29
3    Ricky  42
4    Ellen  30
```

【例 11-7-2】 增加两列并赋值。

在例 11-7-1 的基础上，分别增加 City、Gender 两列数据。

```
df['Gender'] = ['Male', 'Male', 'Male', 'Male', 'Female']
df.insert(2,'City', ['北京', '上海', '广州', '苏州', '北京'])
print(df)
```

程序执行结果如下：

```
     Name   Age  City  Gender
0    Tom    28   北京   Male
1    Jack   34   上海   Male
2    Steve  29   广州   Male
3    Ricky  42   苏州   Male
4    Ellen  30   北京   Female
```

2）数据删除

删除数据直接用 drop() 方法，行列数据通过 axis 参数确定删除的是行还是列。默认数据删除不修改原数据，如果在原数据上删除则需要设置 inplace＝True。

【例 11-7-3】 删除数据行。

```
df = df.drop(4)                        ♯删除第 5 行
print(df)
```

【例 11-7-4】 删除数据列。

```
df = df.drop('Gender', axis = 1)        ♯删除 Gender 列
print(df)
```

3）修改数据

修改数据时对选择的数据赋值即可。需要注意的是，数据修改是直接对 DataFrame 数据修改，操作无法撤销，因此更改数据时要做好数据备份。

4）数据填充

Pandas 提供了 fillna() 方法，可以为 DataFrame 中的缺失值填充数据。

```
df.fillna(value = VALUE, inplace = False)
```

参数 value 代表用于替换的值，而参数 inplace 则代表是否在原数据表上进行改变。例如：

```
df['Age'] = np.nan
df['Age'] = df['Age'].fillna(value = 20)
df['Age'].fillna(value = 21, inplace = True)
```

以上代码首先将 'Age' 列的值都置为缺失（np.nan，np 即 numpy），随后分别调用 fillna

方法将'Age'列的值替换为 20 和 21。不同的是,在参数 inplace 为默认的 False 时,需要添加"df['Age']="的形式进行更新,而参数 inplace 为 True 时则不需要。

4. 数据统计

1) 计数
count()方法返回数据表中数据的数量。
2) 分组
有时需要将数据表进行分组、汇总,pandas.groupby()方法提供了这个功能。groupby()方法根据输入的标签名进行分组,利用 count()方法汇总每个分组的数据数量。

```
print(df.groupby('Gender').count())
print(df.groupby(['Gender','BloodType']).count())
```

groupby()方法可以字符串或者字符串组成的 list 作为输入参数。以字符串作为参数时,该字符串就是需要分组的标签名。而以 list 作为输入参数时,则按照 list 中的先后顺序进行汇总。

5. 文件读写

在数据分析实际应用中,我们经常需要从文件中读取数据。Pandas 提供了从 csv、Excel 和数据库等文件中读取数据的功能。

在 Pandas 中,使用 read_csv()方法来读取 csv 文件,使用 read_excel()方法来读取 Excel 文件。

```
pandas.read_csv(file_path, sep = ',', names = None, index_col = None, dtype)
pandas.read_excel(file_path, sheetname, names = None, header = 0, index_col = None, dtype)
```

同时,DataFrame 数据可以通过 to_csv()方法存储到 csv 文件,使用 to_excel()方法存储到 Excel 文件。

```
DataFrame.to_csv(path_or_buf = None, sep = ',', columns = None, index = True)
DataFrame.to_excel(excel_writer = None, sheetName = None, index = True)
```

to_excel()与 to_csv()方法的常用参数基本一致,区别之处在于 to_excel()指定存储文件的路径参数名称为 excel_writer,并且没有 sep 参数,增加了一个 sheetnames 参数用来指定存储的 Excel Sheet 的名称,默认为 sheet1。

11.2.3　Matplotlib

数据可视化是分析数据的重要环节,借助图形能够更加直观地表达数据背后的思想。Matplotlib 是 Python 中一个常用的、用于绘图的工具。Matplotlib 模块可以绘制多种形式的图形,包括线图、直方图、饼图、散点图等。Matplotlib 中应用最广的是 matplotlib.pyplot 模块。

1. 模块导入

在使用前需要先安装 Matplotlib 模块,安装后使用以下语句导入 matplotlib.pyplot 子模块。

```
import matplotlib.pyplot as plt
```

在应用 matplotlib.pyplot 子模块时为了编程的方便,通常会先定义该子模块的别名plt,再通过别名 plt 调用其相关方法。

2. 图表绘制

使用 matplotlib.pyplot 子模块绘制基本图表的方法如表 11-1 所示。

表 11-1 绘制基本图表的方法

方　　法	说　　明
plt.plot()	折线图
plt.bar()	柱状图
plt.barh()	条形图
plt.hist()	直方图
plt.pie()	饼图
plt.scatter()	散点图
plt.boxplot(x,y)	箱型图
plt.stackplot()	堆叠图

3. 显示绘制的图表

当数据图表绘制完成后,需要调用 show()方法显示所绘制的图表。

4. 标题及汉字的显示

显示数据图表标题的几个常用方法如表 11-2 所示。

表 11-2　显示图表标题的常用方法

方　　法	说　　明
plt.title('标题',fontsize=字号)	设置图表标题
plt.xlable('标题',fontsize=字号)	设置 x 轴标题
plt.ylable('标题',fontsize=字号)	设置 y 轴标题

其中,字号可以省略,默认为 12 号。

Matplotlib 模块默认不支持汉字的显示,对于数据图表中标题的汉字,可以使用matplotlib.pyplot 子模块的 rcParams["font.sans-serif"]属性来设置。

【例 11-8】 绘制某公司近 4 年的产量折线图(11_8_plt.py)。

在 Matplotlib 中,折线图是通过 plt.plot(x,y)方法绘制的,该方法需要以点的横、纵坐标作为必需的参数。参数 x 为所有点的横坐标组成的 list/array,参数 y 则为所有点的纵坐标组成的 list/array。

```
import matplotlib.pyplot as plt

plt.rcParams["font.sans - serif"] = ['SimHei']    ♯设置显示汉字,指定字体
x = ['2020', '2021', '2022', '2023']              ♯x 轴数据
y = [20, 35, 30, 46]                              ♯y 轴数据
```

```
plt.plot(x, y, color = 'blue', linewidth = 2)
plt.title("公司产量/万吨", fontsize = 20)
plt.xlabel("年份")                                ♯x轴标题
plt.ylabel("产量")                                ♯y轴标题
plt.show()                                        ♯显示图表
```

程序运行结果如图 11-1 所示。

在 plot()方法中,可以通过设置参数来调整线和点的样式,常用参数如下。

- color:代表线或者点的颜色。通常可以用颜色的名称指定颜色,如'red'('r')、'blue'('b')等。
- linestyle:线条的样式,如实线 '-'、虚线 '--'、点画线 '-. '等。
- marker:点的样式,可以用'x'、'＋'等。

设置不同的样式:

```
import matplotlib.pyplot as plt

plt.rcParams["font.sans - serif"] = ['SimHei']    ♯设置显示汉字,指定字体
x = ['2020', '2021', '2022', '2023']              ♯x轴数据
y = [20, 35, 30, 46]                              ♯y轴数据
plt.plot(x, y, color = 'red', linewidth = 1,      ♯修改颜色为红色
     marker = 'x', linestyle = '- .')             ♯修改点样式,线条样式
plt.title("公司产量/万吨", fontsize = 20)
plt.xlabel("年份")                                ♯x轴标题
plt.ylabel("产量")                                ♯y轴标题
plt.show()                                        ♯显示图表
```

运行程序则会得到不同的图形效果,如图 11-2 所示。

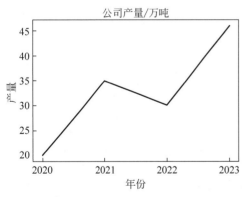

图 11-1　产量数据折线图(样式 1)

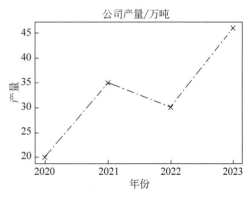

图 11-2　产量数据折线图(样式 2)

视频讲解

11.3　数据质量分析

11.3.1　数据探索

数据探索是指通过检验数据集的数据质量、绘制图表、计算某些特征量等手段,对样本数据集的结构和规律进行分析的过程。

数据探索要弄清楚这些问题：样本数据长什么样子？有什么特点？数据之间有没有关系？样本数据是否能满足建模需求？

数据探索一般包括数据质量分析和数据特征分析。

数据质量分析的主要任务是检查原始数据中是否存在脏数据（不符合要求，以及不能直接进行分析的数据）。质量分析的内容包括缺失值检测、重复值检测和异常值分析。

11.3.2 缺失值检测和处理

1. 缺失值检测

在 Pandas 中的缺失值有三种：NaN（Not a Number）、None 和 NaT（时间格式的空值，注意大小写不能错）。在 Pandas 中查询缺失值，最常用的方法就是 isnull()，返回 True 表示此处为缺失值。

可以将其与 any() 方法搭配使用来查询存在缺失值的行，也可以与 sum() 方法搭配使用来查询存在缺失值的列。

- isnull()：对于缺失值，返回 True；对于非缺失值，返回 False。
- any()：一个序列中有一个 True，则返回 True，否则返回 False。
- sum()：对序列进行缺失值统计。

【例 11-9】 从 Excel 文件读取某餐厅一段时期内的销量数据，检查数据完整性，进行缺失值统计。原始数据（部分）如图 11-3 所示。

	日期	销量	订单量
2	2015/2/28	2618.2	15
3	2015/2/28	2618.2	15
4	2015/2/27	2608.4	13
5	2015/2/26	2651.9	12
6	2015/2/25	3442.1	25
7	2015/2/24	3393.1	23
8	2015/2/23	3136.6	
9	2015/2/23	3136.6	20
10	2015/2/22	3744.1	28
11	2015/2/21	6607.4	36
12	2015/2/20	4060.3	28
13	2015/2/19	3614.7	25
14	2015/2/18	3295.5	21
15	2015/2/16	2332.1	14
16	2015/2/15	2699.3	16
17	2015/2/14		
18	2015/2/13	3036.8	19
19	2015/2/12	865	7
20	2015/2/11	3014.3	18

图 11-3 某餐厅销量数据

```
import pandas as pd

cart_sale = 'catering_sale.xls'
data = pd.read_excel(cart_sale, index_col = u'日期')      ＃指定日期列作为索引
data = data.head(20)                                      ＃读取前 20 条数据

＃缺失值检测
print('数据缺失值检测:')
print(data.isnull())
print('any - 有缺失值的列:')
print(data.isnull().any())
print('sum - 每一列缺失值的数量:')
print(data.isnull().sum())
```

程序执行结果如下：

```
数据缺失值检测:
             销量    订单量
日期
2015 - 02 - 28   False   False
2015 - 02 - 28   False   False
2015 - 02 - 27   False   False
2015 - 02 - 26   False   False
```

```
2015 - 02 - 25    False    False
2015 - 02 - 24    False    False
2015 - 02 - 23    False    True
2015 - 02 - 23    False    False
2015 - 02 - 22    False    False
2015 - 02 - 21    False    False
2015 - 02 - 20    False    False
2015 - 02 - 19    False    False
2015 - 02 - 18    False    False
2015 - 02 - 16    False    False
2015 - 02 - 15    False    False
2015 - 02 - 14    True     True
2015 - 02 - 13    False    False
2015 - 02 - 12    False    False
2015 - 02 - 11    False    False
2015 - 02 - 10    False    False
any - 有缺失值的列:
销量        True
订单量       True
dtype: bool
sum - 每一列缺失值的数量:
销量        1
订单量       2
dtype: int64
```

从缺失值分析结果发现,两列数据都含有缺失值,其中销量列缺失 1 个值,订单量列缺失 2 个值,分别是 2015-02-23 和 2015-02-14 这两天对应的数据。

2. 缺失值处理

对于含有缺失值即不完整的数据一般有两种处理方式,一是删除存在缺失值的记录,二是对可能值进行填充。

1) 删除缺失值

通过 dropna()方法可以删除具有缺失值的行。dropna()方法的格式如下:

```
dropna(axis = 0, how = 'any', thresh = None, subset = None, inplace = False)
```

- axis 默认为 0,当某行出现缺失值时,将该行丢弃并返回,当 axis 为 1 时,某列出现缺失值,将该列丢弃。
- how 确定缺失值个数,缺省时 how= 'any',表明只要某行有缺失值就将该行丢弃,how= 'all'时表面某行全部缺失才将其丢弃。
- thresh 阈值设定,当行列中非缺失值的数量少于给订的值时就将该行丢弃。
- subset 部分标签中删除某行列,如 subset=['a','d'],即丢弃列 a、d 中含有缺失值的行。
- inplace bool 取值默认为 False,当 inplace=True 时,即对原数据操作,无返回值。

在例 11-9 中我们发现了销售数据中含有一些缺失值,在此基础上将相关缺失值进行删除。

```
……
print('删除含缺失值的行:\n', data.dropna())
print('删除所有值都缺失的行:\n', data.dropna(how = 'all'))
print('删除含空值的列:\n', data.dropna(axis = 1))
```

使用 dropna() 方法分别删除含有缺失值的行、列,程序运行后可以发现含有缺失值的行和列不再出现在输出结果中,执行结果略。

2) 填充缺失值

直接删除含有缺失值的样本有时并不是一个很好的方法,因此可以用一个特定的值替换缺失值。缺失值为数值型时,通常使用其均值、中位数等来填充;缺失值为类别数据类型时,则选择众数来填充。Pandas 库中提供了 fillna() 方法来进行缺失值填充,该方法在 11.2.1 节中已经介绍过。

使用 fillna() 方法对例 11-9 中的餐厅数据的销量进行缺失值填充,代码如下:

```
… …
data[u'销量'] = data[u'销量'].fillna(data[u'销量'].mean())
print(data)
```

程序执行结果如下:

```
… …
2015 − 02 − 15    2699.300000    16.0
2015 − 02 − 14    3137.757895    NaN
2015 − 02 − 13    3036.800000    19.0
… …
```

执行程序后可以发现,原本 2015-02-14 这天的销售数据是缺失的,现在已经用平均值进行填充,保证了销量数据的连续性。但是,这一天的订单量还是缺失状态,可以用相同的方法进行填充。

11.3.3　重复值检测和处理

1. 重复值检测

收集到的数据中经常存在重复样本,一般只需保留一份,其余的可以做删除处理。在 DataFrame 中使用 duplicated() 方法判断各行是否有重复数据,duplicated() 方法返回布尔值,反映每一行是否与之前的行重复。

	日期	销量	订单量
1	日期	销量	订单量
2	2015/2/28	2618.2	15
3	2015/2/28	2618.2	15
4	2015/2/27	2608.4	13
5	2015/2/26	2651.9	12
6	2015/2/25	3442.1	25
7	2015/2/24	3393.1	23
8	2015/2/23	3136.6	
9	2015/2/23	3136.6	20
10	2015/2/22	3744.1	28
11	2015/2/21	6607.4	36

图 11-4　含有重复值的销量数据

【例 11-10】　餐厅销售数据重复性判断,原始数据如图 11-4 所示。

```
import pandas as pd

cart_sale = 'data/catering_sale.xls'
data = pd.read_excel(cart_sale, index_col = u'日期')    # 指定日期列作为索引
data = data.head(10)                                      # 读取前 10 条数据

# 重复值检测
print(data.duplicated())
```

程序运行结果如下:

```
日期
2015 - 02 - 28      False
2015 - 02 - 28      True
2015 - 02 - 27      False
2015 - 02 - 26      False
2015 - 02 - 25      False
2015 - 02 - 24      False
2015 - 02 - 23      False
2015 - 02 - 23      False
2015 - 02 - 22      False
2015 - 02 - 21      False
dtype: bool
```

重复检测发现第二行数据与第一行完全重复。

2. 重复值处理

DataFrame 通过 drop_duplicates() 方法删除重复的行，drop_duplicates() 方法的格式为：

```
DataFrame.drop_duplicates(self, subset = None, keep = 'first', inplace = False)
```

- subset 接收 string 或 sequence，表示进行去重的列，默认为全部列。
- keep 接收 string，表示重复时保留第一个还是最后一个。
- inplace 接收布尔型，表示是否在原表上进行操作，默认为 False。

【例 11-11】 餐厅销量数据去重(11_11_duplicated.py)。

```
import pandas as pd

cart_sale = 'data/catering_sale.xls'
data = pd.read_excel(cart_sale, index_col = u'日期')         #指定日期列作为索引
data = data.head(10)                                        #读取前 10 条数据

#重复值检测
#print('重复行检测:\n', data.duplicated())
print('删除重复行:\n', data.drop_duplicates())
print('部分列重复时去重:\n', data.drop_duplicates([u'销量'], keep = 'last'))
print('去重时保留最后出现的记录:\n', data.drop_duplicates([u'销量'], keep = 'last'))
```

程序执行结果如下：

```
删除重复行:
                销量    订单量
日期
2015 - 02 - 28   2618.2   15.0
2015 - 02 - 27   2608.4   13.0
2015 - 02 - 26   2651.9   12.0
2015 - 02 - 25   3442.1   25.0
2015 - 02 - 24   3393.1   23.0
2015 - 02 - 23   3136.6   NaN
2015 - 02 - 23   3136.6   20.0
2015 - 02 - 22   3744.1   28.0
2015 - 02 - 21   6607.4   36.0
部分列重复时去重:
                销量    订单量
```

```
日期
2015 - 02 - 28   2618.2   15.0
2015 - 02 - 27   2608.4   13.0
2015 - 02 - 26   2651.9   12.0
2015 - 02 - 25   3442.1   25.0
2015 - 02 - 24   3393.1   23.0
2015 - 02 - 23   3136.6   NaN
2015 - 02 - 22   3744.1   28.0
2015 - 02 - 21   6607.4   36.0
去重时保留最后出现的记录：
                 销量   订单量
日期
2015 - 02 - 28   2618.2   15.0
2015 - 02 - 27   2608.4   13.0
2015 - 02 - 26   2651.9   12.0
2015 - 02 - 25   3442.1   25.0
2015 - 02 - 24   3393.1   23.0
2015 - 02 - 23   3136.6   20.0
2015 - 02 - 22   3744.1   28.0
2015 - 02 - 21   6607.4   36.0
```

以上代码中我们使用了三种不同的去重设置，默认情况下一行所有列都重复时，直接去掉重复行(后一行)，满足这种情况的只有第 2 行(2015-02-28)；第二种情况，我们指定只要'销量'列数值重复就进行去重，但保留的是第一次出现的行，即 2015-02-23 订单量为空缺值的这一行；第三种情况，我们设定了保留最后一次出现的重复行，设置 keep＝'last'，最后将 2015-02-23 订单量不为空的这一行保留下来，有空缺值的行被删除。

11.3.4　异常值分析

异常值是指数据中存在的个别数值明显偏离其余数据的值。异常值的存在会严重干扰数据分析的结果，因此要经常检查数据中是否有输入错误或者不合理的数据。一般常用描述性统计分析和箱型图进行异常值分析。

描述性统计分析：对数据执行描述性统计分析，使用 Pandas 库的 describe()方法来获取数据的基本统计信息，包括均值、中位数、四分位数等。这可以帮助确定数据是否遵循某种特定的分布模式，从而为后续的异常检测提供依据。

箱型图(Box-plot)又称为盒式图或箱线图，是一种用作显示一组数据分散情况资料的统计图，因形状如箱子而得名。它主要用于反映原始数据分布的特征，还可以进行多组数据分布特征的比较。

箱型图的绘制方法是：先找出一组数据的上边缘、下边缘、中位数和两个四分位数；然后，连接两个四分位数画出箱体；再将上边缘和下边缘与箱体相连接，中位数在箱体中间。当数据点高于或低于箱型图的上下界时，这些点被认为是异常值。通过 matplotlib. pyplot 的 boxplot()方法可以绘制箱型图，它支持将 DataFrame 直接作为绘图的参数，即 plt. boxplot (dataframe)。

【例 11-12】　使用统计量分析和箱型图进行餐厅销量数据异常值检测。

```
import matplotlib.pyplot as plt
import pandas as pd

cart_sale = 'data/catering_sale.xls'
data = pd.read_excel(cart_sale, index_col = u'日期')      #指定日期列作为索引
data = data.head(20)                                      #读取前20条数据
#缺失值填充
data[u'销量'] = data[u'销量'].fillna(data[u'销量'].mean())
#数据去重
data = data.drop_duplicates([u'销量'], keep = 'last')

#异常值检测
print(data.describe())                                    #统计量分析
plt.boxplot(data[u'销量'])                                 #箱型图绘制
plt.show()
```

以上代码对原始数据进行缺失值填充和重复值去除后,进行统计量分析并用餐厅销量列数据 data[u'销量']绘制箱型图,程序执行结果如下:

	销量	订单量
count	18.000000	17.000000
mean	3166.686550	19.823529
std	1101.514236	7.143487
min	865.000000	7.000000
25 %	2663.750000	15.000000
50 %	3086.700000	19.000000
75 %	3429.850000	25.000000
max	6607.400000	36.000000

以上输出是统计量分析,从中我们可以看到数据的基本统计信息,包括最大值、最小值、四分位数、中位数、标准差等。箱型图绘制结果如图 11-5 所示。图中高于或低于箱型图的上下界的点有 2 个,这两个点通常就是异常值。

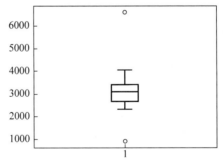

图 11-5　餐厅销量数据箱型图

视频讲解

11.4　数据特征分析

对数据质量分析以后可通过绘制图表、计算某些特征量等手段进行数据特征的分析。数据特征分析通常包括分布分析、对比分析、统计量分析、周期性分析、贡献度分析和相关性分析。

11.4.1 分布分析

分布分析研究数据的分布特征和分布类型,分定量数据、定性数据区分基本统计量。分布分析是比较常用的数据分析方法,也可以比较快地找到数据规律。数据的分布(distribution),描述了各个值出现的频繁程度,常用于用户消费分布、收入分布、年龄分布等。

分布分析常用的方法有条形图、饼状图和直方图。

1. 条形图

条形图是用宽度相同的条形的高度或长短来表示数据多少的图形。条形图可以横置或纵置,纵置时也称为柱形图(column chart)。简单来说,条形图的宽度一般是相同的,条形的高度或长短表示数据的大小。

可以使用 matplotlib.pyplot.bar()方法来创建条形图,bar()方法格式如下:

```
pyplot.bar(left, height, alpha = 1, width = 0.8, color = None, label = None, lw = 3)
```

参数说明如下。
- left:x 轴的位置序列,一般采用 arange()函数产生一个序列。
- height:y 轴的数值序列,也就是柱形图的高度。
- alpha:透明度。
- width:柱形图的宽度,一般为 0.8 即可。
- color:柱形图填充的颜色。
- edgecolor:图形边缘颜色。
- label:解释每个图像代表的含义。
- linewidth 或 linewidths 或 lw:边缘或线的宽度。

【例 11-13】 各学院人数分布统计——条形图的绘制。

```
import matplotlib.pyplot as plt

colleges = ['计科院', '文学院', '光电学院', '经管院', '智交院']
number = [1300, 1600, 2400, 1200, 2000]
plt.rcParams["font.sans - serif"] = ['SimHei']    #设置显示汉字,指定字体

#条形图
plt.bar(colleges, number)
#plt.barh(colleges, number)                        #横向条形图
plt.title('各学院人数')
plt.ylabel('人数')

#添加数值标签
for i, value in enumerate(number):
    plt.text(i, value, value, ha = 'center', va = 'bottom')
plt.show()
```

程序执行结果如图 11-6 所示。plt.text()方法用于添加数值标签,其中 i 是条形的索引,value 是条形的高度。ha= 'center'和 va= 'bottom'参数分别设置文本的水平和垂直对齐方式。

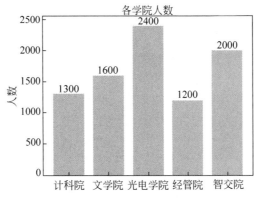

图 11-6   学院人数分布条形图

2．饼图

对于定性变量，常常根据分类变量来分组，可以采用饼图来描述定性变量的分布。饼图的每一个扇形部分代表每一类型的百分比，根据定性变量的类型数目将饼形图分成几部分，每一部分的大小与每一类型的百分比成正比。

可以使用 matplotlib.pyplot.pie()方法来创建饼图，pie()方法格式如下：

```
matplotlib.pyplot.pie(x, explode = None, labels = None, autopct = None)
```

参数说明如下。

- x：传入的数据。
- explode：饼图爆裂，默认情况下每个饼块都是相连的，有时为突出某个饼块，可将其与其他部分分开（即饼图爆裂）。
- labels：定义标签，它通常和数据 x 的维度相同。
- autopct：格式化表示，可以自定义每个饼块的百分比属性，如保留几位小数，格式类似于 print()语句的 format 定义。

【例 11-14】   各学院人数分布统计——饼图的绘制。

```
import matplotlib.pyplot as plt

colleges = ['计科院', '文学院', '光电学院', '经管院', '智交院']
number = [1300, 1600, 2400, 1200, 2000]
plt.rcParams["font.sans - serif"] = ['SimHei']      # 设置显示汉字,指定字体

# 饼图
plt.pie(number,                                      # 用 number 作为各饼块的数据
        labels = colleges,                           # 用 colleges 作为各饼块的标签
        autopct = " % 3.1f % % ",                     # 饼块内标签,百分比格式化字符串
        )
plt.title('各学院人数分布')
plt.show()
```

程序执行结果如图 11-7 所示。

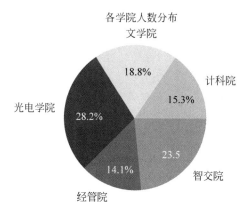

图 11-7　学院人数分布饼图

3. 直方图

直方图又称质量分布图,是一种统计报告图,由一系列高度不等的纵向条纹或线段表示数据分布的情况。一般用横轴表示数据类型,纵轴表示分布情况。

直方图用于展示各个值出现的频数或概率。频数指的是数据集中一个值出现的次数。概率就是频数除以样本数量 n。频数除以 n 即可把频数转换成概率,这称为归一化(normalization)。

可以使用 matplotlib. pyplot. hist()方法来创建条形图,hist()方法格式如下:

```
pyplot.hist(x, bins = 10, range = None, normed = False, cumulative = False)
```

参数说明如下。

- x:指定要绘制直方图的数据。
- bins:指定直方图条形的个数。
- range:指定直方图数据的上下界,默认包含绘图数据的最大值和最小值。
- normed:是否将直方图的频数转换成概率。
- cumulative:是否需要计算累计频数或概率。

【例 11-15】　人群身高分布统计——直方图的绘制。

用 numpy 的随机模块产生一组 20 个身高随机数,对该组人群的身高进行分布统计,用直方图显示分布结果。代码(11_15_hist. py)如下:

```
import   matplotlib. pyplot as plt
import numpy as np

x =    np. random. normal(165, 10, 20)          ♯产生一组 20 个随机身高
print(x)
plt. rcParams['font. sans − serif'] = ['SimHei']
plt. rcParams['axes. unicode_minus'] = False     ♯显示负号
plt. hist(x, bins = 8, color = 'g')

plt. title('身高分布', fontsize = 12)
plt. xlabel('不同的身高段(bins)', fontsize = 10)
plt. ylabel('频度大小', fontsize = 10)
```

```
plt.savefig('hist.png')            ＃保存图片为 hist.png
plt.show()
```

程序执行后，产生的随机身高值如下，身高分布直方图如图 11-8 所示。

```
[166.18306393 179.23902702 169.56050305 156.05817457 166.20676547
 166.89505739 166.73120016 153.09808734 158.38640436 177.44666195
 171.59294517 162.05546208 164.91105165 168.6893121  170.30088941
 188.17877867 178.72369731 158.98556702 169.49372686 175.87658008]
```

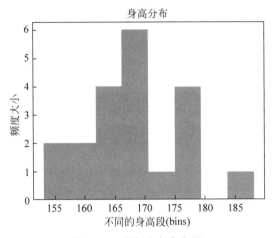

图 11-8　身高分布直方图

从直方图可见，最高的柱子代表该数值出现的人数最多，即身高在 165 至 170 的人在该组人群样本中出现的次数最多(6 次)。

11.4.2　对比分析

对比分析主要是分析两个相互联系的指标，可以非常直观地看出两个数据之间的差距。任何业务都包括共性特征，又有个性特征，通过对比从数量上直观展现业务的规模大小、水平高低、速度快慢等。

对比分析特别适用于指标之间的横纵向比较、时间序列的比较，如同一指标不同时期，或不同对象之间的比较。折线图、并列条形图是常用的对比分析工具。Matplotlib 和 Pandas 模块都提供相应的方法来进行图形的绘制。

【例 11-16】　北京某区 2019 年、2020 年同一时期空气质量数据对比。

空气质量指数(Air Quality Index，AQI)是定量描述空气质量状况的无量纲指数，AQI值越低，表明空气质量越好。北京市某区在 2019 年 10 月、2020 年 10 月份的空气质量数据如图 11-9 所示，分布用折线图和条形图展示两年空气质量数据的对比结果。

使用 matplotlib.pyplot 模块绘制空气质量对比折线图的代码(11_15_plot.py)如下。

```
import   pandas as pd
import matplotlib.pyplot as plt

data = pd.read_excel('data/air_AQI.xls')
data = data.head(7)
```

```
plt.rcParams['font.sans-serif'] = ['SimHei']
#折线对比图
plt.plot(data['2019'], color = 'r',                    #用 2019 年数据画第 1 个折线图
      linestyle = '--', label = '2019')

plt.plot(data['2020'], color = 'g',                    #用 2020 年数据画第 2 个折线图
      linestyle = '--', label = '2020')
plt.xticks(data.index, data['date'])                   #设置 x 轴刻度标签
plt.xlabel('日期')
plt.ylabel('AQI')
plt.xticks(data.index, data['date'])                   #设置 x 轴刻度标签
plt.legend()                                           #显示图例

plt.show()
```

程序运行效果如图 11-10 所示。

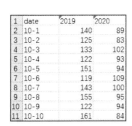

图 11-9　空气质量数据

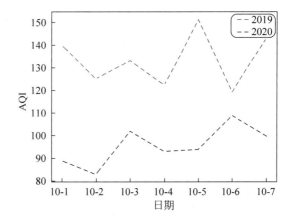

图 11-10　空气质量对比折线图

除了折线图外,并列条形图也是经常用来对比分析的工具,使用 matplotlib. pyplot 模块绘制空气质量对比条形图的代码(11_15_bar. py)如下。

```
import   pandas as pd
import matplotlib.pyplot as plt

data = pd.read_excel('data/air_AQI.xls')               #指定日期列作为索引
data = data.head(7)
plt.rcParams['font.sans-serif'] = ['SimHei']

#柱状对比图
bar_width = 0.35
plt.bar(data.index, data['2019'],
      bar_width, color = 'b', label = '2019')          #用 2019 年数据画第 1 个条形图
plt.bar(data.index + bar_width, data['2020'],
      bar_width, color = 'g', label = '2020')          #用 2020 年数据画第 2 个条形图

plt.title('空气质量对比')
plt.xlabel('日期')
```

```
plt.ylabel('AQI')
plt.xticks(data.index, data['date'])        ♯设置x轴刻度标签
plt.legend()                                  ♯显示图例
plt.show()
```

程序运行结果如图 11-11 所示。

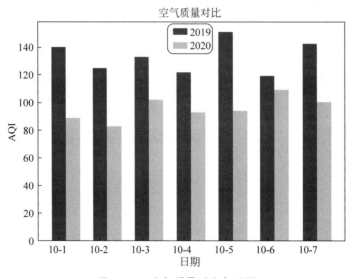

图 11-11　空气质量对比条形图

本质上,垂直并列条形图就是在 X 轴上分别画两组并列的条形图,但二者在 X 轴的位置上有先后关系。

在细节处理上,第二个条形图的 X 轴坐标的向右偏移量正好等于第一个条形图的宽度,通过 X 轴上的偏移操作 data.index＋bar_width,第二个条形图能与第 一个条形图在 X 轴上无缝"肩并肩"。

11.4.3　统计量分析

统计量分析是对数据进行初步的统计分析,目的是提供数据的基本特征,包括平均值、中位数、标准差、方差、最大值、最小值等。Python 中的 pandas 库提供了一些常用的统计量分析函数。

(1) 统计量分析函数:describe()。

(2) 常用统计函数。

• max():最大值。

• size():计数。

• sum():求和。

• mean():平均值。

• var():方差。

• std():标准差。

• cumsum():累计求和。

• data.score.argmin():最小值所在位置等。

【例 11-17】　对餐厅销售数据进行统计量分析,代码(11_17_describe.py)如下。

```
import pandas as pd

cart_sale = 'data/catering_sale.xls'
data = pd.read_excel(cart_sale, index_col = u'日期')
stat = data.describe()                                    # 统计量描述

stat.loc['range'] = stat.loc['max'] - stat.loc['min']     # 极差
stat.loc['var'] = stat.loc['std'] / stat.loc['mean']      # 变异系数
stat.loc['dist'] = stat.loc['75 %'] - stat.loc['25 %']    # 分位差,分位数间距
print(stat)
```

程序执行结果如下:

```
       销量        订单量
count  201.000000   25.000000
mean   2769.884279  18.720000
std    724.752696    6.275083
min    22.000000     7.000000
25 %   2453.100000  14.000000
50 %   2655.900000  18.000000
75 %   3033.100000  21.000000
max    9106.440000  36.000000
range  9084.440000  29.000000
var    0.261655      0.335207
dist   580.000000    7.000000
```

中位数(50%):将数据集合中所有数据按照升序或降序排列,居于最中间的数值即为该集合的中位数,若集合中数值个数为奇数,取最中间一个为中位数,若集合中数值个数为偶数,取最中间两个数值的算术平均数为中位数。

程序中最后三个指标为极差、变异系数、分位差,是在 describe()统计结果的基础上构造的新属性。

其中,极差表示最大值和最小值之间的差,分位差是指四分之三位数和四分位数之间的差,极差和分位差都是常用的离中趋势指标,体现了一组数据中各数据以不同程度的距离偏离中心的趋势。

变异系数(Coefficient of Variation,CV)是一种用于衡量数据集合的离散程度的统计量。它通过比较标准差与均值的大小,来描述数据集合的相对变异程度,可以帮助我们判断数据集合的相对稳定性和可靠性。在许多领域中,变异系数被广泛应用,如金融学、经济学、生物学等。例如,在金融学中,股票的变异系数可以用来衡量其风险和波动性。较高的变异系数意味着股票价格具有较高的波动性,而较低的变异系数可能表示较低的风险。

11.4.4　周期性分析

周期性分析是用于评估时间序列数据以确定相关统计和其他数据属性的技术,也被称为时间序列分析。它通常用来分析具有周期性模式的时间序列,包括金融市场、天气和社交媒体统计数据。周期性分析通过分析时间序列数据来掌握潜在模式,发现趋势和季节性波动。

在 Python 中用来进行周期性分析的常用工具就是折线图,这里继续使用 matplotlib.

pyplot 模块的 plot()方法绘制周期性分析折线图。

【例 11-18】 绘制餐厅销售数据周期趋势折线图,代码(11_18_timeTrend.py)如下。

```python
import pandas as pd
import matplotlib.pyplot as plt
from pandas.plotting import register_matplotlib_converters

register_matplotlib_converters()

df = pd.read_excel(r'data/catering_sale.xls')
df = df.head(20)
df[u'日期'] = pd.to_datetime(df[u'日期'])
#填充缺失值
df[u'销量'] = df[u'销量'].fillna(df[u'销量'].mean())
plt.plot(df[u'日期'], df[u'销量'])

plt.ylabel(u'金额', fontproperties = 'SimHei')
plt.xlabel(u'日期', fontproperties = 'SimHei')
plt.xticks(rotation = 45)              #x轴标签旋转 45 度

plt.grid(True)                         #显示坐标网格线
plt.show()
```

程序执行结果如图 11-12 所示。

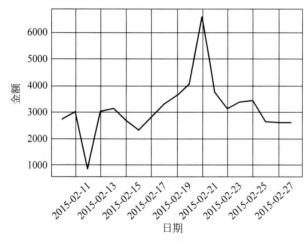

图 11-12   餐厅销售额周期分析

11.4.5 贡献度分析

贡献度分析又称帕累托分析,它的原理是帕累托法则,又称 20/80 定律,该法则表明 80% 的问题通常来自于 20% 的原因。例如,对一个公司来讲,80% 的利润常常来自于 20% 最畅销的产品,而其他 80% 的产品只产生了 20% 的利润。通常用帕累托图来做贡献度分析。帕累托图用于显示按重要性递减排列的因素的贡献,它的基本构成如下。

(1)双 y 轴图,左侧 y 轴表示频数,右侧 y 轴表示频率百分比,x 轴表示特征因素。

(2)左侧 y 轴数据对应柱状图,右侧 y 轴数据对应点线图。

(3)点线图中超过 80% 的第一个因素进行标记,左侧就为核心特征因素。

绘制帕累托图的步骤如下。

（1）数据分类和排序：将数据按照其贡献的重要性进行分类和排序。通常，这是按照贡献的大小进行的。

（2）绘制条形图：使用条形图表示每个类别的贡献。类别按照重要性递减的顺序排列。

（3）添加累积百分比线：添加一条表示累积百分比的线，以显示贡献的累积效果。

（4）分析结果：通过帕累托图，可以清晰地看到哪些因素对整体有重大影响，使决策者能够更有针对性地解决问题。

【例 11-19】 根据餐厅菜品盈利数据（如图 11-13 所示）绘制餐厅盈利帕累托图，代码（11_19_Pareto.py）如下所示。

```python
import pandas as pd
import matplotlib.pyplot as plt

# 初始化参数
dish_profit = 'data/catering_profit.xls'              # 餐饮菜品盈利数据
data = pd.read_excel(dish_profit, index_col = u'菜品名')
data = data[u'盈利'].copy()
data.sort_values(ascending = False)                   # 利润降序排列

plt.rcParams['font.sans-serif'] = ['SimHei']          # 用来正常显示中文标签
plt.rcParams['axes.unicode_minus'] = False            # 用来正常显示负号
colors = ['blue', 'green', 'red', 'cyan', 'magenta']

# 画条形图
plt.figure()
data.plot(kind = 'bar', color = colors)               # 用 pandas.plot 方法画条形图
plt.ylabel(u'盈利(元)')

# 画折线——累计贡献
p = 1.0 * data.cumsum()/data.sum()                    # cumsum——前 n 个数的和
p.plot(color = 'r', secondary_y = True, style = '-o', linewidth = 2)
# 添加注释,即 85% 处的标记.这里包括了指定箭头的样式
plt.annotate(format(p[6], '.2%'),
                xy = (6, p[6]),
                xytext = (6 * 0.9, p[6] * 0.9),        # 注释位置,比对应坐标偏下 10%
                arrowprops = dict(arrowstyle = "->", connectionstyle = "arc3,rad = .2"))
plt.ylabel(u'盈利(比例)')

plt.savefig('pareto.png')
plt.show()
```

程序执行结果如图 11-14 所示。通过帕累托分析图可以看到，餐厅盈利的 85% 是由 A1～A7 这 7 道菜品做出的贡献，即这 7 道菜品对餐厅盈利有重大影响。

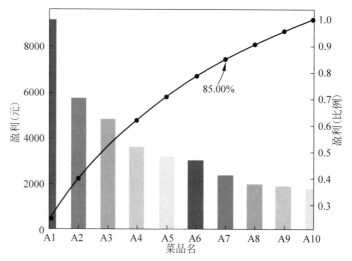

菜品ID	菜品名称	盈利
D10119	A1	9173
D10128	A2	5729
D10113	A3	4811
D10123	A4	3594
D10132	A5	3195
D10111	A6	3026
D10152	A7	2378
D10356	A8	1970
D10287	A9	1877
D10218	A10	1782

图 11-13　餐厅菜品盈利数据 　　　　图 11-14　餐厅盈利帕累托分析

11.4.6　相关性分析

相关性分析是指对两个或多个具备相关性的变量元素进行分析,从而衡量两个因素的相关密切程度,相关性的元素之间需要存在一定的联系或者概率才可以进行相关性分析。

通过计算相关性系数 r,可以衡量两个变量的相关程度,范围是 $-1\sim1$,1 代表完全正相关,-1 代表完全负相关。比较常用的是 Pearson'皮尔逊'相关系数、Spearman'斯皮尔曼'相关系数。

在 Python 中,使用 DataFrame.corr()方法可以计算出数据集中所有变量之间的相关系数矩阵,相关系数矩阵的对角线值为 1,表示该变量与自己的相关性,对角线两侧的值表示变量之间的相关性。DataFrame.corr()方法格式如下:

```
DataFrame.corr(method = 'pearson',  min_periods = 1)
```

参数说明如下。

- method:可选值为{'pearson','kendall','spearman'}
- pearson:Pearson 相关系数衡量两个数据集合是否在一条线上面,即针对线性数据的相关系数计算,针对非线性数据便会有误差。
- kendall:用于反映分类变量相关性的指标,即针对无序序列的相关系数,非正态分布的数据。
- spearman:非线性的,非正态分布的数据的相关系数。
- min_periods:样本最少的数据量。
- 返回值:各类型之间的相关系数 DataFrame 表格数据。

【例 11-20】　儿童身高和年龄的相关性分析。

为了解城市儿童年龄与身高的关系,在某小学随机抽取 10 名 6～12 岁儿童,测得身高如下,分析儿童身高与年龄之间的相关性。

年龄:[6.2,7.0,10.2,11.0,12.1,9.5,8.2,6.5,10.6,7.5]

身高:[135,139,143,150,155,141,140,137,144,139]

使用 pandas 的 corr()方法进行相关性分析,代码(11_20_corr.py)如下。

```
import numpy as np
import matplotlib.pyplot as plt
import pandas as pd

# 创建年龄和身高的数组
age = np.array([6.2, 7.0, 10.2, 11.0, 12.1, 9.5, 8.2, 6.5, 10.6, 7.5])
height = np.array([135, 139, 143, 150, 155, 141, 140, 137, 144, 139])
data = pd.DataFrame({'年龄':age, '身高': height})
print(data.corr())
# 绘制散点图
plt.rcParams['font.sans - serif'] = ['SimHei']
plt.scatter(age, height, color = 'b', label = '年龄身高')
plt.xlabel('年龄')
plt.ylabel('身高')
plt.show()
```

程序运行结果如下:

```
        年龄         身高
年龄   1.000000   0.921349
身高   0.921349   1.000000
```

从输出的相关系数矩阵可以发现,身高和年龄的相关系数为 0.921349,接近 1,也就是相关性极大。同时,从图 11-15 也可以看出,身高和年龄成线性相关。

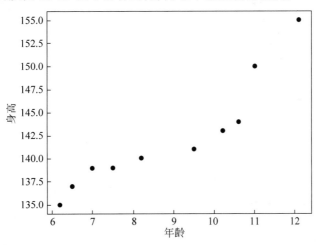

图 11-15　身高年龄散点图

【例 11-21】 餐厅菜品相关性分析。

餐厅某段时期菜品销量部分数据如图 11-16 所示,分析各菜品之间的相关性代码(11_21_corr.py)如下。

```
import pandas as pd

catering_sale = 'data/catering_sale_all.xls'              # 餐饮数据
data = pd.read_excel(catering_sale, index_col = u'日期') # 读取数据,指定"日期"列为索引列

# 相关系数矩阵,给出了任意两款菜式之间的相关系数
print(data.corr())
```

```
＃只显示"百合酱蒸凤爪"与其他菜式的相关系数
data.corr()[u'百合酱蒸凤爪']
＃计算"百合酱蒸凤爪"与"翡翠蒸香茜饺"的相关系数
data[u'百合酱蒸凤爪'].corr(data[u'翡翠蒸香茜饺'])
print(data.corr()[u'百合酱蒸凤爪'])
```

日期	百合酱蒸凤	翠翠蒸香茜	金银蒜汁蒸	乐膳真味鸡	蜜汁焗餐包	生炒菜心
2015/1/1	17	6	8	24	13	13
2015/1/2	11	15	14	13	9	10
2015/1/3	10	8	12	13	8	3
2015/1/4	9	6	6	3	10	9
2015/1/5	4	10	13	8	12	10
2015/1/6	13	10	13	16	8	9
2015/1/7	9	7	13	8	5	7
2015/1/8	9	12	13	6	7	8
2015/1/12	6	8	8	3		4
2015/1/13	9	11	13	6	8	7
2015/1/14	6	7	8	9	4	7
2015/1/15	5	9	4	7	8	9

图 11-16　餐厅菜品销量数据

程序中先计算了所有菜品之间的相关系数矩阵（10 行 10 列），然后计算百合酱蒸凤爪与其他菜式的相关系数，进而又计算了百合酱蒸凤爪与翡翠蒸香茜饺的相关系数，结果如下：

```
……
百合酱蒸凤爪        1.000000
翡翠蒸香茜饺        0.009206
金银蒜汁蒸排骨      0.016799
乐膳真味鸡          0.455638
蜜汁焗餐包          0.098085
生炒菜心            0.308496
铁板酸菜豆腐        0.204898
香煎韭菜饺          0.127448
香煎萝卜糕         -0.090276
原汁原味菜心        0.428316
Name: 百合酱蒸凤爪, dtype: float64
0.009205803051836475
```

相关系数主要应用在以下几方面。

（1）用来发觉数据间隐藏的联系。

（2）利用相关系数来减少统计指标。当业务指标繁杂，给报告制作、分析解读带来巨大的成本的时候，根据相关系数删减指标是常用方法之一，一般来说相关性大于 0.8 的时候可以选择其作为统计指标。

（3）利用相关系数来挑选回归建模的变量。在建立多元回归模型前，需要解决把哪些数据放入模型作为自变量。最常规的方式就是先计算所有字段与因变量的相关系数，把相关系数较高的放入模型。然后计算自变量间的相关系数。若自变量间的相关系数高，说明存在多重共线性，需要进行删减。

（4）利用相关系数来验证主观判断，这或许是现实业务中最有使用必要的。决策层或者管理层经常会根据自己的经验，主观地形成一些逻辑关系。最典型的表述方式就是"我认为这个数据会影响到那个数据"。到底有没有影响？可以通过计算相关系数来判断。相关系数的应用能够让决策者更冷静，更少地盲目决策。

需要说明,数据之间的相关关系,并不代表其之间的因果关系,相关系数为1,只能说明二者之间具备完全相关性。虽然相关系数不能表达因果关系,但有联系的两件事情,一定会在相关系数上有所反映。

11.5 数据分析实践——空气质量数据分析

11.5.1 任务描述

改善空气质量是生态环境保护的重中之重,全国上下近几年以降低 PM2.5 浓度为主线,协同推进节能、降碳、减排、减污、扩绿、增长,以改善空气质量。

通过网络爬虫技术收集到北京市某区 2022 年 10 月份空气质量数据如图 11-17 所示,请利用 Python 数据分析技术对该时期空气质量数据进行分析。

日期	质量等级	AQI指数	AQI排名	PM2.5	PM10	So2	No2	Co	Temp
2022/10/1	良	334	69	119	2	35	0.76	76	25
2022/10/2	优	104	16	23	2	12	0.44	58	23
2022/10/3	优	24	6	10	3	10	0.27	39	17
2022/10/4	优	75	2	9	3	10	0.12	47	13
2022/10/4	优	75	2	9	3	10	0.12	47	13
2022/10/5	优	143	8	22	2	18	0.18	35	12
2022/10/6	优	260	20	44	2	25	0.28	36	13
2022/10/7	良	323	49	85	2	30	0.57	44	16
2022/10/8	良	330	65	96	2	29	0.57	17	10.5
2022/10/9	优	35	2	8	3	6			10.5
2022/10/10	优	45	3	12	2	12	0.16	53	10
2022/10/11	优	81	13	34	2	27	0.32	34	12.5
2022/10/12	良	315	48	89	2	46	0.59	33	14
2022/10/13	轻度污染	114	330	86	134	2	51	0.72	15.5
2022/10/14	轻度污染	140	330	106	159	2	50	0.74	16
2022/10/15	轻度污染	142	322	108	157	2	39	0.77	17.5
2022/10/16	优	24	8	17	2	9	0.15	53	12
2022/10/17	优	3	2	12	2	11	0.16	41	9.5
2022/10/18	优	38	9	29	2	24	0.28	31	10.5
2022/10/19	良	232	36	73	3	39	0.52	33	14
2022/10/20	轻度污染	104	334	78	126	2	51	0.66	12.5
2022/10/21	轻度污染	127	334	96	144	2	43	0.74	16
2022/10/22	优	87	22	43	2	18	0.28	53	13
2022/10/23	优	24	7	23	2	23	0.26	35	13
2022/10/24	良	148	27	63	2	34	0.55	36	13
2022/10/25	轻度污染	116	324	86	138	4	46	0.86	14.5
2022/10/26	轻度污染	139	333	103	148	2	40	0.72	14
2022/10/27	优	29	7	20	2	19	0.24	32	8.5
2022/10/28	良	249	20	61	2	37	0.48	9	11
2022/10/29	良	278	37	81	2	39	0.64	13	11
2022/10/30	良	304	70	108	2	41	0.61	19	11.5
2022/10/31	优	130	24	41	2	19	0.28	41	9.5

图 11-17 空气质量数据(air_data.csv)

11.5.2 任务分析

收集到的空气质量数据是连续一个月内共 31 条记录,包含质量等级、AQI 指数、PM2.5 等 9 个属性。其中 AQI 指数越低,代表空气质量越好,排名相对就越高。空气质量数据分析可从以下几方面进行。

(1) 数据完整性检测,检查是否含有缺失值,如有则进行缺失值填充。

(2) 数据重复性检测,检查是否包含重复数据行,并进行去重处理。

(3) 基本统计量分析,对所有数据进行基本统计量分析。

(4) 数据分布分析,包含不同等级分布的百分比、各指标周期性分析、分布直方图等。

(5) 相关性分析,探索各指标与 AQI 指数的相关性,并绘制散点图。

11.5.3　任务实施

(1) 从文件'air_data.csv'中读取原始数据。

```
#读取数据
data = pd.read_csv('data/air_data.csv', encoding = 'gbk')
```

(2) 统计具有缺失值的列,并进行均值填充。

```
#缺失值检测
print('any-有缺失值的列:\n', data.isnull().sum())
nullCol = data.isnull().any()
#填充缺失值
#筛选有缺失值的列
nullIndex = nullCol[nullCol == True].index
#遍历有缺失值的列,用均值填充
for i in nullIndex:
    data[i] = data[i].fillna(data[i].mean())
```

(3) 对重复行进行删除,保留最后一次出现的行。

```
#重复值检测
print('重复行检测:\n', data.duplicated())
print('删除重复行:\n', data.drop_duplicates(keep = 'last'))
```

(4) 使用 Pandas 的 describe()方法统计各指标的最大值、最小值、均值、标准差等特征量。

```
#统计量分析
print('统计量分析:\n', data.describe())
```

(5) 统计"优""良""轻度污染"等不同等级天气在一个月中出现的比例,绘制饼图。

```
#空气质量分布饼图
group = data.groupby(u'质量等级')[u'质量等级'].count()    #统计各等级出现的次数
plt.rcParams["font.sans-serif"] = ['SimHei']            #设置显示汉字,指定字体
plt.figure()                                            #创建一个新图形
plt.pie(group.values,
            labels = group.index,
            autopct = "%3.1f%%",
            )
plt.title(u'空气质量等级分布')
plt.savefig('outcome/level_pie.png')
```

(6) 对 AQI 指数、PM2.5、温度等数据进行周期性分析,绘制折线图并保存图片。

为避免和上面绘制的饼图重叠,这里需要使用 plt.figure()方法创建一个新图形。

```
#空气指标周期分析
plt.figure()
plt.plot(data[u'AQI 指数'], color = 'b',
          linestyle = '--', label = 'AQI 指数')          #用 AQI 指数周期分析
plt.plot(data['Temp'], color = 'r',
          linestyle = '--', label = '温度')              #温度周期分析
plt.plot(data['PM2.5'], color = 'g',
          linestyle = '--', label = 'PM2.5')            #PM2.5 周期分析

plt.title('空气质量周期分析')
plt.xlabel('日期')
plt.xticks(data.index + 1)                              #设置 x 轴刻度标签
plt.legend(loc = 'upper right')                         #显示图例
plt.savefig('outcome/AQI_plot.png')                     #保存图片
```

（7）对 AQI 指数、PM2.5、温度等数据进行取值分布分析，绘制直方图并保存图片。

这里，我们要在一个图像窗口中绘制 4 个不同指标的分布直方图，需要使用 plt. subplot()方法对窗口进行 2×2 的分割。

```
#各指标分布直方图
#创建一个图像窗口,并在其中添加 4 个子图
plt.figure()
#AQI 分布直方图
plt.subplot(2,2,1)                                  #第 1 个图,位于第 1 行第 1 列
plt.hist(data[u'AQI 指数'],
          rwidth = 0.9,                             #rwidth 表示每个条形的宽度相对于区间的比例
        bins = 8, color = 'g', label = 'AQI 指数')
plt.legend(loc = 'upper right')

#温度分布直方图
plt.subplot(2,2,2)                                  #第 2 个图位于第 1 行第 2 列
plt.hist(data['Temp'], rwidth = 0.9, bins = 8, color = 'b', label = '温度')
plt.legend(loc = 'upper right')

#PM2.5 分布直方图
plt.subplot(2,2,3)                                  #第 3 个图位于第 2 行第 1 列
plt.hist(data['PM2.5'],rwidth = 0.9, bins = 8, color = 'deepskyblue', label = 'PM2.5')
plt.legend(loc = 'upper right')

#CO 分布直方图
plt.subplot(2,2,4)                                  #第 4 个图位于第 2 行第 2 列
plt.hist(data['CO'],rwidth = 0.9, bins = 8, color = 'g', label = 'CO')
plt.legend(loc = 'upper right')
plt.savefig('outcome/Air_hist.png')
```

（8）分析 AQI 指数和其他指标之间的相关性，使用 Pandas 的 corr()方法计算并输出相关系数矩阵，同时绘制出两指标之间的散点图并保存图片。

```
#AQI 相关性分析
print('AQI 相关系数:\n', data.corr()[u'AQI 指数'])

#PM2.5 - AQI 散点图
plt.figure(figsize = (9,6))
plt.subplot(2,2,1)
```

```
plt.scatter(data[u'PM2.5'], data[u'AQI指数'], color = 'b', label = 'PM2.5')
plt.xlabel('PM2.5')
plt.ylabel('AQI指数')

# SO2 - AQI散点图
plt.subplot(2,2,2)
plt.scatter(data[u'SO2'], data[u'AQI指数'], color = 'b', label = 'SO2')
plt.xlabel('SO2')
plt.ylabel('AQI指数')

# CO - AQI散点图
plt.subplot(2,2,3)
plt.scatter(data['CO'], data[u'AQI指数'], color = 'b', label = 'CO')
plt.xlabel('CO')
plt.ylabel('AQI指数', fontsize = 10)

# Temp - AQI散点图
plt.subplot(2,2,4)
plt.scatter(data['Temp'], data[u'AQI指数'], color = 'b', label = '温度')
plt.xlabel('Temp')
plt.ylabel('AQI指数')

plt.savefig('outcome/Air_scatter.png')
plt.close()
```

除了输出 AQI 指数的相关系数矩阵之外,我们也绘制了 4 个指标和 AQI 之间的散点图。同样,我们将 4 个散点图绘制在一个图像窗口中。

空气质量数据分析的完整代码(11_22_air.py)如下。

```
import matplotlib.pyplot as plt
import pandas as pd

# 读取数据
data = pd.read_csv('data/air_data.csv', encoding = 'gbk')

# 缺失值检测
print('有缺失值的列:\n', data.isnull().sum())
nullCol = data.isnull().any()
# 填充缺失值
# 筛选有缺失值的列
nullIndex = nullCol[nullCol == True].index
# 遍历有缺失值的列,用均值填充
for i in nullIndex:
    data[i] = data[i].fillna(data[i].mean())

# 重复值检测
print('重复行检测:\n', data.duplicated())
# 去重
print('删除重复行:\n', data.drop_duplicates(keep = 'last'))

# 统计量分析
print('统计量分析:\n', data.describe())
```

```python
#空气质量分布饼图
group = data.groupby(u'质量等级')[u'质量等级'].count()          #统计各等级出现次数
plt.rcParams["font.sans-serif"] = ['SimHei']                 #设置显示汉字,指定字体
plt.figure()                                                 #创建一个新图形
plt.pie(group.values,
        labels = group.index,
        autopct = "%3.1f%%",
        )
plt.title(u'空气质量等级分布')
plt.savefig('outcome/level_pie.png')

#空气指标周期分析
plt.figure()
plt.plot(data[u'AQI指数'], color = 'b',
         linestyle = '--', label = 'AQI指数')                #用AQI指数周期分析
plt.plot(data['Temp'], color = 'r',
         linestyle = '--', label = '温度')                    #温度周期分析
plt.plot(data['PM2.5'], color = 'g',
         linestyle = '--', label = 'PM2.5')                  #PM2.5周期分析

plt.title('空气质量周期分析')
plt.xlabel('日期')
plt.xticks(data.index + 1)                                   #设置x轴刻度标签
plt.legend(loc = 'upper right')                              #显示图例
plt.savefig('outcome/AQI_plot.png')                          #保存图片

#各指标分布直方图
#创建一个图像窗口,并在其中添加4个子图
plt.figure()
#AQI分布直方图
plt.subplot(2,2,1)                                           #第1个图,位于第1行第1列
plt.hist(data[u'AQI指数'],
         rwidth = 0.9,                    #rwidth表示每个条形的宽度相对于区间宽度的比例
         bins = 8, color = 'g', label = 'AQI指数')
plt.legend(loc = 'upper right')

#温度分布直方图
plt.subplot(2,2,2)                                           #第2个图位于第1行第2列
plt.hist(data['Temp'], rwidth = 0.9, bins = 8, color = 'b', label = '温度')
plt.legend(loc = 'upper right')

#PM2.5分布直方图
plt.subplot(2,2,3)                                           #第3个图位于第2行第1列
plt.hist(data['PM2.5'], rwidth = 0.9, bins = 8, color = 'deepskyblue', label = 'PM2.5')
plt.legend(loc = 'upper right')

#CO分布直方图
plt.subplot(2,2,4)                                           #第4个图位于第2行第2列
plt.hist(data['CO'], rwidth = 0.9, bins = 8, color = 'g', label = 'CO')
plt.legend(loc = 'upper right')
plt.savefig('outcome/Air_hist.png')

#AQI相关性分析
```

```
print('AQI 相关系数:\n', data.corr()[u'AQI 指数'])

# PM2.5 - AQI 散点图
plt.figure(figsize = (9,6))
plt.subplot(2,2,1)
plt.scatter(data[u'PM2.5'], data[u'AQI 指数'], color = 'b', label = 'PM2.5')
plt.xlabel('PM2.5')
plt.ylabel('AQI 指数')

# SO2 - AQI 散点图
plt.subplot(2,2,2)
plt.scatter(data[u'SO2'], data[u'AQI 指数'], color = 'b', label = 'SO2')
plt.xlabel('SO2')
plt.ylabel('AQI 指数')

# CO - AQI 散点图
plt.subplot(2,2,3)
plt.scatter(data['CO'], data[u'AQI 指数'], color = 'b', label = 'CO')
plt.xlabel('CO')
plt.ylabel('AQI 指数', fontsize = 10)

# Temp - AQI 散点图
plt.subplot(2,2,4)
plt.scatter(data['Temp'], data[u'AQI 指数'], color = 'b', label = '温度')
plt.xlabel('Temp')
plt.ylabel('AQI 指数')

plt.savefig('outcome/Air_scatter.png')
plt.close()
```

运行程序后,数据分析的相关结果如下。

(1) 缺失值检测结果:

```
有缺失值的列:
    日期          0
质量等级          0
AQI 指数     0
AQI 排名     0
PM2.5       0
PM10        0
SO2         0
NO2         1
CO          1
Temp        0
```

(2) 重复行检测发现第 4 行数据重复,结果如下:

```
重复行检测:
0        False
1        False
2        False
3        False
4        True
… …
```

对重复行进行删除后再次输出数据,结果显示重复行意见去除,输出结果略。

（3）描述性统计分析结果如下：

```
描述统计分析：
            AQI 指数      AQI 排名       PM2.5    ...        NO2          CO       Temp
count    32.000000    32.000000    32.000000   ...   32.000000   32.000000    32.0000
mean    142.875000    89.968750    56.062500   ...   10.607419   29.684194    13.5000
std     104.590368   130.270063    37.286976   ...   19.095740   20.282845     3.5741
min       3.000000     2.000000     8.000000   ...    0.120000    0.660000     8.5000
25 %     67.500000     7.750000    21.500000   ...    0.267500   12.000000    11.0000
50 %    121.500000    23.000000    52.500000   ...    0.500000   33.500000    13.0000
75 %    236.250000    69.250000    86.750000   ...    3.221855   41.750000    14.7500
max     334.000000   334.000000   119.000000   ...   51.000000   76.000000    25.0000

[8 rows x 8 columns]
```

（4）空气质量分布分析的饼图、折线图、直方图分别如图 11-18～图 11-20 所示。

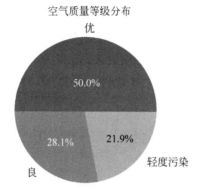

图 11-18　空气质量等级分布饼图

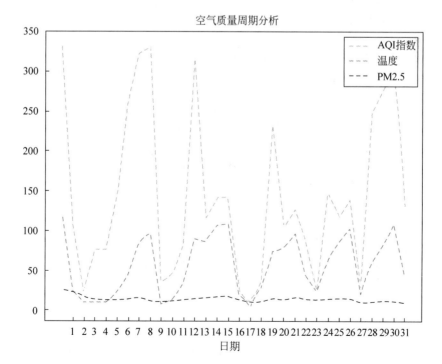

图 11-19　空气质量周期分析

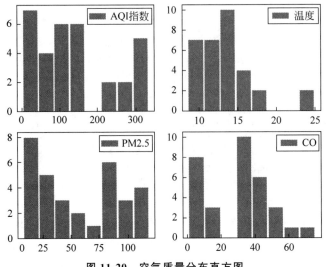

图 11-20　空气质量分布直方图

（5）AQI 指数相关系数分析结果如下：

```
AQI 相关系数：
 AQI 指数      1.000000
AQI 排名      0.045514
PM2.5        0.710243
PM10        -0.082526
SO2          0.670134
NO2         -0.102165
CO          -0.091232
Temp         0.250597
Name: AQI 指数, dtype: float64
```

AQI 指数与 PM2.5、SO_2、CO、温度相关分析散点图如图 11-21 所示。

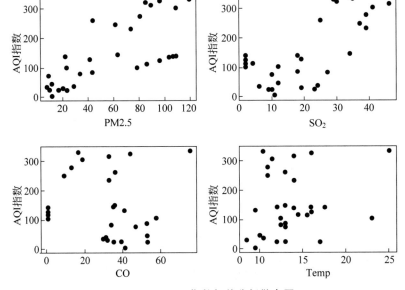

图 11-21　AQI 指数相关分析散点图

巩固训练

1. 收集一组食堂刷卡数据(student_cantten.xlsx),分析并画出每顿消费金额的条形图和直方图。

2. 已知食堂某天就餐人数数据(cateen_persons.xlsx),分析并画出一天中就餐人数的时间周期图(格式如图 11-22 所示)。

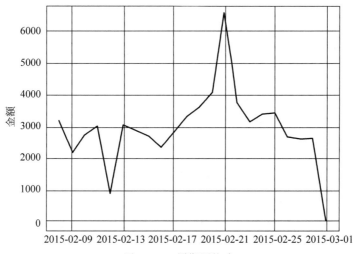

图 11-22　周期图格式

3. 根据世界卫生组织(WHO)的数据,中风是全球第二大死亡原因,约占总死亡人数的 11%。中风预测数据集(中风预测数据集.csv)用于根据输入参数(例如性别、年龄、各种疾病和吸烟状况)预测患者是否可能中风。数据中的每一行都提供有关患者的相关信息。数据集字段说明如图 11-23 所示。

数据集部分数据如图 11-24 所示。

(1) 对数据进行质量分析(缺失值、重复值检测和处理);

(2) 对数据进行基本统计量分析;

(3) 对数据集中中风人群分别进行性别分布统计(饼图)、年龄直方图分布统计、工作类型分布统计(饼图)、居住类型分布统计(条形图)、是否已婚统计(条形图)、体重指数统计(直方图)、是否抽烟统计(饼图)。

字段名称	字段类型	字段说明
id	整型	唯一编号
gender	字符型	性别
age	浮点型	年龄
hypertension	整型	是否患有高血压: 0否1是
heart_disease	整型	是否患有心脏病, 0否1是
ever_married	字符型	病人是否已婚
work_type	字符型	患者的工作类型
Residence_type	字符型	患者的居住类型
avg_glucose_level	浮点型	血液中的平均葡萄糖水平
bmi	浮点型	体重指数
smoking_status	字符型	患者的吸烟情况
stroke	整型	中风事件

图 11-23　数据集字段说明

4. 共享单车在过去的十几年在世界范围内得到了广泛的推广。这份数据集(共享单车数据集.csv)是在 2011—2012 年收集的关于每天共享单车的租赁信息。数据集的字段描述如图 11-25 所示。

id	gender	age	hypertens	heart_d	ever_marri	work_type	Residence	avg_gluco	bmi	smoking_s	stroke
9046	Male	67	0	1	Yes	Private	Urban	228.69	36.6	formerly sr	1
51676	Female	61	0	0	Yes	Self-empl	Rural	202.21	N/A	never smo	1
31112	Male	80	0	1	Yes	Private	Rural	105.92	32.5	never smo	1
60182	Female	49	0	0	Yes	Private	Urban	171.23	34.4	smokes	1
1665	Female	79	1	0	Yes	Self-empl	Rural	174.12	24	never smo	1
56669	Male	81	0	0	Yes	Private	Urban	186.21	29	formerly sr	1
53882	Male	74	1	1	Yes	Private	Rural	70.09	27.4	never smo	1
10434	Female	69	0	0	No	Private	Urban	94.39	22.8	never smo	1
27419	Female	59	0	0	Yes	Private	Rural	76.15	N/A	Unknown	1
60491	Female	78	0	0	Yes	Private	Urban	58.57	24.2	Unknown	1
12109	Female	81	1	0	Yes	Private	Rural	80.43	29.7	never smo	1
12095	Female	61	0	1	Yes	Govt_job	Rural	120.46	36.8	smokes	1
12175	Female	54	0	0	Yes	Private	Urban	104.51	27.3	smokes	1

图 11-24　数据集部分数据

字段名称	字段类型	字段说明
instant	数值型	记录索引
dteday	字符型	日期
season	数值型	季节（1：冬季，2：春天，3：夏季，4：秋季）
yr	数值型	年份
mnth	数值型	月份
holiday	数值型	是否节假日
weekday	数值型	是否为周一到周五
workingday	数值型	既不是周末，也不是假期的日子。
weathersit	数值型	天气。1：晴朗，很少云，部分多云；2：雾，多云；3：小雪，小雨；4：大雨，雪
temp	数值型	标准化温度
atemp	数值型	标准化体感温度
hum	数值型	湿度
windspeed	数值型	风速
casual	数值型	游客用户数量
registered	数值型	注册用户数量
cnt	数值型	总租借数

图 11-25　数据集的字段描述

（1）对数据进行质量分析(缺失值、重复值检测和处理)。

（2）对数据进行基本描述统计。

（3）对 2011 年数据进行季节分布分析(饼图)、每月用车人数分析(条形图)。

（4）对 2011 年 1 月份每天用车数进行以下分析：

① 一个月的人数周期分析(折线图)；

② 天气类型分布分析(饼图)；

③ 每日用车数量分布分析(直方图)；

④ 用车数量与天气、温度、湿度、风速、是否节假日、是否工作日等相关性分析(相关系数矩阵)。

第12章

Web框架Django

Python 有许多款不同的 Web 框架,Django 是重量级选手中最有代表性的一位,许多成功的网站和 App 都基于 Django。

12.1 Django 概述

视频讲解

12.1.1 Django 简介

Django 是一个由 Python 编写的开放源代码的 Web 应用框架,用于快速开发可维护和可扩展的 Web 应用程序。

使用 Django,只要很少的代码,Python 的程序开发人员就可以轻松地完成一个正式网站所需要的大部分内容,并进一步开发出全功能的 Web 服务。

Django 本身基于 MVC 模型,即 Model(模型)+View(视图)+Controller(控制器)设计模式,MVC 模式使后续对程序的修改和扩展简化,并且使程序某一部分的重复利用成为可能。

Python+Django 是快速开发、设计、部署网站的最佳组合。

12.1.2 Django 的特点

ORM(对象关系映射):Django 提供了一个强大的 ORM,允许开发者通过 Python 代码来定义和操作数据库模型,而无须直接使用 SQL。这使得数据库操作更加抽象和易于管理。

MVC 架构:Django 遵循 MVC(模型-视图-控制器)的软件设计模式,但它使用了稍微不同的术语。在 Django 中,模型(Model)表示数据结构,视图(View)负责呈现用户界面,而控制器(Controller)的职责被称为视图(View)。

模板引擎:Django 使用模板引擎来生成 HTML,这使得前端和后端的代码分离更加容易。Django 的模板语言允许开发者在模板中嵌入动态内容。

自动化 admin 界面:Django 自动生成管理后台,使得管理和操作数据库的过程变得非常简单。开发者可以轻松地创建、修改和删除数据库记录,而无须编写自定义的管理界面。

表单处理:Django 提供了强大的表单处理工具,使得用户输入的验证和处理变得更加简单。这对于开发 Web 表单和处理用户提交的数据非常有用。

安全性:Django 内置了一些安全性功能,例如防止常见的 Web 攻击(如 CSRF 攻击),

并提供了方便的用户身份验证和授权系统。

可扩展性：Django 的组件是松耦合的，允许开发者使用现有的组件或编写自己的应用程序来扩展框架功能。

社区支持：Django 拥有庞大的社区支持，提供了大量的文档、教程和第三方包，使得学习和使用 Django 变得更加容易。

12.1.3　MVC 与 MTV 模型

1. MVC 模型

MVC 模式（Model-View-Controller）是软件工程中的一种软件架构模式，把软件系统分为三个基本部分：模型（Model）、视图（View）和控制器（Controller）。

MVC 以一种插件式的、松耦合的方式连接在一起。

- 模型（M）——编写程序应有的功能，负责业务对象与数据库的映射（ORM）。
- 视图（V）——图形界面，负责与用户的交互（页面）。
- 控制器（C）——负责转发请求，对请求进行处理。

MVC 模型的简易图如图 12-1 所示，用户操作流程图如图 12-2 所示。

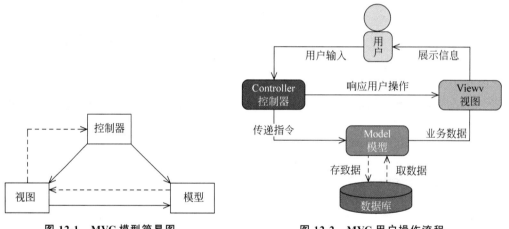

图 12-1　MVC 模型简易图　　　　图 12-2　MVC 用户操作流程

2. MTV 模型

Django 的 MTV 模式本质上和 MVC 是一样的，也是为了各组件间保持松耦合关系，只是定义上有些许不同，Django 的 MTV 表示的含义如下。

- M 表示模型（Model）：编写程序应有的功能，负责业务对象与数据库的映射（ORM）。
- T 表示模板（Template）：负责如何把页面（HTML）展示给用户。
- V 表示视图（View）：负责业务逻辑，并在适当时候调用 Model 和 Template。

除了以上三层之外，还需要一个 URL 分发器，它的作用是将一个个 URL 的页面请求分发给不同的 View 处理，View 再调用相应的 Model 和 Template，MTV 的响应模式如图 12-3 所示。

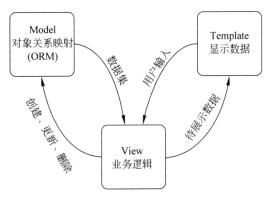

图 12-3 MTV 模型简易图

MTV 模型的用户操作流程如图 12-4 所示,用户通过浏览器向我们的服务器发起一个请求(request),这个请求会去访问视图函数:

- 如果不涉及数据调用,这个时候视图函数直接返回一个模板也就是一个网页给用户。
- 如果涉及数据调用,视图函数调用模型,模型去数据库查找数据,然后逐级返回。

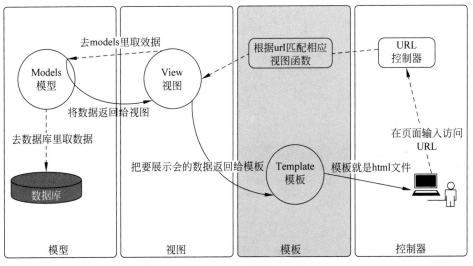

图 12-4 MTV 用户操作流程

视图函数把返回的数据填充到模板的空格中,最后返回网页给用户。

12.2 Django 的安装

在 PyCharm 中安装 Django 框架的方式如图 12-5 所示,选择 File→Settings→Project 解释器,单击"＋",输入 Django,在对应的列表中选中安装包,勾选 Specify Version 复选框选择指定版本然后单击 Install Package 按钮。

Django 的版本与对应的 Python 版本如表 12-1 所示。

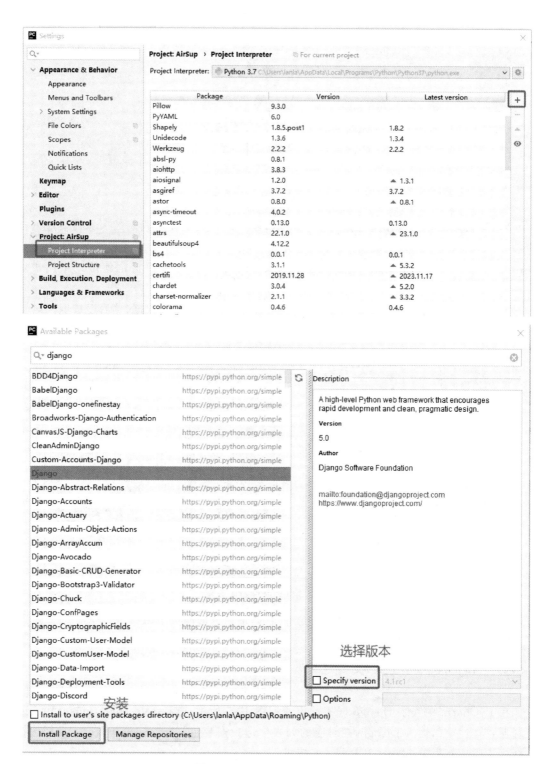

图 12-5　PyCharm 中安装 Django

表 12-1　Django 版本对应的 Python 版本

Django 版本	Python 版本
1.8	2.7,3.2 ,3.3,3.4,3.5
1.9,1.10	2.7,3.4,3.5
1.11	2.7,3.4,3.5,3.6
2.0	3.4,3.5,3.6,3.7
2.1,2.2	3.5,3.6,3.7
3.2	3.6,3.7,3.8,3.9,3.10
4.0	3.8,3.9,3.10
4.1	3.8,3.9,3.10,3.11(added in 4.1.3)
4.2	3.8,3.9,3.10,3.11,3.12(added in 4.2.8)

12.3　创建第一个 Django 项目

本节我们将介绍 Django 管理工具及如何使用 Django 来创建项目。

版本说明：

Python 3.7.0；

Django 3.2.9。

通过以下命令可以查看版本号：

```
#python - V
Python 3.7.0
#python - m django -- version
3.2.9
```

1. 新建一个 Django 项目

(1) 在 PyCharm 中,选择菜单 File→New Project→Django 命令。

(2) 配置路径和项目名称(webDjango),如图 12-6 所示。选择项目存放路径、解释器,在更多设置中模板语言(Template language)选择 Django,模板文件夹(Templates folder)选择 templates,应用程序名称(Application name)可以自己填写,启用 Django admin(Enable Django admin)这个表示是否启用 Django 的后台管理系统。

(3) 单击 Create 按钮(完成创建)。

2. 项目目录

创建项目后,默认的目录结构如图 12-7 所示。

- manage.py：是 Django 用于管理本项目的命令行工具,之后进行站点运行,数据库自动生成等都是通过本文件完成。
- webDjango/__init__.py：告诉 Python 该项目是一个 Python 包,暂无内容,后期一些工具的初始化可能会用到。
- webDjango/settings.py：Django 项目的配置文件,默认状态中定义了本项目引用的组件、项目名、数据库、静态资源等。

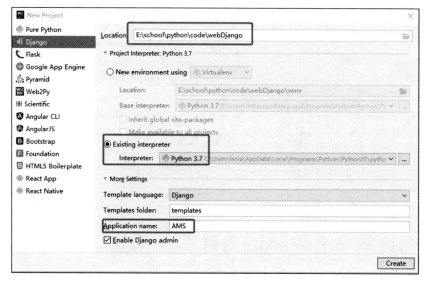

图 12-6　新建 Django 项目配置

图 12-7　新建 Django 项目的目录结构

- webDjango/urls.py：维护项目的 URL 路由映射，即定义当客户访问时由哪个模块进行响应。
- webDjango/wsgi.py：全称为 Python Web Server Gateway Interface，即 Python 服务器网关接口，是 Python 应用与 Web 服务器之间的接口，用于 Django 项目在服务器上的部署和上线，一般不需要修改。
- webDjango/asgi.py：定义 ASGI 的接口信息，与 WSGI 类似，在 Python 3.0 以后新增 ASGI，相比 WSGI，ASGI 实现了异步处理，用于启动异步通信服务，例如实现在线聊天等异步通信功能（类似 Tornado 异步框架）。

AMS 是应用名称，在新建项目时自定义。

- AMS/migrations：数据模型迁移记录目录。

- AMS/__init__.py：标识当前所在的应用目录是一个 Python 包。
- AMS/admin.py：Django Admin 应用的配置文件。
- AMS/apps.py：应用程序本身的属性配置文件。
- AMS/models.py：用于定义应用中所需要的数据表的配置文件。
- AMS/tests.py：用于编写当前应用程序的单元测试的测试文件。
- AMS/views.py：用来定义视图处理函数的文件。

templates：该文件夹下存放 HTML 文件。

db.sqlite3：数据库文件。

3. 启动服务器

在终端中输入命令：Python manage.py runserver，启动服务器，出现 http://127.0.0.1:8000/ 代表启动成功，如图 12-8 所示。

```
December 29, 2023 - 11:09:53
Django version 3.2.9, using settings 'webDjango.settings'
Starting development server at http://127.0.0.1:8000/
```

图 12-8　服务器启动成功

单击 http://127.0.0.1:8000/或者直接在浏览器中输入该网址，如果我们的应用服务成功启动，输出界面如图 12-9 所示。

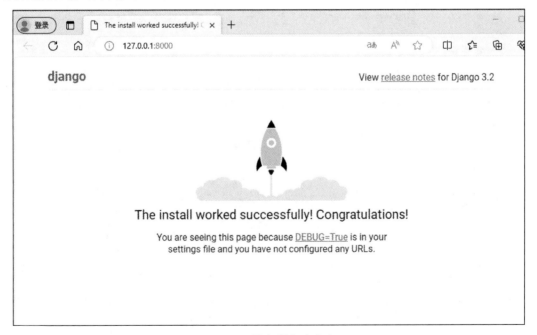

图 12-9　服务器启动成功

在每个 Django 项目中可以包含多个 App，相当于一个大型项目中的分系统、子模块、功能部件等。所有的 App 共享项目资源。

在 PyCharm 下方的 terminal 终端中输入命令：

```
python manage.py startapp NewApp
```

这样就创建了一个叫做 NewApp 的 App，Django 自动生成 NewApp 文件夹。

视频讲解

12.4　Django 的 MTV 模型组织

有些 Web 框架觉得 MVC 的字面意思很别扭，就给它改了一下。View 不再是 HTML 相关，而是主业务逻辑了，相当于控制器。HTML 被放在 Templates 中，称作模板，于是 MVC 就变成了 MTV。

12.4.1　返回 HttpResponse 响应内容

1. 编写业务处理逻辑

打开 AMS/views.py 文件，编辑业务处理代码，导入模块，添加一个 hello 函数，代码如下：

```
from django.shortcuts import render
from django.shortcuts import HttpResponse

# Create your views here.
def hello (request):
    return HttpResponse("Hello, django!")
```

2. 编写路由

路由简单来说就是根据用户请求的 URL 链接来判断对应的处理程序，并返回处理结果，也就是 URL 与 Django 的视图建立映射关系。Django 路由在 urls.py 中配置，urls.py 中的每一条配置对应相应的处理方法。

编辑 webDjango/urls.py 文件，导入 views 模块，在原来的 admin 路由后面添加一行新的路由，修改后的路由如下：

```
from django.contrib import admin
from django.urls import path
from AMS import views

urlpatterns = [
    path('admin/', admin.site.urls),
    path('hello/', views. hello),
]
```

'hello/' 表示我们在浏览器中输入服务器网址后加上的路径，views.hello 表示 views 模块中对应的 hello 函数来进行请求响应。

3. 启动服务

修改浏览器网址为 http://127.0.0.1:8000/hello/，即可看到新的响应页面，如图 12-10 所示。

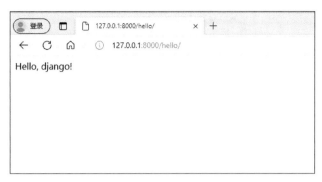

图 12-10 /hello 响应页面

通过上面 3 个步骤,我们将 hello 这个 url 指向了 views 中的 hello()函数,它接收用户请求,并返回一个"Hello,django!"字符串。

12.4.2 返回一个 HTML 网页

上面我们返回给用户浏览器的是什么？一个字符串,实际上这肯定不行,通常我们都是将 HTML 文件返回给用户。

(1) 在 templates 文件夹下创建一个 index.html 文件,代码如下。

```
<!DOCTYPE html>
<html lang = "en">
<head>
    <meta charset = "UTF-8">
    <title> Air Monitor System </title>
</head>
<body>
    <P>欢迎使用 Django,这里是空气质量监测系统首页!</P>
</body>
</html>
```

(2) 在 views.py 中创建 index 视图函数,返回对应的 HTML 页面。

```
def index(request):
    return render(request,'index.html')
```

在 views 中,想要返回一个 HTML 文件,需要用 render()方法。

(3) 在 urls.py 中配置路由,通过网址去访问对应页面,添加 index/路由及对应的响应函数 views.index,修改后的 urlpatterns 代码如下。

```
urlpatterns = [
    path('admin/', admin.site.urls),
    path(hello/', views.hello),
    path('index/', views.index)
]
```

(4) 启动服务,在浏览器地址中输入 http://127.0.0.1:8000/index/,新的响应页面如图 12-11 所示,此时看到的是我们自己创建的 index.html 页面。

为了让 Django 知道我们的 HTML 文件在哪里,需要修改 settings 文件的相应内容。但默认情况下,它正好适用,无须修改,如图 12-12 所示。

图 12-11   /index 响应页面

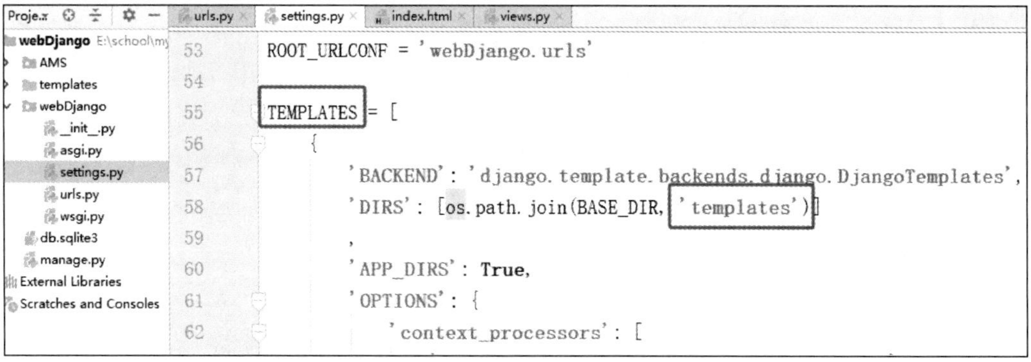

图 12-12   setting 文件 templates 设置

12.4.3   使用静态文件

在 Django 中，一般将静态文件放在 static 目录中，如图 12-13 所示。接下来，在 webDjango 中新建一个 static 目录，CSS、JS 和各种插件都可以放置在这个目录中。

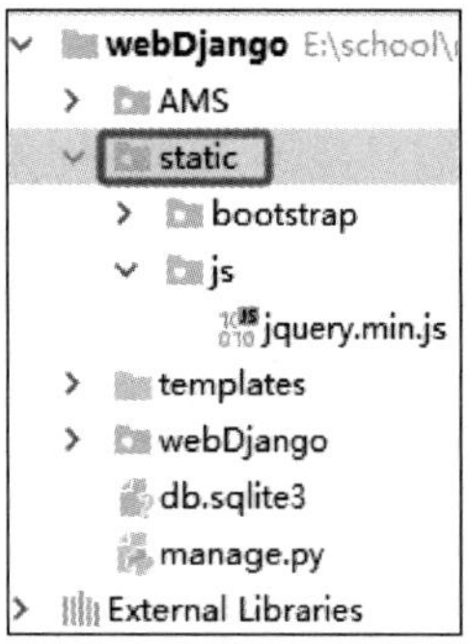

为了让 Django 找到这个目录，依然需要对 settings 进行配置。如图 12-14 所示，创建一行，添加 STATICFILES_DIRS 变量，定义静态文件的目录，与新建的 static 保持一致。注意，STATIC_URL 变量的取值'/static/'不是文件目录，是引用路径，可以是自己定义的任何名字，在 HTML 文件中引用静态文件时需要使用这个值。

接下来，可以在 index.html 文件中引入 CSS 和 JS 文件了，这里我们引用 bootstrap 前端框架的文件，如图 12-15 所示。

图 12-13   static 目录

12.4.4   接收用户发送的数据

上面我们将一个要素齐全的 HTML 文件返还给了用户浏览器。但这还不够，因为 Web 服务器和用户之间没有动态交互，这里我们增加一个用户登录功能。

（1）创建一个登录页面 login.html，如图 12-16 所示。设计一个表单，让用户输入用户名和密码，提交给 index 这个 url，服务器将接收到这些数据。

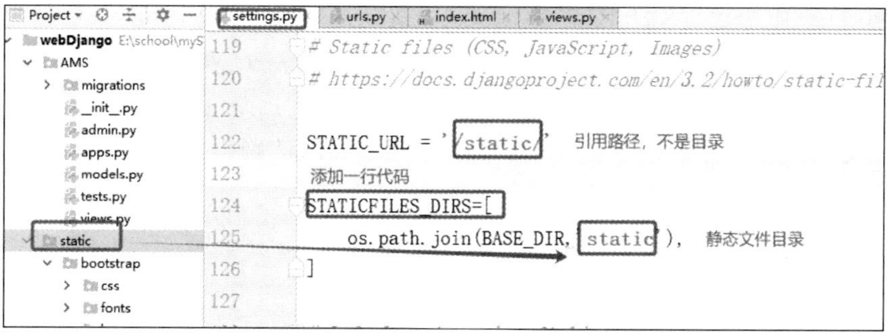

图 12-14　配置静态资源路径

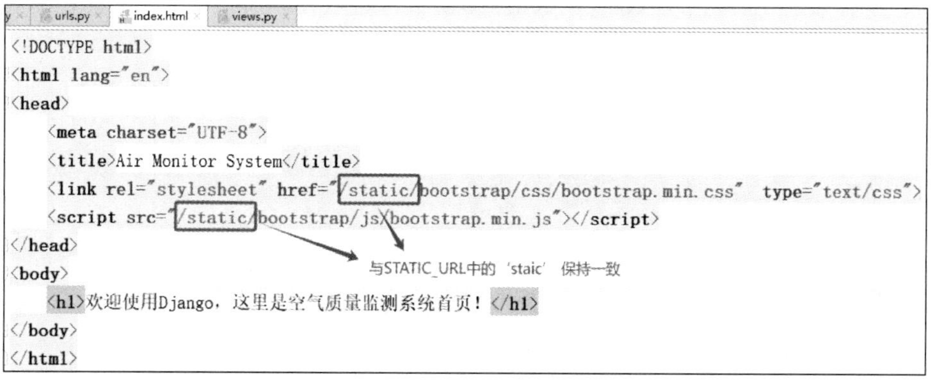

```
<!DOCTYPE html>
<html lang="en">
<head>
    <meta charset="UTF-8">
    <title>Air Monitor System</title>
    <link rel="stylesheet" href="/static/bootstrap/css/bootstrap.min.css"  type="text/css">
    <script src="/static/bootstrap/js/bootstrap.min.js"></script>
</head>
<body>
    <h1>欢迎使用Django，这里是空气质量监测系统首页！</h1>
</body>
</html>
```


图 12-15　引入静态文件后的 index. html

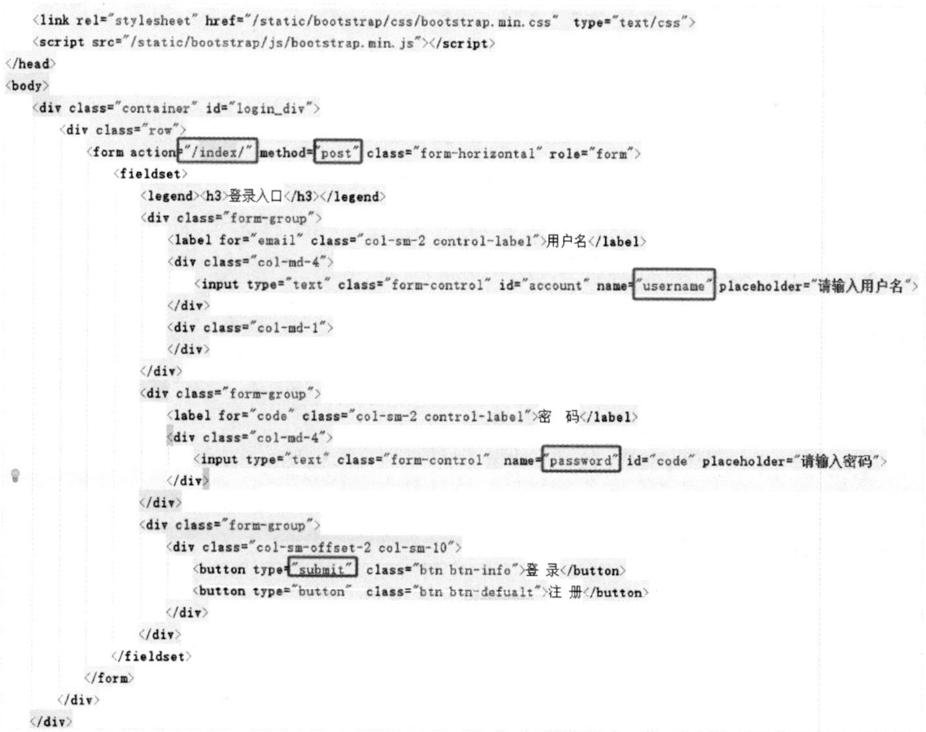

```
    <link rel="stylesheet" href="/static/bootstrap/css/bootstrap.min.css"  type="text/css">
    <script src="/static/bootstrap/js/bootstrap.min.js"></script>
</head>
<body>
    <div class="container" id="login_div">
        <div class="row">
            <form action="/index/" method="post" class="form-horizontal" role="form">
                <fieldset>
                    <legend><h3>登录入口</h3></legend>
                    <div class="form-group">
                        <label for="email" class="col-sm-2 control-label">用户名</label>
                        <div class="col-md-4">
                            <input type="text" class="form-control" id="account" name="username" placeholder="请输入用户名">
                        </div>
                        <div class="col-md-1">
                        </div>
                    </div>
                    <div class="form-group">
                        <label for="code" class="col-sm-2 control-label">密　码</label>
                        <div class="col-md-4">
                            <input type="text" class="form-control"  name="password" id="code" placeholder="请输入密码">
                        </div>
                    </div>
                    <div class="form-group">
                        <div class="col-sm-offset-2 col-sm-10">
                            <button type="submit" class="btn btn-info">登 录</button>
                            <button type="button"  class="btn btn-defualt">注 册</button>
                        </div>
                    </div>
                </fieldset>
            </form>
        </div>
    </div>
```

图 12-16　登录页面 login. html

（2）同时，要在 views 文件中增加 login()函数让其返回 login.html，代码如下。

```
def login(request):
    return render(request,'login.html')
```

（3）还要在 url 文件中添加新的路由'login/'，修改后的路由如下。

```
urlpatterns = [
    path('admin/', admin.site.urls),
    path('hello/', views.hello),
    path('index/', views.index),
    path('login/', views.login),
]
```

（4）然后修改 views.py 文件，在 index()函数中接收用户提交的数据，并在 PyCharm
中输出，如图 12-17 所示。

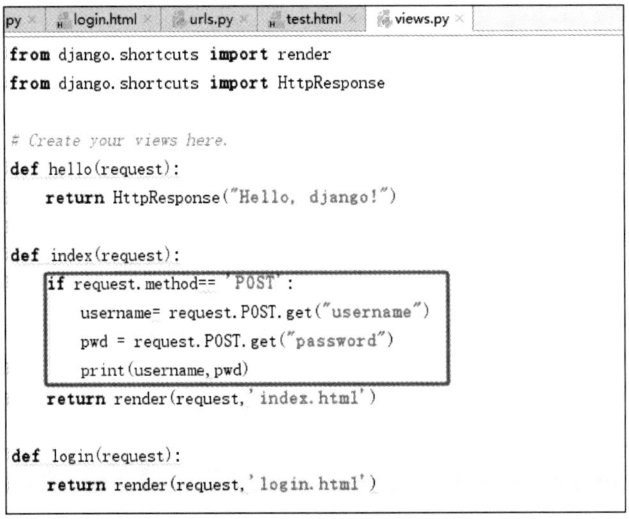

图 12-17   views 文件接收用户数据

（5）重启 Web 服务时，会出错，因为 Django 有一个 csrf 跨站请求保护机制，我们暂时
在 settings 文件中将它关闭（注释掉该行），如图 12-18 所示。

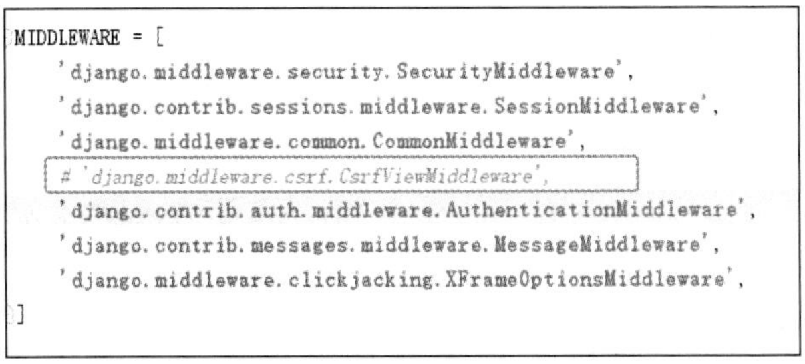

图 12-18   setting 文件中 csrf 设置

（6）再次进入浏览器，访问 login 页面，如图 12-19 所示，输入用户名和密码，单击"登
录"按钮，将跳转到 index 页面，同时 PyCharm 窗口将输出用户提交的用户名和密码，如
图 12-20 所示。

图 12-19　登录页面

图 12-20　PyCharm 窗口输出用户提交的数据

12.4.5　返回动态页面

前面我们在服务器端收到了用户提交的数据，本节我们将服务器端数据发送到用户模板页面，并动态呈现。

1. 修改 views.py 文件

添加一个用户信息列表 userlist，包含两个用户账号和密码信息。同时在 index 函数中将接收到的用户提交的账号和密码信息追加到该列表中，再将 userlist 作为数据发送到 index.html，修改的代码部分如下。

```
… …
userlist = [
    {userName: 'tom', passWord: '123'},
    {userName: 'jerry', passWord: '456'},
]
def index(request):
    if request.method == 'POST':
        username = request.POST.get("username")
        pwd = request.POST.get("password")
        user = {userName: username, 'passWord': pwd}
        userlist.append(user)
        print(username, pwd)
    return render(request,'index.html', {'data':userlist})
```

2. 修改模板文件 index.html

在原有标题下，添加一个表格，将服务器端发送的 data 变量（用户列表）中的所有用户信息显示到当前网页，如图 12-21 所示。

```
<body>
    <h1>欢迎使用Django，这里是空气质量监测系统首页！</h1>
    <h2>用户信息</h2>
    <table border="1" class="table table-striped">
        <thead>
            <th>用户名</th>
            <th>密码</th>
        </thead>
        <tbody>
        {% for line in data %}
            <tr>
                <td>{{ line.userName }}</td>
                <td>{{ line.passWord }}</td>
            </tr>
        {% endfor %}
        </tbody>
    </table>
</body>
```

图 12-21　在模板中显示用户数据

Django 采用自己的模板语言，根据提供的数据，替换掉 HTML 中的相应部分。在 view 和模板中的变量语法如下：

```
view:{"HTML 变量名" : "views 变量名"}
HTML:{{变量名}}
```

本节中从 views 发送到 HTML 文件中的变量名为 data，对应在 views 中的变量名为 userlist。

使用模板语言的 for 标签，{% for %}允许我们在一个序列上迭代。每一次循环中，模板系统会渲染在 {% for %}和{% endfor %} 之间的所有内容。

使用 for 语句遍历 data 变量的数据，每次产生一个表格行，每行两列，每列的内容使用变量访问用户名和密码，这里的 userName 和 passWord 变量要与 views 文件中定义的用户字典的键一一对应。

3．再次启动服务，访问登录页面

输入用户名 tom 和密码 12345，单击"登录"按钮，页面跳转到 index 模板，并显示所有用户数据，如图 12-22 所示。

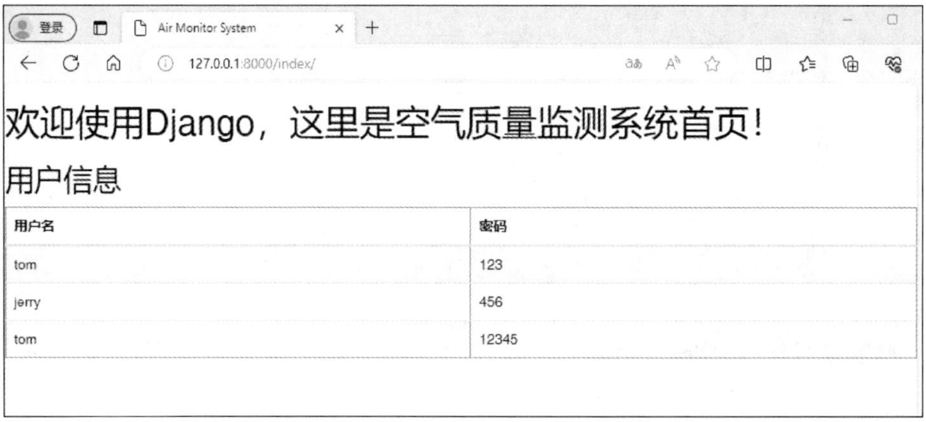

图 12-22　登录后返回动态页面

至此，我们获得了用户实时输入的数据，并将它实时展示在了用户页面上，这是个不错的交互过程。

12.4.6 使用数据库

Django 的 MTV 框架基本已经浮出水面了，只剩下最后的数据库部分了。上面我们虽然和用户交互得很好，但并没有保存任何数据，页面一旦关闭，或服务器重启，一切都将回到初始状态。

使用数据库是毫无疑问的，Django 通过自带的 ORM 框架操作数据库，并且自带轻量级的 sqlite3 数据库。

1. 注册 App

在 settings. py 文件中注册 App，如图 12-23 所示，若不注册它，数据库则不知道该给哪个 App 创建表。

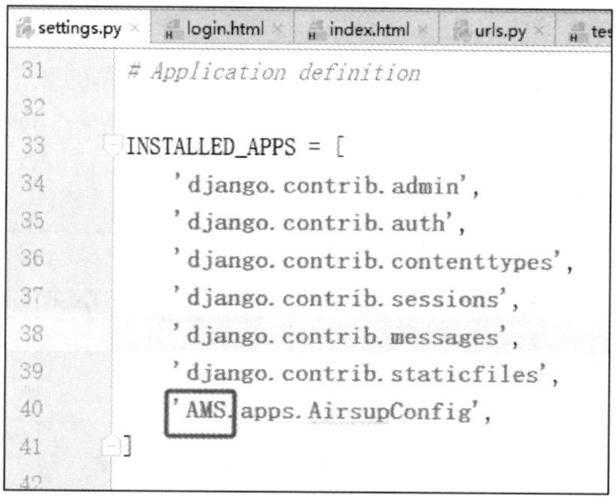

```
# Application definition

INSTALLED_APPS = [
    'django.contrib.admin',
    'django.contrib.auth',
    'django.contrib.contenttypes',
    'django.contrib.sessions',
    'django.contrib.messages',
    'django.contrib.staticfiles',
    'AMS.apps.AirsupConfig',
]
```

图 12-23 注册 App

2. 配置数据库

在 settings. py 中，配置数据库相关的参数，如图 12-24 所示，如果使用 Django 自带的轻量级数据库 sqlite3，则不需要修改。

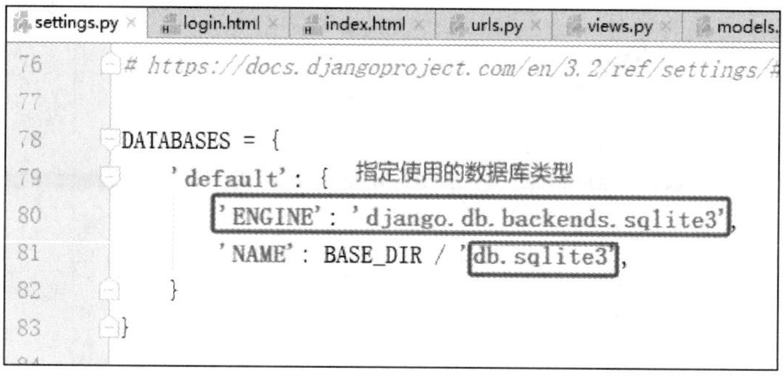

```
# https://docs.djangoproject.com/en/3.2/ref/settings/#

DATABASES = {
    'default': {
        'ENGINE': 'django.db.backends.sqlite3',
        'NAME': BASE_DIR / 'db.sqlite3',
    }
}
```


图 12-24 配置数据库

3.再编辑 models.py 文件,也就是 MTV 中的 M

在 models.py 文件中,定义一个 User 类,如图 12-25 所示,要继承 models.Model 类(固定写法)。创建两个字段 userName 和 passWord,字符串类型,最大长度为 32。

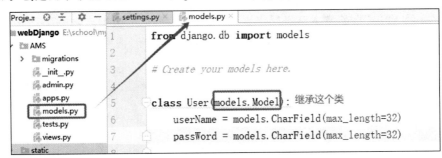

图 12-25　创建 User 类

4.创建数据库表

接下来要在 PyCharm 的 teminal 中通过命令创建数据库的表。有两条命令,分别是:

```
python manage.py makemigrations
```

执行结果如图 12-26 所示。

```
(c) Microsoft Corporation。保留所有权利。

E:\school\mySVN\1.教学\python\code\webDjango>python manage.py makemigrations
Migrations for 'AMS':
  AMS\migrations\0001_initial.py
    - Create model User
```

图 12-26　执行 makemigrations 命令

```
Python manage.py migrate
```

执行结果如图 12-27 所示。

```
E:\school\mySVN\1.教学\python\code\webDjango>python manage.py migrate
Operations to perform:
  Apply all migrations: AMS, admin, auth, contenttypes, sessions
Running migrations:
  Applying AMS.0001_initial... OK
  Applying contenttypes.0001_initial... OK
  Applying auth.0001_initial... OK
  Applying admin.0001_initial... OK
  Applying admin.0002_logentry_remove_auto_add... OK
  Applying admin.0003_logentry_add_action_flag_choices... OK
  Applying contenttypes.0002_remove_content_type_name... OK
  Applying auth.0002_alter_permission_name_max_length... OK
  Applying auth.0003_alter_user_email_max_length... OK
  Applying auth.0004_alter_user_username_opts... OK
  Applying auth.0005_alter_user_last_login_null... OK
  Applying auth.0006_require_contenttypes_0002... OK
```

图 12-27　执行 migrate 命令

5．修改 views.py 中的业务逻辑

导入 models，修改 index 函数，接收用户提交的账号和密码后，使用 ORM 在数据库中创建一条记录，并返回从数据库中获取的所有用户信息存放到 userlist 中。然后返回用户模板时，发送 userlist 变量到 index.html，如图 12-28 所示。用户模板 index.html 代码无须修改。

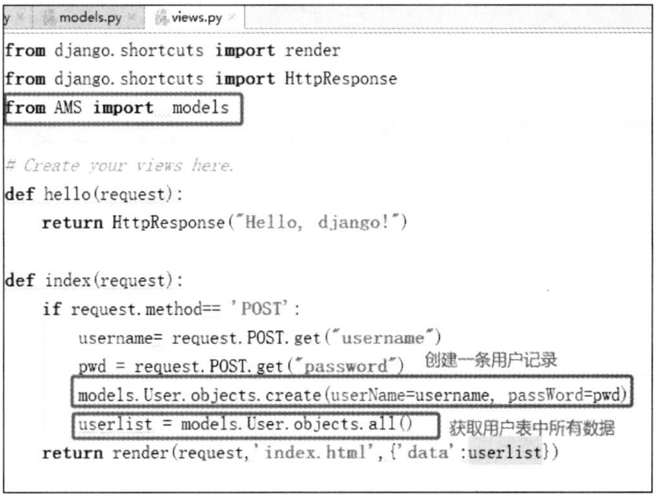

图 12-28　修改 views 业务逻辑操作数据库

修改后的 views 代码如下。

```
from django.shortcuts import render
from django.shortcuts import HttpResponse
from AMS import  models

# Create your views here.
def hello(request):
    return HttpResponse("Hello, django!")

def index(request):
    if request.method == 'POST':
        username = request.POST.get("username")
        pwd = request.POST.get("password")
        models.User.objects.create(userName = username, passWord = pwd)
        userlist = models.User.objects.all()
    return render(request, 'index.html', {'data':userlist})

def login(request):
    return render(request, 'login.html')
```

重启 Web 服务后，重新访问登录页面，输入用户名和密码，单击"登录"按钮，用户信息保存到数据库，页面跳转到 index 模板，如图 12-29 所示。此时页面上显示的正是保存到数据库中的用户数据。

之后和用户交互的数据都能保存到数据库中。任何时候都可以从数据库中读取数据，展示到页面上。至此，一个要素齐全、主体框架展示清晰的 Django 项目就完成了。

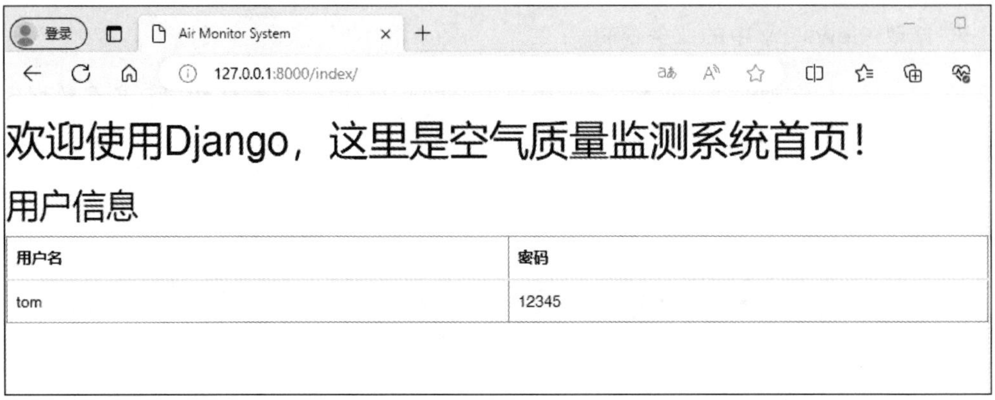

图 12-29　用户模板显示数据库数据

12.5　Django 实践——空气质量监测系统

视频讲解

随着科技的进步和经济的发展，人们也越来越重视环境的保护，我国更是提出了"以美丽中国建设全面推进人与自然和谐共生的现代化"，要加快消除重污染天气，守护好美丽蓝天。应用计算机、人工智能等数字技术，建立生态环境监测体系，是构建美丽中国数字化治理体系的重要手段。

本节我们以开发一个空气质量监测系统为任务，介绍使用 Django 框架进行 Web 系统开发的基本功能和关键技术。

12.5.1　任务描述

使用 Django 框架开发一个空气质量监测系统，将传感器采集到的空气质量数据进行管理、分析统计和可视化，实时监测空气质量情况，并能够使用机器学习相关模型进行预测。

除了用户登录模块以外，空气质量监测系统主要包含以下几个模块。

（1）空气质量参数管理：设定空气质量主要参数、单位，以及取值区间。常用的空气质量参数有 AQI、PM2.5、CO、NO_2 等。

（2）空气质量数据查询：按照地点、日期、时间查询具体指标数据。

（3）空气质量数据分析（可视化）：按照时间对各项空气指标数据进行统计分析，以图表形式进行可视化。

（4）空气质量预测：使用机器学习相关模型，根据历史空气质量数据，预测未来空气质量指标趋势。

12.5.2　任务分析

使用 Django 框架开发空气质量监测系统，按照 MTV 模式，需要分别编写 Models 基本类、Template 视图页面和 Views 业务逻辑。

在本项目中，所有的类都写在 models.py 文件中，所有的业务逻辑都写在 views.py 文件中，所有的模板（网页）HTML 文件都放在 templates 文件夹下，每个功能都涉及几个不同的页面,因此 HTML 文件相对较多。

本系统主要实现空气质量参数管理和空气质量数据查询两个模块,空气质量数据分析模块读者将第11章空气质量数据分析的相关内容添加到本系统即可。空气质量预测功能,可在自学完机器学习相关内容的基础上自行完成。

接下来,先完成系统通用框架的开发,在此基础上空气质量参数管理和空气质量数据查询两个模块的每个功能基本按以下开发顺序完成。

(1) 在 models.py 文件中创建模型,并在数据库中添加相应的表;

(2) 在 views.py 文件中添加相应的业务逻辑;

(3) 创建相应的视图模板 HTML 文件;

(4) 修改 url.py 文件,添加相应的路由。

12.5.3 任务实施——系统页面框架

在开发过程中,导航条、侧边栏等内容一般将被重复利用,这时候就需要抽取页面模板,减少代码书写。

在本系统中将网页头部、侧边导航栏及内容框架分别放在 head.html 和 base.html 文件中作为公共模板,在其他网页子模板继承 base 模板将直接继承统一的头部和侧边内容,网页的主体内容部分则由子模板各自定义。

1. head.html

头部文件主要加载样式表和 JS 脚本等静态文件,并定义一个网页头部 div 内容。这里直接使用 Django 自带的管理后台 admin 目录下的样式文件。

```
< link rel = "stylesheet" type = "text/css" href = "/static/admin/css/base.css">
< link rel = "stylesheet" type = "text/css" href = "/static/admin/css/nav_sidebar.css">
< script src = "/static/admin/js/nav_sidebar.js" defer></script>
< link rel = "stylesheet" type = "text/css" href = "/static/admin/css/changelists.css">
< link rel = "stylesheet" type = "text/css" href = "/static/admin/css/forms.css">
< script src = "/admin/jsi18n/"></script>
< script src = "/static/admin/js/vendor/jquery/jquery.js"></script>
< script src = "/static/admin/js/jquery.init.js"></script>
< script src = "/static/admin/js/core.js"></script>
< script src = "/static/admin/js/admin/RelatedObjectLookups.js"></script>
< script src = "/static/admin/js/actions.js"></script>
< script src = "/static/admin/js/urlify.js"></script>
< script src = "/static/admin/js/prepopulate.js"></script>
< script src = "/static/admin/js/vendor/xregexp/xregexp.js"></script>
< meta name = "viewport" content = "user - scalable = no, width = device - width, initial - scale
= 1.0, maximum - scale = 1.0">
< link rel = "stylesheet" type = "text/css" href = "/static/admin/css/responsive.css">
< meta name = "robots" content = "NONE,NOARCHIVE">
< meta charset = "UTF - 8">
< div id = "header">
        < div id = "branding">
        < h1 id = "site - name"><a href = "/hello/">AMS 空气质量监测系统</a></h1>
        </div>
```

```
        < div id = "user - tools">
            { % if request. session. user % }
                Welcome, < strong >{{ request. session. user }}</strong>.
            { % else % }
                < strong >< a href = "/login/">登录</a></strong>
            { % endif % }

        </div >
</div >
```

2. base.html

作为系统的主要网页框架,使用{% include 'head. html' %}标记加载 head. html 头部文件,同时定义左侧导航菜单,并在右侧预留一个内容区,待其他使用该模板的网页自行替换主要内容。

```
<! DOCTYPE html >
< html lang = "en">
< head >
< title >{ % block title % }{ % endblock % }</title >
</head >
< body >
  < div id = "container">
      { % include 'head. html' % }
      < div class = "main shifted" id = "main">
      < button class = "sticky toggle - nav - sidebar" id = "toggle - nav - sidebar" aria - label =
"Toggle navigation"></button >
      < nav class = "sticky" id = "nav - sidebar">
      < div class = "app - AMS module current - app">
        < table >
          < caption >
            < a href = "/query/" class = "section" title = "Models in the Ams application"> Ams </a>
          </caption >
            { % block navbar % }       <!—导航栏 block 开始 -->
            < tr class = "model - record current - model">
                < th scope = "row"><a href = "/query/" aria - current = "page">数据查询</a></th >
                < td ><a href = "/admin/AMS/record/add/" class = "addlink"> Add </a></td >
            </tr >
            < tr class = "model - record">
            < th scope = "row"><a href = "/admin/AMS/user/">数据统计</a></th >
                < td ><a href = "/admin/AMS/user/add/" class = "addlink"> Add </a></td >
            </tr >
            < tr class = "model - param">
                < th scope = "row"><a href = "/param/list">参数管理</a></th >
                < td ><a href = "/param/add/" class = "addlink"> Add </a></td >
            </tr >
            < tr class = "model - user">
            < th scope = "row"><a href = "/admin/AMS/user/">用户管理</a></th >
                < td ><a href = "/admin/AMS/user/add/" class = "addlink"> Add </a></td >
            </tr >
        { % endblock % }          <!—导航栏 block 结束 -->
        </table >
```

```
      </div>
    </nav>
    <div class = "content">
      <!-- Content -->
        <div id = "content" class = "colM">
        {% block content %}{% endblock %}   <!-- 内容block预留 -->
          <br class = "clear">
          </div>
      </div>
      </div>
    </div>
  </body>
</html>
```

该文件中有几个地方在不同页面需要显示不同内容,均放在{% block}{% endblock %}标记之间圈起来,以待子模板中进行替换。

(1) 网页标题,填充在{% block title %}{% endblock %}之间。

(2) 左侧导航栏填充在{% block navbar %}{% endblock %}之间,这里主要是为了区别显示当前活动的菜单项,将当前网页对应的菜单行设置为< tr class = "current-model">即可高亮显示当前活动菜单。

(3) 右侧网页主要内容填充在{% block content %}{% endblock %}之间,其他子模板主要添加这部分代码即可,其他部分直接从base模板继承。

12.5.4　任务实施——空气质量参数管理

空气质量参数的维护,包括参数的创建、编辑、删除等数据操作的基本功能。

1. 创建参数模型Param

在models.py文件中,创建Param类,代码如下。

```
class Param(models.Model):
    paramName = models.CharField(max_length = 32)
    unit = models.CharField(max_length = 32)
    minValue = models.fields.FloatField()
    maxValue = models.fields.FloatField()
```

在PyCharm的teminal中通过命令创建数据库的表。

```
python manage.py makemigrations
python manage.py migrate
```

2. 参数列表

(1) 在views中添加函数paramList(),从数据库中读取所有参数,将数据返回到模板文件params.html,添加如下代码。

```
from AMS import  models
def paramList(request):
    paramlist = models.Param.objects.all()
    return render(request, 'params.html', {'data': paramlist})
```

（2）创建参数列表模板 params. html,该模板继承 base. html 中的所有内容,同时替换掉父模板 3 个{% block%}标签中对应的内容,定义自己的页面标题为"参数列表",导航栏当前激活菜单为"参数管理",以及内容区域为显示所有参数内容的表格。

```
{ % extends 'base. html' % }
{ % block title % }参数列表{ % endblock % }
{ % block navbar % }
   < tr class = "model - record ">
       < th scope = "row"> < a href = "/query/" aria - current = "page">数据查询</a></th>
       < td > < a href = "/record/add/" class = "addlink"> Add </a></td>
   </tr>
   < tr class = "model - record">
       < th scope = "row"> < a href = "/admin/AMS/user/">数据统计</a></th>
       < td > < a href = "/record/statics/" class = "addlink"> Add </a></td>
   </tr>
   < tr class = "current - model">
       < th scope = "row"> < a href = "/param/list">参数管理</a></th>
       < td > < a href = "/param/add/" class = "addlink"> Add </a></td>
   </tr>
   < tr class = "model - record">
       < th scope = "row"> < a href = "/admin/AMS/user/">用户管理</a></th>
       < td > < a href = "/admin/AMS/user/add/" class = "addlink"> Add </a></td>
   </tr>
{ % endblock % }
{ % block content % }
< h1 >空气质量参数列表</h1 >
< div id = "content - main">
        < ul class = "object - tools">
          < li >
            < a href = "/param/add" class = "addlink"> 添加参数   </a>
          </li >
          </ul >
        < div class = "module filtered" id = "changelist">
        < div class = "changelist - form - container">
        < form action = "../batchDelete/" id = "changelist - form" method = "post" novalidate>
        < div class = "actions">
            < label >操作: < select name = "action" required >
            < option value = "no" selected > --------- </option >
            < option value = "delete_selected">删除所选参数</option >
            </select > </label > < input type = "hidden" name = "select_across" value =
"0" class = "select - across">
            < button type = "submit" class = "button btn - info" title = "Run the selected
action" name = "index" value = "0">执 行</button >
            < span class = "action - counter" data - actions - icnt = "{{ data. count }}">
</span >
        </div >
        < br >
        < div class = "results ">
            < table   id = "result_list">
                < thead >
                < tr >
                    < th scope = "col" class = "action - checkbox - column">
```

```
                                        <div class = "text"><span><input type = "checkbox" id = "action-
toggle"></span></div>
                                        <div class = "clear"></div>
                            </th>
                            <th scope = "col" class = "column-__str__">
                                    <div class = "text"><span>名称</span></div>
                                    <div class = "clear"></div>
                            </th>
                            <th scope = "col" class = "column-__str__">
                                    <div class = "text"><span>单位</span></div>
                                    <div class = "clear"></div>
                            </th>
                            <th scope = "col" class = "column-__str__">
                                    <div class = "text"><span>最小值</span></div>
                                    <div class = "clear"></div>
                            </th>
                            <th scope = "col" class = "column-__str__">
                                    <div class = "text"><span>最大值</span></div>
                                    <div class = "clear"></div>
                            </th>
                        </tr>
                    </thead>
                    <tbody>
                    {%  for line in data %}
                        <tr>
                            <td class = "action-checkbox">  <input type = "checkbox" name =
"_selected_action" value = "{{ line.id }}" class = "action-select"></td>
                            <th class = "field-__str__"><a href = "/param/edit/{{ line.
id }}">{{ line.paramName }}</a></th>
                            {#                <td>{{ line.paramName }}</td>#}
                            <td class = "field-unit">{{ line.unit }}</td>
                            <td>{{ line.minValue }}</td>
                              <td>{{ line.maxValue }}</td>
                        </tr>
                    {% endfor %}
                    </tbody>
                </table>
            </div>
            </form>
        </div>
    </div>
</div>
{% endblock %}
```

（3）添加路由，在 url.py 中的 urlpatterns 列表中添加一个访问参数列表的路由。

```
path('param/list/', views.paramList),
```

重启 Web 服务，在浏览器中访问 127.0.0.1/8000/param/list/ 即可看到参数列表页面，如图 12-30 所示。

3. 参数创建和修改

（1）在 views 中添加参数创建函数 paramCreate()、参数修改函数 paramEdit()、参数保

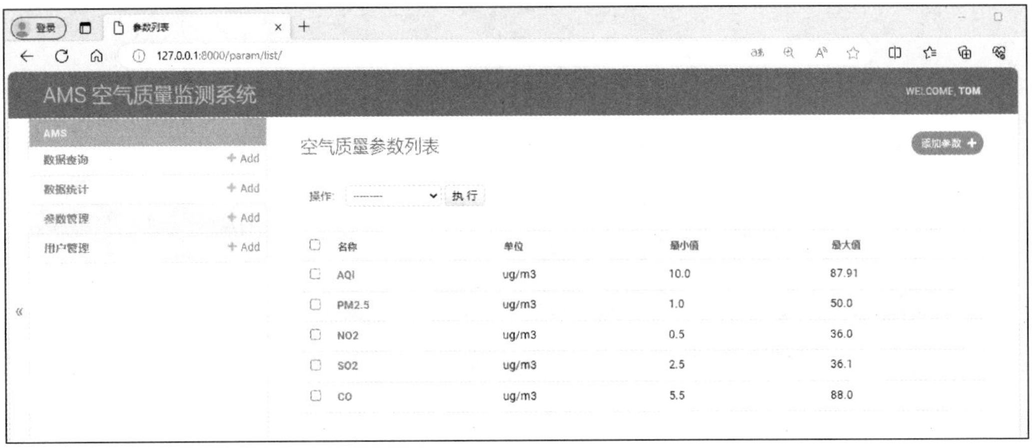

图 12-30 参数列表

存函数 paramSave()。

paramCreate()函数返回到空白的参数创建页面 paramAdd.html,paramEdit()函数则返回当前参数值的编辑页面,同时带回参数各项值,代码如下。

```
def paramCreate(request):
    return render(request,'paramAdd.html')

def paramEdit(request,pid):
    param = models.Param.objects.filter(id = pid).first()
    return  render(request,'paramEdit.html',{'data': param})
```

用户提交新建的参数对象或者修改已有的参数记录后由 paramSave()函数负责创建或者保存到数据库,然后返回到列表页,代码如下。

```
from django.shortcuts import  redirect
… …
def paramSave(request):
    if request.method == 'POST':
        pname = request.POST.get("paramName")
        unit = request.POST.get("paramUnit")
        pid = request.POST.get("pid")
        min = request.POST.get('minValue')
        max = request.POST.get('maxValue')
        if not pid: #新创建的记录
            models.Param.objects.create(paramName = pname, \
                                unit = unit,minValue = min, maxValue = max)
        else: #修改已有的记录
            models.Param.objects.filter(id = int(pid)).update(paramName = pname, unit = unit, minValue = min, maxValue = max)
    return redirect('../list/')
```

（2）创建添加参数模板 paramAdd.html 和编辑参数模板 paramEdit.html。

两个模板页面元素和样式基本相同,区别在于添加页面的各输入框内容是空白,而编辑页面则要显示某条记录原有的各字段值,同时还多了一个删除按钮。

由于参数管理的几个页面对应的导航栏激活菜单相同,因此将这部分内容抽取出来作为共用模板放在 navParam.html 中,代码如下。

```
< tr class = "model - record ">
    < th scope = "row">< a href = "/query/" aria - current = "page">数据查询</a></th>
    < td >< a href = "/record/add/" class = "addlink"> Add </a></td>
</tr>
< tr class = "model - record">
    < th scope = "row">< a href = "/admin/AMS/user/">数据统计</a></th>
    < td >< a href = "/record/statics/" class = "addlink"> Add </a></td>
</tr>
< tr class = "current - model">
    < th scope = "row">< a href = "/param/list">参数管理</a></th>
    < td >< a href = "/param/add/" class = "addlink"> Add </a></td>
</tr>
< tr class = "model - record">
    < th scope = "row">< a href = "/admin/AMS/user/">用户管理</a></th>
    < td >< a href = "/admin/AMS/user/add/" class = "addlink"> Add </a></td>
</tr>
```

paramAdd. html 代码如下。

```
{ % extends 'base. html' % }
{ % block title % }编辑参数{ % endblock % }
{ % block navbar % }
{ % include 'navParam. html' % }
{ % endblock % }
{ % block content % }
< h1 >编辑记录</h1 >
< div id = "content - main">
        < form action = "../save/" method = "post" id = "param_form" novalidate>
            < input type = "hidden" name = "pid" value = "{{ data. id }}">
            < div >
                < fieldset class = "module aligned ">
                    < div class = "form - row field - paramName">
                        < div >
                            < label class = "required" for = "id_paramName">参数名:</label>
                            < input type = "text" name = "paramName" value = "" maxlength =
"16" class = "vTextField"  required id = "id_paramName">
                        </div >
                    </div >
                    < div class = "form - row ">
                        < div >
                            < label class = "required" for = "id_paramUnit">单位:</label>
                            < input type = " text" name = " paramUnit" value = "" class =
"vTextField"  required id = "id_paramUnit">
                        </div >
                    </div >
                    < div class = "form - row ">
                        < div >
                            < label class = "required" for = "id_minValue">最小值:</label>
                            < input type = " number" name = " minValue" value = "" class =
"vTextField"  required id = "id_minValue">
                        </div >
                    </div >
                    < div class = "form - row ">
                        < div >
```

```
                          <label class = "required" for = "id_maxValue">最大值:</label>
                          <input type = "number" name = "maxValue" value = "" step = "0.01"
class = "vTextField" required id = "id_maxValue">
                      </div>
                  </div>
              </fieldset>
              <div class = "submit-row">
                  <input type = "submit" value = "保存" class = "default" name = "_save">
                  {#    <p class = "deletelink-box"><a href = "/param/delete/4/" class =
"deletelink">删除</a></p>#}
                  {#    <input type = "submit" value = "Save and add another" name =
"_addanother">#}
                  {#    <input type = "submit" value = "Save and continue editing" name =
"_continue">#}
              </div>
              <script id = "django-admin-form-add-constants"
                      src = "/static/admin/js/change_form.js"
                      async>
              </script>
              <script id = "django-admin-prepopulated-fields-constants"
                      src = "/static/admin/js/prepopulate_init.js"
                      data-prepopulated-fields = "[]">
              </script>
          </div>
      </form></div>
{% endblock %}
```

paramEdit.html 代码如下。

```
{% extends 'base.html' %}
{% block title %}编辑参数{% endblock %}
{% block navbar %}
{% include 'navParam.html' %}
{% endblock %}
{% block content %}
<h1>修改参数</h1>
<h2>Record object {{ data.id }}</h2>
 <div id = "content-main">
        <form action = "../save/" method = "post" id = "param_form" novalidate>
            <input type = "hidden" name = "pid" value = "{{ data.id }}">
            <div>
                <fieldset class = "module aligned">
                    <div class = "form-row field-paramName">
                        <div>
                            <label class = "required" for = "id_paramName">参数名:</label>
                            <input type = "text" name = "paramName" value = "{{ data.
paramName }}" maxlength = "16" class = "vTextField"  required id = "id_paramName">
                        </div>
                    </div>
                    <div class = "form-row ">
                        <div>
                            <label class = "required" for = "id_paramUnit">单位:</label>
                            <input type = "text" name = "paramUnit" value = "{{ data.unit }}"
class = "vTextField"  required id = "id_paramUnit">
```

```
                    </div>
                </div>
                <div class="form-row">
                    <div>
                        <label class="required" for="id_minValue">最小值:</label>
                        <input type="number" name="minValue" value="{{ data.
minValue }}" class="vTextField" required id="id_minValue">
                    </div>
                </div>
                <div class="form-row">
                    <div>
                        <label class="required" for="id_maxValue">最大值:</label>
                        <input type="number" name="maxValue" value="{{ data.
maxValue }}" step="0.01" class="vTextField" required id="id_maxValue">
                    </div>
                </div>
            </fieldset>
            <div class="submit-row">
                <input type="submit" value="Save" class="default" name="_save">
                <p class="deletelink-box"><a href="../delete/{{ data.id }}/" class=
"deletelink">删除</a></p>
                <input type="submit" value="Save and add another" name=
"_addanother">
                <input type="submit" value="Save and continue editing" name=
"_continue">
            </div>
            <script id="django-admin-form-add-constants"
                    src="/static/admin/js/change_form.js"
                    async>
            </script>
            <script id="django-admin-prepopulated-fields-constants"
                    src="/static/admin/js/prepopulate_init.js"
                    data-prepopulated-fields="[]">
            </script>
        </div>
    </form></div>
{% endblock %}
```

（3）在 url.py 中添加 urlpatterns 路由如下。

```
path("param/save/", views.paramSave),
path('param/add/',views.paramCreate),
path('param/edit/<pid>', views.paramEdit),
```

重启 Web 服务后,在参数列表页面通过单击左侧导航栏的 Add 按钮或者右侧'添加参数'按钮,即可进入新建参数页面,如图 12-31 所示。

在参数列表页面,将光标放到某一行的参数名上,即可进入参数编辑页面,如图 12-32 所示。

添加完成或编辑完成后单击"保存"按钮提交数据,即可完成数据存储,并返回参数列表页面。

图 12-31　添加参数

图 12-32　编辑参数

4. 参数删除

参数的删除行为有两类,一类是在列表页面选择多条记录进行批量删除,如图 12-33 所示;另一类则是在编辑页面删除当前记录,如图 12-32 所示。两种删除的模板内容已经在前面定义完成,这里只需要添加对应的函数和路由即可。

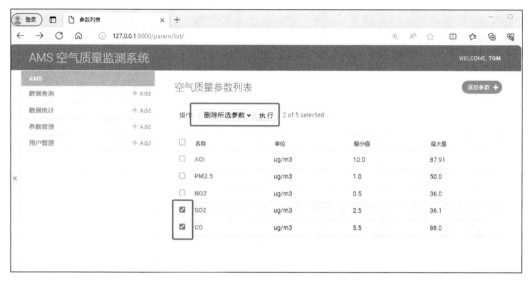

图 12-33 批量删除参数

(1) 在 views 中添加单条记录删除函数 paramDelete() 和批量删除函数 pmBatchDelete(),代码如下。

```
#需要参数 id 作为函数参数,进行删除
def paramDelete(request,pid):
    models.Param.objects.filter(id = pid).delete()
    # return redirect('../list/')
    paramlist = models.Param.objects.all()
    return render(request, 'params.html', {'data': paramlist})


def pmBatchDelete(request):
    if request.method == 'POST':
        act = request.POST.get('action')
        print(act)
        if act == 'delete_selected':
            idlist = request.POST.getlist('_selected_action')
            for i in idlist:
                models.Param.objects.filter(id = int(i)).delete()
    return redirect('../list/')
```

(2) 在 url.py 中添加 urlpatterns 路由如下。

```
path('param/batchDelete/', views.pmBatchDelete),
path('param/delete/< pid >/', views.paramDelete)
```

重启 Web 服务,从参数列表页面选中几条记录后选择删除操作,单击"执行"按钮,即可完成删除操作,当前列表页面刷新,选中的记录已经从列表中移除。

单击某行参数名称进入编辑页面,单击"删除"按钮,也可完成对当前记录的删除操作,同样返回列表页面,发现刚才的记录已经从列表中移除。

12.5.5　任务实施——空气质量数据查询

数据查询功能主要提供按照检测地点、时间(年月)等条件查询对应地点和月份的空气质量数据,没有指定条件的情况下,默认返回当前最新数据。

1. 创建质量数据模型 Record 类

在 models.py 文件中,定义 Record 类,添加代码如下。

```
class Record(models.Model):
    city = models.CharField(max_length = 32)
    place = models.CharField(max_length = 32)
    date = models.CharField(max_length = 16)
    time = models.fields.DateTimeField(auto_now = True)
    AQI = models.fields.IntegerField()
    PM25 = models.fields.IntegerField()
    CO = models.fields.DecimalField(max_digits = 5, decimal_places = 2)
    NO2 = models.fields.IntegerField()
    SO2 = models.fields.IntegerField()
    O3 = models.fields.IntegerField()
```

在 PyCharm 的 teminal 中通过命令创建数据库的 Record 表。

```
python manage.py makemigrations
python manage.py migrate
```

2. 在 views 中添加数据查询函数 query()

查询空气质量数据分两种情况,一种是通过导航菜单或浏览器 url 路由直接访问,进入数据查询页面,默认返回当前最新空气质量数据,没有筛选条件。另一种情况,用户在当前数据列表上方输入查询地点和年月,以 POST 方式提交请求,此时需要根据用户提供数据进行按条件筛选空气质量数据,查询函数代码如下。

```
def query(request):
    if request.method == 'POST':        # 按用户条件查询,返回数据
        place = request.POST.get('place').strip()
        monthStr = list(filter(None, request.POST.get('date').strip().split('-')))
        if monthStr:
            year = int(monthStr[0])
            month = int(monthStr[1])
            recordlist = models.Record.objects.filter(place__contains = place,\
                                            time__month = month, time__year = year)
        else:
            recordlist = models.Record.objects.filter(place__contains = place)
    else:   # 默认返回数据
        recordlist = models.Record.objects.all().order_by('-time')[:10]
    return  render(request, 'query.html', {'records': recordlist})
```

3. 创建数据查询模板 query.html

query.html 文件使用 base.html 模板，在此基础上替换掉标题、右侧页面内容，代码如下。

```
{ % extends 'base.html' % }
{ % block title % }空气质量数据{ % endblock % }
{ % block content % }
<h1>空气质量监测数据</h1>
    <div id = "content - main">
        <div class = "module filtered" id = "changelist">
            <div class = "changelist - form - container">
                <form  action = "../query/" id = "changelist - form" method = "post"
novalidate>
                    <div class = "actions">
                        <div class = "panel - heading">
                            <h3 class = "panel - title">输入查询条件</h3>
                        </div>
                        <label for = "searchbar"><img src = "/static/admin/img/search.svg"
alt = "Search"></label>
                        <input type = "text" size = "25" autofocus class = "form - control"
name = "place" placeholder = "请输入地点">
                        <input type = "text" size = "25" class = "form - control" name =
"date" placeholder = "请输入年月:YYYY - MM">
                        <input type = "submit" value = "查询">
                    </div>

                    {#<div class = "panel panel - primary">#}
                    <div class = "panel - heading">
                        <h3 class = "panel - title">空气质量数据</h3>
                    </div>
                    <div class = "results">
                        <table id = "result_list" >
                            <thead >
                            <th scope = "col" class = "column - city">
                                <div class = "text"><a>监测点</a></div>
                                <div class = "clear"></div>
                            </th>
                            <th scope = "col" class = "sortable column - date">
                                <div class = "text"><a>日期</a></div>
                                <div class = "clear"></div>
                            </th>
                            <th scope = "col" class = "sortable column - date">
                                <div class = "text"><a>AQI</a></div>
                                <div class = "clear"></div>
                            </th>
                            <th scope = "col" class = "sortable column - date">
                                <div class = "text"><a>PM2.5</a></div>
                                <div class = "clear"></div>
                            </th>
```

```
                                 < th scope = "col" class = "sortable column – date">
                                     < div class = "text"><a> CO </a></div>
                                     < div class = "clear"></div>
                                 </th>
                                 < th scope = "col" class = "sortable column – date">
                                     < div class = "text"><a> NO2 </a></div>
                                     < div class = "clear"></div>
                                 </th>
                                 < th scope = "col" class = "sortable column – date">
                                     < div class = "text"><a> S02 </a></div>
                                     < div class = "clear"></div>
                                 </th>
                                 < th scope = "col" class = "sortable column – date">
                                     < div class = "text"><a> 03 </a></div>
                                     < div class = "clear"></div>
                                 </th>
                             </thead>
                             < tbody >
                             { %   for line in records % }
                                 < tr >
                                     < td >{{ line. place}}</td>
                                     < td >{{ line. date }}</td>
                                     < td >{{ line. AQI }}</td>
                                     < td >{{ line. PM25 }}</td>
                                     < td >{{ line. CO }}</td>
                                     < td >{{ line. NO2 }}</td>
                                     < td >{{ line. S02 }}</td>
                                     < td >{{ line. 03 }}</td>
                                 </tr>
                             { % endfor % }
                             </tbody>
                     </table>
                     </div>
                     { #</div>#}
                 </form>
             </div>
         </div>
     </div>
{ % endblock % }
```

4. 在 url.py 中添加 urlpatterns 路由

```
path('query/', views.query),
```

重启 Web 服务器,通过单击导航栏"数据查询"菜单,或者在浏览器中直接输入 http://
127.0.0.1:8000/query/ 即可访问数据查询页面,运行结果如图 12-34 所示。

在搜索框中输入查询条件,即可查询对应地点和月份的空气质量数据,如图 12-35
所示。

修改后完整的 models.py 文件代码如下。

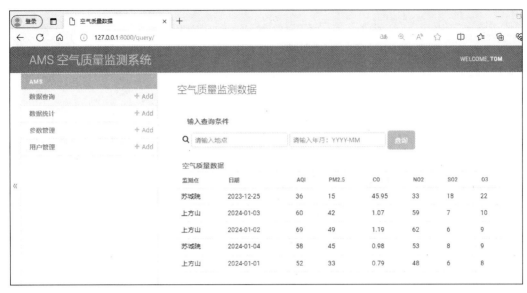

图12-34　空气质量数据查询

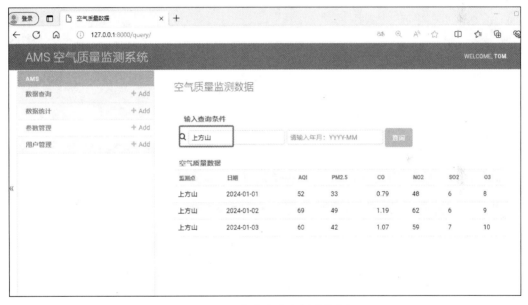

图12-35　按条件查询空气质量数据

```
from django.db import models

class User(models.Model):
    userName = models.CharField(max_length = 32)
    passWord = models.CharField(max_length = 32)


class Param(models.Model):
    paramName = models.CharField(max_length = 32)
    unit = models.CharField(max_length = 32)
    minValue = models.fields.FloatField()
    maxValue = models.fields.FloatField()
```

```
class Record(models.Model):
    city = models.CharField(max_length = 32)
    place = models.CharField(max_length = 32)
    date = models.CharField(max_length = 16)
    time = models.fields.DateTimeField(auto_now = True)
    AQI = models.fields.IntegerField()
    PM25 = models.fields.IntegerField()
    CO = models.fields.DecimalField(max_digits = 5, decimal_places = 2)
    NO2 = models.fields.IntegerField()
    SO2 = models.fields.IntegerField()
    O3 = models.fields.IntegerField()
```

修改后完整的 views.py 文件代码如下。

```
from django.shortcuts import render
from django.shortcuts import HttpResponse
from django.shortcuts import  redirect
from AMS import  models

# Create your views here.
def hello(request):
    return HttpResponse("Hello, django!")

def index(request):
    if request.method == 'POST':
        username = request.POST.get("username")
        pwd = request.POST.get("password")
        request.session['user'] = username
        models.User.objects.create(userName = username, passWord = pwd)
        userlist = models.User.objects.all()
    return render(request, 'index.html', {'data':userlist})

def login(request):
    return render(request, 'login.html')

def query(request):
    if request.method == 'POST':  # 按用户条件查询,返回数据
        place = request.POST.get('place').strip()
        monthStr = list(filter(None, request.POST.get('date').strip().split('-')))
        if monthStr:
            year = int(monthStr[0])
            month = int(monthStr[1])
            recordlist = models.Record.objects.filter(place__contains = place,\
                                                       time__month = month, time__year = year)
        else:
            recordlist = models.Record.objects.filter(place__contains = place)
    else:  # 默认返回数据
        recordlist = models.Record.objects.all().order_by('-time')[:10]
    return  render(request,'query.html',{'records': recordlist})

def paramList(request):
    paramlist = models.Param.objects.all()
    return render(request, 'params.html', {'data': paramlist})
```

```
def paramCreate(request):
    return render(request,'paramAdd.html')

def paramEdit(request,pid):
    param = models.Param.objects.filter(id = pid).first()
    return  render(request,'paramEdit.html',{'data': param})

def paramSave(request):
    if request.method == 'POST':
        pname = request.POST.get("paramName")
        unit = request.POST.get("paramUnit")
        pid = request.POST.get("pid")
        min = request.POST.get('minValue')
        max = request.POST.get('maxValue')
        if not pid:
            models.Param.objects.create(paramName = pname, \
                               unit = unit,minValue = min, maxValue = max)
        else:
            models.Param.objects.filter(id = int(pid)).update(paramName = pname, unit =
                                    unit,\minValue = min, maxValue = max)
    return redirect('../list/')

def paramDelete(request,pid):
    models.Param.objects.filter(id = pid).delete()
    # return redirect('../list/')
    paramlist = models.Param.objects.all()
    return render(request, 'params.html', {'data': paramlist})

def pmBatchDelete(request):
    if request.method == 'POST':
        act = request.POST.get('action')
        print(act)
        if act == 'delete_selected':
            idlist = request.POST.getlist('_selected_action')
            for i in idlist:
                models.Param.objects.filter(id = int(i)).delete()
    return redirect('../list/')
```

修改后完整的 url.py 文件代码如下。

```
from django.contrib import admin
from django.urls import path
from AMS import views

urlpatterns = [
    path('admin/', admin.site.urls),
    path('hello/', views.hello),
    path('index/', views.index),
    path('login/', views.login),
    path('query/', views.query),
    path('param/list/', views.paramList),
    path("param/save/", views.paramSave),
```

```
    path('param/add/', views.paramCreate),
    path('param/edit/< pid >', views.paramEdit),
    path('param/batchDelete/', views.pmBatchDelete),
    path('param/delete/< pid >/', views.paramDelete)
]
```

　　本章主要介绍了使用 Django 框架进行 Web 系统开发的主要技术，并以空气质量监测系统为例，讲解了如何搭建项目框架，重点围绕参数管理和数据查询两个功能模块的实现展示了 Django 框架的模型 Models、模板 Templates、视图 Views 等核心技术的使用。

巩固训练

　　1. 将空气质量检测系统进行补充完善：

　　（1）增加数据收集模块，按照用户输入的参数：城市、年、月等，调用数据爬虫功能，抓取相应的空气质量数据并存储，并能够在系统中查询。

　　（2）增加数据分析模块，对城市的空气质量数据进行类型分布分析、周期性分析、对比分析、相关性分析，并将其分析结果以各种图表在页面进行展示。

　　2. 使用 Django 开发一个简单的会员管理系统，能够实现会员的信息管理、会员活动记录、活动发布、信息提醒等功能。

参考文献

[1] 黄蔚.Python 程序设计[M].北京：清华大学出版社,2020.

[2] 郑秋生,夏敏捷.Python 项目案例从入门到实践[M].北京：清华大学出版社,2020.

[3] 魏伟一,李晓红.Python 数据分析与可视化[M].北京：清华大学出版社,2020.

[4] 张思民.Python 程序设计案例教程[M].2 版.北京：清华大学出版社,2021.

[5] 王霞,王书芹,郭小荟,等.Python 程序设计 [M].北京：清华大学出版社,2021.

图书资源支持

感谢您一直以来对清华版图书的支持和爱护。为了配合本书的使用，本书提供配套的资源，有需求的读者请扫描下方的"书圈"微信公众号二维码，在图书专区下载，也可以拨打电话或发送电子邮件咨询。

如果您在使用本书的过程中遇到了什么问题，或者有相关图书出版计划，也请您发邮件告诉我们，以便我们更好地为您服务。

我们的联系方式：

清华大学出版社计算机与信息分社网站：https://www.shuimushuhui.com/

地　　　址：北京市海淀区双清路学研大厦 A 座 714

邮　　　编：100084

电　　　话：010-83470236　　010-83470237

客服邮箱：2301891038@qq.com

QQ：2301891038（请写明您的单位和姓名）

资源下载： 关注公众号"书圈"下载配套资源。

资源下载、样书申请

书圈

图书案例

清华计算机学堂

观看课程直播